泛函分析

陈鹏玉　李永祥　张旭萍　杨　和　编著

科学出版社

北　京

内 容 简 介

本书是编者根据多年从事泛函分析课程教学的讲义资料提炼而成的, 全书共分五章: 第 1 章是空间理论, 讲述度量空间与赋范线性空间的距离结构与线性结构; 第 2 章是算子理论, 讲述有界线性算子与连续线性泛函的基本理论; 第 3 章是 Hilbert 空间理论, 讲述内积结构、正交系与 Fourier 展式、自伴算子等内容; 第 4 章是线性算子的谱理论, 讲述线性全连续算子与自伴算子的谱特征; 第 5 章是线性算子半群理论, 讲述抽象 Cauchy 问题的适定性与强连续有界线性算子半群的无穷小生成元的特征. 每章末配备了大量具有一定特色的习题. 本书系统介绍了线性泛函分析关于空间与算子的基本理论, 特别注重抽象概念和已学习内容的联系, 给出了大量的例子来加深读者对概念的理解. 本书配套制作了多媒体教学课件, 供教师讲课、学生学习参考.

本书作为泛函分析的一本入门教材, 可作为综合性大学、师范院校数学专业本科生教材和研究生的参考书, 也可供数学教学和科研人员参考.

图书在版编目(CIP)数据

泛函分析/陈鹏玉等编著. —北京: 科学出版社, 2024.4

ISBN 978-7-03-077553-5

Ⅰ. ①泛…　Ⅱ. ①陈…　Ⅲ. ①泛函分析　Ⅳ. ①O177

中国国家版本馆 CIP 数据核字(2024) 第 013736 号

责任编辑: 张中兴　梁　清　李　萍 / 责任校对: 杨聪敏

责任印制: 师艳茹 / 封面设计: 无极书装

科学出版社 出版

北京东黄城根北街 16 号

邮政编码: 100717

http://www.sciencep.com

北京华宇信诺印刷有限公司印刷

科学出版社发行　各地新华书店经销

*

2024 年 4 月第　一　版　开本: 720×1000　1/16

2024 年 9 月第二次印刷　印张: 15 1/2

字数: 312 000

定价: 59.00 元

(如有印装质量问题, 我社负责调换)

PREFACE / 前言

泛函分析是一门较新的现代数学分支, 是 20 世纪初才发展起来的一门现代分析数学, 其基本概念与基本理论在 20 世纪 20 年代由波兰数学家 Banach、Steinhaus 等提出. 泛函分析是无穷维空间中的数学分析. 经典数学分析的研究对象是定义于有限维空间 $\mathbb{R}^n$(n 维欧氏空间) 的某子集 D 取值于 $\mathbb{R}$(实数域) 的映射 $y = f(x)$, 我们称之为函数. 当 $f(x)$ 的定义域 D 在无穷维空间时, 如 $D = C[a,b]$(区间 $[a,b]$ 上的连续函数空间), 我们称之为泛函. 泛函分析研究的对象起初是泛函, 后来比泛函还要广泛, 是定义于无穷维空间, 取值于另一无穷维空间的映射, 我们称之为算子.

泛函分析起源于经典数学物理方程中的变分问题与边值问题. 在经典变分学中, 人们为了寻求某些数学物理方程的解, 先把其解转化为定义于某类函数空间上一个泛函的极值, 再求这个泛函的极值. 人们对这样的泛函的研究标志着泛函分析的诞生. 把研究这种泛函的过程中所得到的结果及应用的方法综合地概括与提炼、高度地抽象而形成了泛函分析的基本内容. 在这个过程中, 实变函数理论起了非常重要的作用, 如果没有实变函数理论就很难形成如今泛函分析丰富的内容. 可以说, 实变函数理论, 特别是 Lebesgue 测度与积分理论, 是迈入现代分析数学的一道门槛, 而泛函分析则是现代分析数学的基础.

数学构造中有三大结构: 代数结构、拓扑结构及与二者均有关系的微分结构. 我们知道以这三大结构为骨架的三大经典数学分支是代数学、几何学与数学分析, 其中代数学与几何学的结构比较单一, 而数学分析就有综合的性质. 20 世纪以来, 这三大经典数学分支已分别发展为抽象代数、拓扑学和泛函分析, 其中抽象代数专门研究代数结构——集合元素间的代数运算, 拓扑学专门研究拓扑结构, 如距离、极限、收敛等, 而泛函分析把这三大结构有机地结合在一起加以研究, 是对分析、代数和几何的观点与方法的综合运用, 是一门高度概括的综合分支, 其内容极其广泛博大. 学习了泛函分析, 再回头看我们学过的分析、代数、几何课程, 就有“会当凌绝顶, 一览众山小”之感, 经典数学三分支的轮廓历历在目, 了然于胸.

泛函分析的应用极其广泛, 从 20 世纪 50 年代开始, 偏微分方程、概率论、计算数学由于应用了泛函分析而得到极大的发展. 现在, 泛函分析的概念与方法已经渗透到了现代纯粹数学与应用数学、理论物理及现代工程技术的许多分支, 如偏微分方程、常微分方程、概率论、计算数学、调和分析、控制论、动力系统、量子场论、统计物理学等方面. 诸多经典数学分支由于运用了泛函分析而以全新的面貌出现. 可以说, 没有泛函分析, 经典数学就不能过渡到现代数学!

泛函分析分为线性泛函分析与非线性泛函分析两大部分, 线性泛函分析是泛函分析中最简单、最基础的部分. 线性泛函分析主要讨论有关线性空间、线性算子 (线性泛函是其特例) 以及算子空间、算子代数的一些问题, 而线性算子是线性空间 (实数域或复数域上的向量空间) 到线性空间的线性映射 (线性代数主要讨论有限维的情形, 泛函分析讨论无穷维情形). 本科阶段所要学习的线性泛函分析的内容是赋范线性空间 (附加了最简单的拓扑结构"范数"的线性空间) 及定义于赋范线性空间的有界线性算子, 这是线性泛函分析中最简单、最基本的内容, 也是泛函分析应用中最常用的一部分内容. 泛函分析在数学专业本科生的课程体系中具有承上启下的作用, 是现代数学最重要的入门课程. 它为培养学生的抽象思维能力、逻辑推理能力和独立工作能力提供了必要的训练.

本书是我们为数学专业本科生的泛函分析课程所编写的教材, 其目的是以较小的篇幅, 讲授线性泛函分析最基础的理论, 能够在一学期以每周 4 课时讲完其主要内容, 使学生掌握后续学习中必需的泛函分析知识. 党的二十大报告明确提出"深化教育领域综合改革, 加强教材建设和管理", 这是我们编写本书的初衷. 本书是根据我们多年从事泛函分析课程教学的讲义资料提炼形成. 全书共五章: 第 1 章是空间理论, 讲述度量空间与赋范线性空间的距离结构与线性结构; 第 2 章是算子理论, 讲述有界线性算子与连续线性泛函的基本理论; 第 3 章是 Hilbert 空间理论, 讲述内积结构、正交系与 Fourier 展开式、自伴算子等内容; 第 4 章是线性算子的谱理论, 讲述线性全连续算子与自伴算子的谱特征; 第 5 章是线性算子半群理论, 讲述抽象 Cauchy 问题的适定性与强连续有界线性算子半群的无穷小生成元的特征. 前四章是数学专业各个方向共同所需要的知识, 第 5 章是为研究方向与偏微分方程有关的专业所写的. 本书第 1 章由陈鹏玉编写, 第 2 章由李永祥编写, 第 3 章和第 4 章由张旭萍编写, 第 5 章由杨和编写, 由陈鹏玉统稿.

限于编者水平, 书中不足之处在所难免, 敬请使用者批评指正.

编 者

2023 年 3 月

CONTENTS / 目录

Chapter

第1章 度量空间与赋范线性空间

1.1 度量空间的概念与例子

1.1.1 度量空间的概念

极限是数学分析中最基本的概念, 连续、导数、积分等概念都是用极限来定义的, 而极限过程是用距离来描述的. 我们首先回忆 n 维欧氏空间 $\mathbb{R}^n$ 中两点 $x=(x_1,x_2,\cdots,x_n)$ 和 $y=(y_1,y_2,\cdots,y_n)$ 之间的距离 $d:\mathbb{R}^n\times\mathbb{R}^n\to\mathbb{R}$:

$$d(x,y)=\sqrt{\sum_{k=1}^{n}|x_k-y_k|^2}. \tag{1.1.1}$$

容易验证由 (1.1.1) 式定义的距离 d 满足下列性质:

(1) $d(x,y)\geqslant 0$ 且 $d(x,y)=0$ 等价于 $x=y$ (x,y 是同一点);

(2) $d(x,y)=d(y,x)$;

(3) $d(x,y)\leqslant d(x,z)+d(y,z)$, $z\in\mathbb{R}^n$.

我们希望把 $\mathbb{R}^n$ 中两点之间的距离 d 抽象化, 对一般的集合引入两点之间的距离, 从而引出度量空间的概念.

定义 1.1.1 设 X 是非空集合, 若对任意两个元素 $x,y\in X$ 均有实数 $d(x,y)$ 与之对应, 即存在映射 $d:X\times X\to\mathbb{R}$, 满足

(i) **非负性** $d(x,y)\geqslant 0$ 且 $d(x,y)=0$ 等价于 $x=y$ (x,y 是同一点);

(ii) **三角不等式**　$d(x,y) \leqslant d(x,z) + d(y,z),\ x,y,z \in X$,
则称 $d(x,y)$ 为 x 与 y 之间的距离, d 称为 X 中的距离函数. 此时称 X 按 d 构成度量空间或距离空间, 记为 (X,d), 简记为 X. 度量空间 X 中的元素称为点.

设 (X,d) 为度量空间, $M \subset X$ 为非空子集, 则 (M,d) 为度量空间, 称为 X 的子空间.

注 1.1.1　由距离的性质 (i) 和 (ii) 可推出距离具有对称性: 对 X 中的任意两点 x,y 均成立 $d(x,y) = d(y,x)$.

证明　在性质 (ii) 中取 $z = x$ 得, $d(x,y) \leqslant d(x,x) + d(y,x)$. 由性质 (i) 可知 $d(x,x) = 0$. 因此, 有 $d(x,y) \leqslant d(y,x)$. 由 x,y 的任意性, 可交换 x 与 y 的位置, 互换 x 与 y 后得 $d(y,x) \leqslant d(x,y)$. 所以 $d(x,y) = d(y,x)$. □

注 1.1.2　任何非空集合均可引入距离使之成为度量空间. 比如, 若 X 是一个非空集合, $x,y \in X$, 定义

$$d(x,y) = \begin{cases} 1, & x \neq y, \\ 0, & x = y. \end{cases} \tag{1.1.2}$$

容易验证由 (1.1.2) 式定义的 d 是一个距离, 从而 (X,d) 是一个度量空间, 称为离散度量空间. 在体育训练中, 射击目标可以抽象为这样的离散度量空间.

注 1.1.3　任何非空集合中均可引入不止一个距离, 若 d 为非空集合 X 中的一个距离, 则

$$d_1(x,y) = \frac{d(x,y)}{1+d(x,y)}, \quad \forall x,y \in X \tag{1.1.3}$$

也是 X 中的一个距离.

证明　性质 (i) 显然成立. 下面我们只需证明性质 (ii) 成立. 因为 $f(x) = \dfrac{x}{1+x}$ 是 $[0,+\infty)$ 上的单调递增函数, 所以对任意的 $x,y,z \in X$, 有

$$\begin{aligned} d_1(x,y) &= \frac{d(x,y)}{1+d(x,y)} \\ &\leqslant \frac{d(x,z)+d(y,z)}{1+d(x,z)+d(y,z)} \\ &= \frac{d(x,z)}{1+d(x,z)+d(y,z)} + \frac{d(y,z)}{1+d(x,z)+d(y,z)} \\ &\leqslant d_1(x,z) + d_1(y,z), \end{aligned}$$

即性质 (ii) 成立. 故由 (1.1.3) 式定义的 d_1 也是 X 中的一个距离. □

1.1.2 点列的极限

有了距离就可以在一般的度量空间中引入极限的概念.

定义 1.1.2 设 (X,d) 为度量空间, $\{x_n\}_{n=1}^{\infty} \subset X$, $x_0 \in X$. 若 $d(x_n,x_0) \to 0$ $(n \to \infty)$, 则称点列 $\{x_n\}$ 按距离 d 收敛于 x_0, 记作 $x_n \xrightarrow{d} x_0$ $(n \to \infty)$ 或 $\lim\limits_{n\to\infty} x_n = x_0$.

定理 1.1.1 在度量空间 (X,d) 中, 任何一个点列 $\{x_n\}$ 最多只有一个极限.

证明 设存在 $x,y \in X$, 使得 $x_n \xrightarrow{d} x$ 且 $x_n \xrightarrow{d} y$ $(n \to \infty)$, 则由性质 (i) 和 (ii) 可得

$$0 \leqslant d(x,y) \leqslant d(x_n,x) + d(x_n,y) \to 0 \quad (n \to \infty).$$

所以, $d(x,y) = 0$. 故 $x = y$. □

定理 1.1.2 设 (X,d) 为度量空间. 若 $x_n \xrightarrow{d} x$, $y_n \xrightarrow{d} y$ $(n \to \infty)$, 则 $d(x_n,y_n) \to d(x,y)$ $(n \to \infty)$, 即 $d: X \times X \to \mathbb{R}$ 为两变元的连续函数.

证明 因为

$$d(x_n,y_n) \leqslant d(x_n,x) + d(x,y) + d(y,y_n),$$

所以

$$d(x_n,y_n) - d(x,y) \leqslant d(x_n,x) + d(y_n,y). \tag{1.1.4}$$

在 (1.1.4) 式中交换 x_n 与 x, y_n 与 y 的位置, 得

$$d(x,y) - d(x_n,y_n) \leqslant d(x,x_n) + d(y,y_n). \tag{1.1.5}$$

所以, 由 (1.1.4) 式与 (1.1.5) 式可得

$$|d(x_n,y_n) - d(x,y)| \leqslant d(x_n,x) + d(y_n,y) \to 0 \quad (n \to \infty).$$

因此, $d(x_n,y_n) \to d(x,y)$ $(n \to \infty)$, 即 $d: X \times X \to \mathbb{R}$ 为两变元的连续函数. □

定义 1.1.3 设 d_1, d_2 为非空集合 X 上的两个距离. 若 d_1 与 d_2 引出的收敛相同, 即 $x_n \xrightarrow{d_1} x$ $(n \to \infty)$ 等价于 $x_n \xrightarrow{d_2} x$ $(n \to \infty)$, 则称 d_1 与 d_2 为 X 中的等价距离.

因此, 由定义 1.1.3 可知注 1.1.3 中的距离 d_1 与 d 等价.

定义 1.1.4 设 (X,d) 为度量空间, $x_0 \in X$, $r > 0$ 为实数. 称

$$B(x_0,r) = \{x \in X \mid d(x,x_0) < r\}$$

为 X 中以 x_0 为中心, r 为半径的开球; 称

$$\overline{B}(x_0, r) = \{x \in X \mid d(x, x_0) \leqslant r\}$$

为 X 中以 x_0 为中心, r 为半径的闭球.

定义 1.1.5 设 M 为度量空间 X 中的点集, 若 M 包含于 X 中的某个开球 $B(x_0, r)$ 中, 则称 M 为 X 中的有界集.

由数学分析的知识可知, 收敛数列是有界的. 在度量空间中, 有如下更一般的结果.

定理 1.1.3 设 $\{x_n\}$ 是度量空间 X 中的收敛点列, 则 $\{x_n\}$ 有界.

证明 设存在 $x_0 \in X$, 使得 $x_n \xrightarrow{d} x_0\ (n \to \infty)$. 则对 $\epsilon_0 = 1$, 存在 $N \in \mathbb{N}$, 使得当 $n \geqslant N$ 时, 有 $d(x_n, x_0) < \epsilon_0 = 1$. 取

$$r = \max\big\{1, d(x_1, x_0), d(x_2, x_0), \cdots, d(x_{N-1}, x_0)\big\} + 1.$$

则 $\{x_n\} \subset B(x_0, r)$. 故 $\{x_n\}$ 有界. □

1.1.3 度量空间的例子

下面我们给出一些度量空间的例子, 并讨论这些空间中收敛的具体含义.

例 1.1.1 n 维欧氏空间 $\mathbb{R}^n$ 按 (1.1.1) 式定义的 d 构成度量空间, 且 $\mathbb{R}^n$ 中的收敛为按坐标收敛, 即对 $x_m = (\xi_1^{(m)}, \xi_2^{(m)}, \cdots, \xi_n^{(m)}) \in \mathbb{R}^n$, $m = 0, 1, \cdots$, $x_m \xrightarrow{d} x_0\ (m \to \infty)$ 的充分必要条件是 $\lim\limits_{m \to \infty} \xi_k^{(m)} = \xi_k^{(0)}$, $k = 1, 2, \cdots, n$.

证明 $\Rightarrow$) 由 $d(x_m, x_0) \to 0\ (m \to \infty)$ 可得

$$\left|\xi_k^{(m)} - \xi_k^{(0)}\right| \leqslant \sqrt{\sum_{k=1}^{n} \left|\xi_k^{(m)} - \xi_k^{(0)}\right|^2} = d(x_m, x_0) \to 0 \quad (m \to \infty).$$

$\Leftarrow$) 对 $k = 1, 2, \cdots, n$, 由 $\left|\xi_k^{(m)} - \xi_k^{(0)}\right| \to 0\ (m \to \infty)$ 可得

$$d(x_m, x_0) = \sqrt{\sum_{k=1}^{n} \left|\xi_k^{(m)} - \xi_k^{(0)}\right|^2} \leqslant \left|\xi_1^{(m)} - \xi_1^{(0)}\right| + \cdots + \left|\xi_n^{(m)} - \xi_n^{(0)}\right| \to 0 \quad (m \to \infty).$$

□

例 1.1.2 连续函数空间 $C[a, b]$. 对任意 $\varphi, \psi \in C[a, b]$, 定义

$$d(\varphi, \psi) = \max_{t \in [a, b]} |\varphi(t) - \psi(t)|. \tag{1.1.6}$$

则有

(1) $C[a,b]$ 按 (1.1.6) 式定义的 d 构成度量空间;

(2) $C[a,b]$ 中的收敛为函数列的一致收敛, 即对 $\varphi_n=\varphi_n(t)\in C[a,b]$ $(n=1,2,\cdots)$ 及 $\varphi_0=\varphi_0(t)\in C[a,b]$, $\varphi_n\xrightarrow{d}\varphi_0$ $(n\to\infty)$ 的充分必要条件是 $\varphi_n(t)$ 在 $[a,b]$ 上一致收敛于 $\varphi_0(t)$.

证明 (1) 由 (1.1.6) 式可知距离的性质 (i) 成立. 对闭区间 $[a,b]$ 上的连续函数 $\varphi(t)$, $\psi(t)$ 及 $\chi(t)$, 由绝对值的三角不等式可知, 对任意的 $t\in[a,b]$, 有

$$\begin{aligned}|\varphi(t)-\psi(t)|&\leqslant|\varphi(t)-\chi(t)|+|\chi(t)-\psi(t)|\\&\leqslant\max_{t\in[a,b]}|\varphi(t)-\chi(t)|+\max_{t\in[a,b]}|\chi(t)-\psi(t)|\\&=d(\varphi,\chi)+d(\chi,\psi).\end{aligned}$$

上式左端取最大值得

$$d(\varphi,\psi)=\max_{t\in[a,b]}|\varphi(t)-\psi(t)|\leqslant d(\varphi,\chi)+d(\chi,\psi).$$

从而距离的性质 (ii) 成立. 因此, 由 (1.1.6) 式定义的 d 是一个距离.

(2) $\Rightarrow$) 由 $\varphi_n\xrightarrow{d}\varphi_0$ $(n\to\infty)$ 及 (1.1.6) 式可得

$$d(\varphi_n,\varphi_0)=\max_{t\in[a,b]}|\varphi_n(t)-\varphi_0(t)|\to0\quad(n\to\infty).\tag{1.1.7}$$

因此, 对任意 $\epsilon>0$, 存在 $N\in\mathbb{N}$, 使得当 $n\geqslant N$ 时有

$$|\varphi_n(t)-\varphi_0(t)|\leqslant\max_{t\in[a,b]}|\varphi_n(t)-\varphi_0(t)|<\epsilon,\quad\forall t\in[a,b].$$

从而, $\varphi_n(t)$ 在 $[a,b]$ 上一致收敛于 $\varphi_0(t)$.

$\Leftarrow$) 由 $\varphi_n(t)$ 在 $[a,b]$ 上一致收敛于 $\varphi_0(t)$ 及 (1.1.7) 式可得 $d(\varphi_n,\varphi_0)\to0$ $(n\to\infty)$. □

例 1.1.3 n 阶连续可微函数空间 $C^{(n)}[a,b]$. 设 n 为正整数, $\varphi(t)$ 为闭区间 $[a,b]$ 上的连续函数, 且 $\varphi(t)$ 在闭区间 $[a,b]$ 上具有 n 阶连续导函数, 这种函数 $\varphi(t)$ 的全体记为 $C^{(n)}[a,b]$. 对任意 $\varphi,\psi\in C^{(n)}[a,b]$, 定义

$$d_n(\varphi,\psi)=\max_{0\leqslant k\leqslant n}\max_{t\in[a,b]}|\varphi^{(k)}(t)-\psi^{(k)}(t)|=\max_{0\leqslant k\leqslant n}d(\varphi^{(k)},\psi^{(k)}).\tag{1.1.8}$$

则有

(1) $C^{(n)}[a,b]$ 按 (1.1.8) 式定义的 d_n 构成度量空间;

(2) 在 $C^{(n)}[a,b]$ 中, 对 $\varphi_m=\varphi_m(t)\in C^{(n)}[a,b]$ $(m=1,2,\cdots)$ 及 $\varphi_0=\varphi_0(t)\in C^{(n)}[a,b]$, $\varphi_m\xrightarrow{d_n}\varphi_0$ $(m\to\infty)$ 的充分必要条件是对 $1\leqslant k\leqslant n$, $\varphi_m(t)$ 及其各阶导数 $\varphi_m^{(k)}(t)$ 在 $[a,b]$ 上都一致收敛于 $\varphi_0(t)$ 及 $\varphi_0^{(k)}(t)$.

证明　例 1.1.3 的证明与例 1.1.2 完全类似, 请读者自己完成. □

例 1.1.4　数列空间 $s=\{x=\{\xi_k\}_{k=1}^{\infty}\mid\xi_k\in\mathbb{R}$ 或 $\mathbb{C},k=1,2,\cdots\}$. 对任意 $x=\{\xi_k\}_{k=1}^{\infty}$, $y=\{\eta_k\}_{k=1}^{\infty}\in s$, 定义

$$d(x,y)=\sum_{k=1}^{\infty}\frac{1}{2^k}\frac{|\xi_k-\eta_k|}{1+|\xi_k-\eta_k|}. \tag{1.1.9}$$

则有

(1) s 按 (1.1.9) 式定义的 d 构成度量空间;

(2) s 中的点列收敛等价于按坐标收敛, 即对 $x_n=\{\xi_k^{(n)}\}_{k=1}^{\infty}\in s$, $n=0,1,\cdots$, $x_n\xrightarrow{d}x_0$ $(n\to\infty)$ 的充分必要条件是对 $\forall k=1,2,\cdots$, $\lim\limits_{n\to\infty}\xi_k^{(n)}=\xi_k^{(0)}$.

证明　(1) 由 (1.1.9) 式可知距离的性质 (i) 成立. 我们只需证明性质 (ii) 成立. 由函数 $f(x)=\dfrac{x}{1+x}$ 在 $[0,+\infty)$ 上的单调递增性可知, 对任意的 $x=\{\xi_k\}_{k=1}^{\infty}$, $y=\{\eta_k\}_{k=1}^{\infty}$, $z=\{\zeta_k\}_{k=1}^{\infty}\in s$, 有

$$\begin{aligned}d(x,y)&=\sum_{k=1}^{\infty}\frac{1}{2^k}\frac{|\xi_k-\eta_k|}{1+|\xi_k-\eta_k|}=\sum_{k=1}^{\infty}\frac{1}{2^k}\frac{|\xi_k-\zeta_k+\zeta_k-\eta_k|}{1+|\xi_k-\zeta_k+\zeta_k-\eta_k|}\\&\leqslant\sum_{k=1}^{\infty}\frac{1}{2^k}\left(\frac{|\xi_k-\zeta_k|}{1+|\xi_k-\zeta_k|}+\frac{|\zeta_k-\eta_k|}{1+|\zeta_k-\eta_k|}\right)\\&=d(x,z)+d(y,z),\end{aligned}$$

即性质 (ii) 成立. 故由 (1.1.9) 式定义的 d 是 s 中的一个距离. 从而 s 按 (1.1.9) 式定义的 d 构成度量空间.

(2) $\Rightarrow$) 由 (1.1.9) 式可知, 对 $\forall k=1,2,\cdots$,

$$\frac{1}{2^k}\frac{|\xi_k^{(n)}-\xi_k^{(0)}|}{1+|\xi_k^{(n)}-\xi_k^{(0)}|}\leqslant d(x_n,x_0)\to 0\quad(n\to\infty).$$

所以

$$|\xi_k^{(n)}-\xi_k^{(0)}|\leqslant\frac{2^kd(x_n,x_0)}{1-2^kd(x_n,x_0)}\to 0\quad(n\to\infty).$$

因此, 对 $\forall k=1,2,\cdots$, $\lim\limits_{n\to\infty}\xi_k^{(n)}=\xi_k^{(0)}$.

$\Leftarrow$) 对 $\forall\epsilon>0$, 由 $\sum\limits_{k=1}^{\infty}\dfrac{1}{2^k}<+\infty$ 可知, 存在 $K\in\mathbb{N}$, 使得

$$\sum_{k=K+1}^{\infty}\frac{1}{2^k}<\frac{\epsilon}{2}.$$

对每个 $1\leqslant k\leqslant K$, 因为 $\lim\limits_{n\to\infty}\xi_k^{(n)}=\xi_k^{(0)}$, 所以存在 $N_k\in\mathbb{N}$, 使得当 $n\geqslant N_k$ 时,

$$|\xi_k^{(n)}-\xi_k^{(0)}|<\frac{\epsilon}{2}.$$

取 $N=\max\limits_{1\leqslant k\leqslant K}N_k$, 则当 $n\geqslant N$ 时, 有

$$\begin{aligned}d(x_n,x_0)&=\sum_{k=1}^{K}\frac{1}{2^k}\frac{|\xi_k^{(n)}-\xi_k^{(0)}|}{1+|\xi_k^{(n)}-\xi_k^{(0)}|}+\sum_{k=K+1}^{\infty}\frac{1}{2^k}\frac{|\xi_k^{(n)}-\xi_k^{(0)}|}{1+|\xi_k^{(n)}-\xi_k^{(0)}|}\\&\leqslant\sum_{k=1}^{K}\frac{1}{2^k}\frac{\frac{\epsilon}{2}}{1+\frac{\epsilon}{2}}+\sum_{k=K+1}^{\infty}\frac{1}{2^k}\\&<\frac{\epsilon}{2}+\frac{\epsilon}{2}\\&=\epsilon.\end{aligned}$$

所以, $x_n\xrightarrow{d}x_0\ (n\to\infty)$. □

例 1.1.5 可测函数空间 $\mathfrak{m}(E)$. 设 $E\subset\mathbb{R}^n$ 为可测集且 $mE<\infty$. $\mathfrak{m}(E)$ 表示 E 上几乎处处有限的可测函数之集, 规定 $\mathfrak{m}(E)$ 中的相等为几乎处处相等. 对任意 $f,g\in\mathfrak{m}(E)$, 定义

$$d(f,g)=\int_E\frac{|f(x)-g(x)|}{1+|f(x)-g(x)|}dx. \tag{1.1.10}$$

则有

(1) $\mathfrak{m}(E)$ 按 (1.1.10) 式定义的 d 构成度量空间;

(2) $\mathfrak{m}(E)$ 中的点列收敛等价于依测度收敛, 即对 $f_n\in\mathfrak{m}(E)$, $n=1,2,\cdots$, 以及 $f\in\mathfrak{m}(E)$, $f_n\xrightarrow{d}f\ (n\to\infty)$ 的充分必要条件是 $f_n\overset{m}{\Longrightarrow}f$ 于 E.

证明 (1) 由 (1.1.10) 式可知距离的性质 (i) 成立. 我们只需证明性质 (ii) 成立. 由函数 $f(x)=\dfrac{x}{1+x}$ 在 $[0,+\infty)$ 上的单调递增性可知, 对任意的 $f,g,h\in\mathfrak{m}(E)$, 有

$$\int_E\frac{|f(x)-g(x)|}{1+|f(x)-g(x)|}dx\leqslant\int_E\frac{|f(x)-h(x)|}{1+|f(x)-h(x)|}dx+\int_E\frac{|g(x)-h(x)|}{1+|g(x)-h(x)|}dx.$$

因此, $d(f,g) \leqslant d(f,h)+d(g,h)$. 从而距离的性质 (ii) 成立. 所以, $\mathfrak{m}(E)$ 按 (1.1.10) 式定义的 d 构成度量空间.

(2) $\Rightarrow$) 对 $\forall \sigma > 0$, 由 (1.1.10) 式可知

$$
\begin{aligned}
d(f_n,f) &= \int_E \frac{|f_n-f|}{1+|f_n-f|}dx \\
&= \int_{E[|f_n-f|\geqslant\sigma]} \frac{|f_n-f|}{1+|f_n-f|}dx + \int_{E[|f_n-f|<\sigma]} \frac{|f_n-f|}{1+|f_n-f|}dx \\
&\geqslant \int_{E[|f_n-f|\geqslant\sigma]} \frac{|f_n-f|}{1+|f_n-f|}dx \\
&\geqslant \int_{E[|f_n-f|\geqslant\sigma]} \frac{\sigma}{1+\sigma}dx \\
&\geqslant \frac{\sigma}{1+\sigma}\cdot mE[|f_n-f|\geqslant\sigma].
\end{aligned}
$$

所以, 由 $d(f_n,f)\to 0\ (n\to\infty)$ 得, $0\leqslant mE[|f_n-f|\geqslant\sigma]\leqslant \dfrac{1+\sigma}{\sigma}d(f_n,f)\to 0$ $(n\to\infty)$. 因此, $f_n \overset{m}{\Longrightarrow} f$ 于 E.

$\Leftarrow$) 设 $f_n \overset{m}{\Longrightarrow} f$ 于 E, 则 $|f_n-f| \overset{m}{\Longrightarrow} 0$ 于 E. 对 $\forall 0<\sigma<1$, 由于当 $\dfrac{|f_n-f|}{1+|f_n-f|}\geqslant\sigma$ 时, 有 $|f_n-f|\geqslant\dfrac{\sigma}{1-\sigma}$, 因此

$$
E\left[\frac{|f_n-f|}{1+|f_n-f|}\geqslant\sigma\right]\subset E\left[|f_n-f|\geqslant\frac{\sigma}{1-\sigma}\right].
$$

由此可知, $\dfrac{|f_n-f|}{1+|f_n-f|} \overset{m}{\Longrightarrow} 0$ 于 E. 又因为 $0\leqslant\dfrac{|f_n-f|}{1+|f_n-f|}<1$, 结合 Lebesgue (勒贝格) 有界收敛定理可得

$$
d(f_n,f)=\int_E \frac{|f_n-f|}{1+|f_n-f|}dx\to 0 \quad (n\to\infty),
$$

即 $f_n \xrightarrow{d} f\ (n\to\infty)$. □

1.2 度量空间中的点集

n 维欧氏空间 $\mathbb{R}^n$ 中的点集理论在经典分析学中是非常重要的, 是经典分析学的基石. 在数学分析中已经学习了直线上的聚点、邻域、开集、闭集等概念. 在复变函数中, 专门讨论了平面上的点集. 在实变函数中又详细地讨论了 $\mathbb{R}^n$ 中的点集. 为了研究度量空间中的映射, 我们把这些概念推广到一般的度量空间中.

1.2.1 内点与开集

定义 1.2.1 设 X 为度量空间, $A \subset X$, $x \in A$. 若存在开球 $B(x,r)$ 使得 $B(x,r) \subset A$, 则称 x 为 A 的内点.

A 的全体内点所成的集合记为 $\mathring{A}$, 称为 A 的内部. 若 A 的每一点均为内点, 即 $A = \mathring{A}$, 则称 A 为开集.

例 1.2.1 度量空间 X 中的开球 $B(x_0,r)$ 为开集.

证明 要证 $B(x_0,r)$ 为开集, 就要证它中每个点为内点, 即对其中任意一点, 存在一个该点的邻域包含在 $B(x_0,r)$ 中.

对任意 $x \in B(x_0,r)$, 则 $d(x,x_0) < r$. 取 $\epsilon = r - d(x,x_0)$. 则对任意 $y \in B(x,\epsilon)$, $d(y,x_0) \leqslant d(y,x) + d(x,x_0) < \epsilon + d(x,x_0) = r$. 所以 $y \in B(x_0,r)$. 因此 $B(x,\epsilon) \subset B(x_0,r)$, 即 $B(x,\epsilon)$ 是包含在 $B(x_0,r)$ 中的邻域. □

规定空集 $\varnothing$ 与全空间 X 均为开集. 与 $\mathbb{R}^n$ 相类似, 有如下开集定理.

定理 1.2.1 在度量空间 X 中, 有

(1) $\varnothing$ 与 X 为开集;

(2) 任意个开集的并为开集;

(3) 有限个开集的交为开集.

证明 (1) 显然成立.

(2) 设 $\{G_\alpha \mid \alpha \in \Lambda\}$ 为 X 中的一族开集. 令 $G = \bigcup\limits_{\alpha\in\Lambda} G_\alpha$. 对任意 $x \in G$, 存在 $\alpha_0 \in \Lambda$, 使得 $x \in G_{\alpha_0}$. 由于 G_{α_0} 为开集, 故存在开球 $B(x,r) \subset G_{\alpha_0}$. 于是, $B(x,r) \subset G_{\alpha_0} \subset G$. 所以, x 是 G 的内点. 从而 $\bigcup\limits_{\alpha\in\Lambda} G_\alpha$ 为开集.

(3) 设 $G_1, G_2, \cdots, G_n$ 为有限个开集. 令 $G = \bigcap\limits_{k=1}^{n} G_k$. 对任意 $x \in G$, 由交的定义可知对任意 $1 \leqslant k \leqslant n$, $x \in G_k$. 由于 x 为 G_k 的内点, 因此存在 $r_k > 0$, 使得 $B(x,r_k) \subset G_k$ $(k = 1,2,\cdots,n)$. 取 $r = \min\limits_{1\leqslant k\leqslant n} r_k$. 则 $r > 0$, 且 $B(x,r) \subset B(x,r_k) \subset G_k$ $(k = 1,2,\cdots,n)$. 因此, $B(x,r) \subset \bigcap\limits_{k=1}^{n} G_k = G$, 从而 x 是 G 的内点. 所以, 有限个开集的交为开集. □

1.2.2 聚点与闭集

定义 1.2.2 设 X 为度量空间, $A \subset X$, $x \in A$. 若 x 的任何球形邻域 $B(x,\epsilon)$ 中均有 A 中的无穷多个点, 则称 x 为 A 的聚点. A 的聚点之集称为 A 的导集, 记为 A'. $\overline{A} = A \cup A'$ 称为 A 的闭包.

引理 1.2.1 设 X 为度量空间, $A \subset X$, $x \in X$. 则下列条件等价:

(1) x 为 A 的聚点;

(2) x 的任何邻域中均有 A 中异于 x 的点, 即对 $\forall \epsilon > 0$,

$$\big(B(x,\epsilon)\backslash\{x\}\big) \cap A \neq \varnothing;$$

(3) 存在点列 $\{x_n\} \subset A$, $x_n \neq x$, 使得 $x_n \to x \ (n \to \infty)$.

证明　(1) $\Rightarrow$ (2) 取 $B(x,r) \subset B(x,\epsilon)$. 因为 $B(x,r)$ 中含有 A 中的无穷多个点, 所以至少可取出一个异于 x 的点.

(2) $\Rightarrow$ (3) 对 $n \in \mathbb{N}$, 取 $\{x_n\} \subset \left(B\left(x, \dfrac{1}{n}\right) \Big\backslash \{x\}\right) \cap A$. 由 $d(x_n, x) < \dfrac{1}{n} \to 0$ $(n \to \infty)$ 可知 $\{x_n\} \subset A$, $x_n \neq x$ 且 $x_n \to x \ (n \to \infty)$.

(3) $\Rightarrow$ (1) 反设 x 不是 A 的聚点, 则存在 $B(x,\epsilon_0)$ 只含有 A 中的有限个异于 x 的点, 设为 $x_1, x_2, \cdots, x_m$. 令 $\epsilon_1 = \min\limits_{1 \leqslant k \leqslant m} d(x_k, x)$, 则

$$\big(B(x,\epsilon_1)\backslash\{x\}\big) \cap A = \varnothing.$$

所以对任意 $\{x_n\} \subset A$, $x_n \neq x$, $x_n \notin B(x,\epsilon_1)$. 从而 $d(x_n, x) \geqslant \epsilon_1$, 这与 $x_n \to x$ $(n \to \infty)$ 矛盾! □

与聚点相对应的就是孤立点, 下面给出孤立点的概念.

定义 1.2.3　设 X 为度量空间, $A \subset X$, $x_0 \in A$. 若 x_0 的某个邻域 $B(x_0, r)$ 中除了 x_0 外再没有 A 中的点, 则称 x_0 为 A 的孤立点.

离散度量空间中的每一点都是孤立点. 与直线上一样, 一般度量空间中的一点 $x_0 \in A$, 不是 A 的孤立点就是聚点. 在直线上内点必是聚点, 但在一般度量空间中则不然, 例如, 离散度量空间中的任何一点均为内点却不是聚点.

点集的闭包的概念非常重要, 下面给出判别点 $x_0 \in \overline{A}$ 的充要条件.

引理 1.2.2　设 X 为度量空间, $A \subset X$, $x_0 \in X$. 则下列条件等价:

(1) $x_0 \in \overline{A}$;

(2) x_0 的任何邻域 $B(x_0, \epsilon)$ 中都含有 A 中的点;

(3) 存在点列 $\{x_n\} \subset A$, 使得 $x_n \to x_0 \ (n \to \infty)$.

证明　(1) $\Rightarrow$ (2) 设 $x_0 \in \overline{A}$. 若 $x_0 \in A$, 则 $B(x_0,\epsilon)$ 中含有 A 中的点 x_0. 若 $x_0 \notin A$, 则 $x_0 \in A'$, 从而 $\big(B(x_0,\epsilon)\backslash\{x_0\}\big) \cap A \neq \varnothing$, $B(x_0,\epsilon)$ 中必含有 A 中的点.

(2) $\Rightarrow$ (3) 若 x_0 的每个邻域 $B(x_0,\epsilon)$ 中都含有 A 中的点. 对 $n \in \mathbb{N}$, 取 $x_n \in B\left(x_0, \dfrac{1}{n}\right)$. 则 $\{x_n\} \subset A$ 且 $x_n \to x_0 \ (n \to \infty)$.

(3) $\Rightarrow$ (1) 设 $\{x_n\} \subset A$, $x_n \to x_0 \ (n \to \infty)$. 若 $x_0 \in A$, 则 $x_0 \in \overline{A}$. 若 $x_0 \notin A$, 则由 $\{x_n\} \subset A$ 知 $x_n \neq x_0$. 因此由 $x_n \to x_0 \ (n \to \infty)$ 及引理 1.2.1 (3) 可知 $x_0 \in A' \subset \overline{A}$. □

定义 1.2.4 设 X 为度量空间, $A \subset X$. 若 A 的每个聚点均在 A 中, 即 $A' \subset A$, 则称 A 为闭集.

定理 1.2.2 设 X 为度量空间, $A \subset X$. 则 A 为闭集的充分必要条件是 A 对极限运算封闭, 即若 $\{x_n\} \subset A$, $x_n \to x$ $(n \to \infty)$, 则 $x \in A$.

证明 这是引理 1.2.1 与引理 1.2.2 的直接推论. □

例 1.2.2 设 X 为离散度量空间, $A \subset X$. 则 A 中的每个点均为 A 的内点, 从而 A 为开集; A 无聚点, 从而 A 为闭集.

定理 1.2.3 设 X 为度量空间, $A \subset X$. 则 A 为闭集的充分必要条件是 A^c 为开集.

证明 $\Rightarrow$) 设 A 为闭集, 要证 A^c 为开集. 对任意 $x \in A^c$, 则 $x \notin A = A \cup A'$. 由引理 1.2.2 (2) 可知存在 $B(x,\epsilon)$, 其中无 A 中的点. 所以, $B(x,\epsilon) \subset A^c$, 即 x 为 A^c 的内点. 于是 A^c 为开集.

$\Leftarrow$) 设 A^c 为开集, 要证 A 为闭集. 即要证 $A' \subset A$, 等价于要证其逆否命题成立, 即 $x \notin A$ 时, $x \notin A'$. 设 $x \notin A$, 则 $x \in A^c$. 因为 A^c 为开集, 存在 $B(x,\epsilon) \subset A^c$. 所以 $B(x,\epsilon)$ 中无 A 中的点. 因此, $x \notin A'$. □

由闭集与开集的对偶性及集合交、并运算的 DeMorgan 定理, 有如下的闭集定理.

定理 1.2.4 在度量空间 X 中, 有

(1) $\varnothing$ 与 X 为闭集;

(2) 任意个闭集的交为闭集;

(3) 有限个闭集的并为闭集.

关于导集与闭包, 有如下结果.

定理 1.2.5 度量空间 X 中任何点集 A 的导集 A' 与闭包 $\overline{A}$ 均为闭集.

证明 (1) 首先证明 A' 为闭集. 设 $x \in (A')'$, 对 $\forall \epsilon > 0$, 取 $y \in B(x,\epsilon) \cap A'$, $\sigma = \epsilon - d(y,x)$. 则 $B(y,\sigma) \subset B(x,\epsilon)$. 因为 $y \in A'$, 所以 $B(y,\sigma)$ 中含有 A 的无穷多个点, 从而 $B(x,\epsilon)$ 中也包含有 A 的无穷多个点. 故 $x \in A'$, 即 $(A')' \subset A'$. 因此, A' 为闭集.

(2) 其次证明 $\overline{A}$ 为闭集. 由 (1) 的证明有

$$(\overline{A})' = \left(A \cup A'\right)' = A' \cup (A')' \subset A' \subset \overline{A}.$$

所以, $\overline{A}$ 为闭集. □

定理 1.2.6 设 A 和 F 为度量空间 X 中的点集, F 为闭集且 $A \subset F$. 则 $\overline{A} \subset F$.

证明　由聚点的定义, 易见若 $A \subset F$, 则 $A' \subset F'$. 从而结合 F 为闭集可得 $\overline{A} \subset \overline{F} = F$. □

由定理 1.2.6 可知, 一个集合 A 的闭包 $\overline{A}$ 是包含 A 的最小闭集, 即 $\overline{A} = \bigcap\limits_{A \subset F} F$, 其中 F 为闭集. 这也是把 $\overline{A}$ 称为 A 的闭包的原因. 同理, $\mathring{A}$ 为 A 所包含的最大开集.

定义 1.2.5　设 A 为度量空间 X 中的点集, $x \in X$. 若 x 的任何邻域 $B(x,\epsilon)$ 中既有 A 中的点, 也有 A 外的点, 即 $B(x,\epsilon) \cap A \neq \varnothing$ 且 $B(x,\epsilon) \cap A^{\mathrm{c}} \neq \varnothing$, 则称 x 为 A 的边界点. A 的全体边界点所成的集合记为 ∂A, 称为 A 的边界.

注 1.2.1　孤立点不一定是边界点, 如离散度量空间中的每个点都是内点, 也是孤立点. 但在 n 维欧氏空间中, 孤立点一定是边界点.

定理 1.2.7　(1) $\partial A = \overline{A} \cap \overline{A^{\mathrm{c}}} = \overline{A} \backslash \mathring{A}$; (2) $\partial (A^{\mathrm{c}}) = \partial A$.

1.2.3　点集之间的距离

定义 1.2.6　设 X 为度量空间, 集合 $A, B \subset X$ 非空. 则称

$$d(A,B) = \inf\big\{d(x,y) \mid x \in A,\, y \in B\big\}$$

为集合 A 与集合 B 之间的距离. 特别地, 当 $A = \{x_0\}$ 为单点集时, 称集合 $\{x_0\}$ 与集合 B 间的距离为点 x_0 与集合 B 之间的距离, 记作 $d(x_0, B)$.

定理 1.2.8　设 A 为度量空间 X 中的点集, $x \in X$. 则 $x \in \overline{A}$ 的充分必要条件是 $d(x, A) = 0$.

证明　$\Rightarrow$) 若 $x \in \overline{A}$, 则存在 $\{x_n\} \subset A$, 使得 $d(x, x_n) \to 0$ $(n \to \infty)$. 所以, $d(x, A) = 0$.

$\Leftarrow$) 若 $d(x, A) = 0$, 则由下确界的定义可知, 对任意 $\epsilon_n = \dfrac{1}{n}$, 存在 $x_n \in A$, 使得 $d(x_n, x) < \dfrac{1}{n}$. 所以, $x_n \to x$ $(n \to \infty)$. 故 $x \in \overline{A}$. □

定理 1.2.8 表明在度量空间 X 中, 能用集合 A 中的点逼近的那些点是 $\overline{A}$ 中的点.

推论 1.2.1　设 F 是闭集, $x \notin F$, 则 $d(x, F) > 0$.

定理 1.2.9　设 X 为度量空间, $A \subset X$ 非空, $x \in X$. 则点 x 到 A 的距离函数 $\varphi(x) = d(x, A)$ 在 X 上连续.

证明　设 $x_1, x_2 \in X$. 则对任意 $\epsilon > 0$, 由 $d(x_1, A)$ 的定义可知, 存在 $y \in A$, 使得

$$d(x_1, y) < d(x_1, A) + \epsilon.$$

所以

$$d(x_2, A) \leqslant d(x_2, y) \leqslant d(x_2, x_1) + d(x_1, y) < d(x_2, x_1) + d(x_1, A) + \epsilon.$$

令 $\epsilon \to 0^+$, 得

$$d(x_2, A) \leqslant d(x_2, x_1) + d(x_1, A),$$

即

$$d(x_2, A) - d(x_1, A) \leqslant d(x_2, x_1). \tag{1.2.1}$$

由距离函数的对称性, 交换 x_1 与 x_2 的位置, 有

$$d(x_1, A) - d(x_2, A) \leqslant d(x_2, x_1). \tag{1.2.2}$$

因此, 结合 (1.2.1) 式与 (1.2.2) 式可得

$$|d(x_1, A) - d(x_2, A)| \leqslant d(x_1, x_2).$$

所以, $d(x, A)$ 关于 x 在 X 上一致连续, 从而连续. □

推论 1.2.2 设 X 为度量空间, A 和 B 为 X 中的两个不相交的非空闭集. 则存在连续函数 $\varphi : X \to [0, 1]$, 使得当 $x \in A$ 时, $\varphi(x) = 0$; 当 $x \in B$ 时, $\varphi(x) = 1$.

证明 令

$$\varphi(x) = \frac{d(x, A)}{d(x, A) + d(x, B)}. \tag{1.2.3}$$

容易验证由 (1.2.3) 式定义的 φ 即为所求函数. □

1.3 连续映射

数学分析中的连续函数是这样定义的: 设 $f(x)$ 为定义于 $[a, b]$ 上的函数, $x_0 \in [a, b]$. 若对任给的 $\epsilon > 0$, 存在 $\delta > 0$, 使得当 $|x - x_0| < \delta$ 时, $|f(x) - f(x_0)| < \epsilon$, 则称 $f(x)$ 在 x_0 点连续. 注意到 $|x - x_0| = d(x, x_0)$, $|f(x) - f(x_0)| = \rho(f(x), f(x_0))$, 故这个概念可推广到定义于一度量空间, 取值于另一度量空间中的映射.

定义 1.3.1 设 (X, d) 与 (Y, ρ) 为度量空间, $f : X \to Y$ 为定义于 X, 取值于 Y 的映射, $x_0 \in X$. 若对任给的 $\epsilon > 0$, 存在 $\delta > 0$, 使得当 $d(x, x_0) < \delta$ 时, 有 $\rho(f(x), f(x_0)) < \epsilon$, 则称 f 在 x_0 点连续; 若 f 在 X 上每点都连续, 则称 f 为 X 上的连续映射.

注 1.3.1 当 $f : D \subset X \to Y$ 的定义域 D 为 X 的子集时, D 视为子空间也是一个度量空间, 化归为定义 1.3.1.

定理 1.3.1 设 f 是度量空间 X 到度量空间 Y 的映射, $x_0 \in X$. 则下述条件等价:

(1) f 在 x_0 点连续;

(2) 对 $f(x_0)$ 的任一 ϵ-邻域 $B(f(x_0),\epsilon)$, 有 x_0 在 X 中的 δ-邻域 $B(x_0,\delta)$, 使得 $f(B(x_0,\delta)) \subset B(f(x_0),\epsilon)$;

(3) 当 X 中的点列 $\{x_n\}$ 满足 $x_n \xrightarrow{d} x_0\ (n\to\infty)$ 时,

$$f(x_n) \xrightarrow{\rho} f(x_0) \quad (n\to\infty).$$

证明 (1) $\Rightarrow$ (2) 设 $f(x)$ 在 x_0 点连续, 则对任给的 $\epsilon > 0$, 存在 $\delta > 0$, 使得当 $d(x,x_0) < \delta$ 时, 有 $\rho(f(x),f(x_0)) < \epsilon$, 即对任给的 $x \in B(x_0,\delta)$, $f(x) \in B(f(x_0),\epsilon)$. 故 $f(B(x_0,\delta)) \subset B(f(x_0),\epsilon)$.

(2) $\Rightarrow$ (3) 设 $x_n \xrightarrow{d} x_0\ (n\to\infty)$. 因为对任给的 $\epsilon > 0$, 存在 $\delta > 0$, 使得 $f(B(x_0,\delta)) \subset B(f(x_0),\epsilon)$, 又 $x_n \to x_0\ (n\to\infty)$, 故存在 $N \in \mathbb{N}$, 使得当 $n > N$ 时, $d(x_n,x_0) < \delta$, 即 $x_n \in B(x_0,\delta)$. 因此 $f(x_n) \in B(f(x_0),\epsilon)$, 故 $\rho(f(x_n),f(x_0)) < \epsilon$. 所以 $f(x_n) \xrightarrow{\rho} f(x_0)\ (n\to\infty)$.

(3) $\Rightarrow$ (1) 反设 f 在 x_0 点不连续, 则存在 $\epsilon_0 > 0$, 使得对任意的 n, 有 x_n 满足 $d(x_n,x_0) < \dfrac{1}{n}$, 但 $\rho(f(x_n),f(x_0)) \geqslant \epsilon_0$. 故 $x_n \to x_0\ (n\to\infty)$, 但 $f(x_n) \nrightarrow f(x_0)$ $(n\to\infty)$, 矛盾! □

设 (X_1,d_1), (X_2,d_2) 为两个度量空间, 则易验证集合 $\{(x_1,x_2) \mid x_1 \in X_1, x_2 \in X_2\}$ 按距离 $d((x_1,x_2),(y_1,y_2)) = d_1(x_1,y_1) + d_2(x_2,y_2)$ 构成度量空间, 称为 X_1 与 X_2 的乘积空间, 记为 $X_1 \times X_2$. 与 $\mathbb{R}^2$ 中一样, 易证明 $X_1 \times X_2$ 中的收敛为按坐标收敛.

特别地, $X \times X$ 为度量空间; $X^n = X \times X \times \cdots \times X$ 也为度量空间.

设 f 为 X 到 Y 的映射, $A \subset X$, $B \subset Y$, 称集合 $\{f(x) \mid x \in A\}$ 为 A 在 f 下的像, 记为 $f(A)$; 称集合 $\{x \mid x \in X,\ f(x) \in B\}$ 为 B 在 f 之下的原像, 记为 $f^{-1}(B)$. X 上的连续映射可用开集来描述.

定理 1.3.2 设 X 与 Y 为度量空间. 则映射 $f: X \to Y$ 连续的充分必要条件是对 Y 中任何开集 G, 其原像 $f^{-1}(G)$ 为 X 中的开集.

证明 $\Rightarrow$) 设 $f: X \to Y$ 连续, $G \subset Y$ 为开集. 若 $f^{-1}(G) = \varnothing$, 其自然为开集. 若 $f^{-1}(G) \neq \varnothing$, 对任意的 $x_0 \in f^{-1}(G)$, 存在 $y_0 = f(x_0) \in G$. 因为 G 为开集, 故存在 $\epsilon_0 > 0$, 使得 $B(f(x_0),\epsilon_0) \subset G$, 由定理 1.3.1 (2), 存在 $\delta_0 > 0$, 使得 $f(B(x_0,\delta_0)) \subset B(f(x_0),\epsilon_0)$. 故 $B(x_0,\delta_0) \subset f^{-1}(G)$. 所以 x_0 为 $f^{-1}(G)$ 的内点. 由 x_0 的任意性可知 $f^{-1}(G)$ 为开集.

$\Leftarrow$) 若对任意的开集 $G \subset Y$, $f^{-1}(G)$ 为开集, 则对任意的 $x_0 \in X$, 任给 $\epsilon > 0$, $f(x_0)$ 的 ϵ-邻域 $B(f(x_0), \epsilon)$ 的原像 $f^{-1}(B(f(x_0), \epsilon))$ 为开集. 因为 $x_0 \in f^{-1}(B(f(x_0), \epsilon))$ 为内点, 故存在 x_0 的 δ-邻域 $B(x_0, \delta) \subset f^{-1}(B(f(x_0), \epsilon))$, 即 $f(B(x_0, \delta)) \subset B(f(x_0), \epsilon)$. 因此由定理 1.3.1 (2), $f(x)$ 在 x_0 点连续. □

设 f 为 X 到 Y 的映射, $B \subset Y$. 易验证

$$f^{-1}(B^{\mathrm{c}}) = \left(f^{-1}(B)\right)^{\mathrm{c}}.$$

因此, 由开集与闭集的对偶性及定理 1.3.2, 有如下结果.

推论 1.3.1 度量空间 X 到度量空间 Y 的映射 f 连续的充分必要条件是对 Y 的任一闭集 $F \subset Y$, 其原像 $f^{-1}(F)$ 为 X 中的闭集.

定义 1.3.2 设 X 与 Y 为度量空间, 映射 $f: X \to Y$. 若 f 把 X 中的每个开集映为 Y 中的开集, 即若 $G \subset X$ 为开集, 则 $f(G)$ 为开集, 称 f 为开映射.

由定理 1.3.2 可以得到开映射与连续映射之间的关系.

推论 1.3.2 设 f 为度量空间 X 到度量空间 Y 的 1-1 映射. 则 $f: X \to Y$ 连续的充分必要条件是 $f^{-1}: Y \to X$ 为开映射.

定义 1.3.3 设 X 与 Y 为度量空间. 若存在 1-1 映射 $f: X \to Y$, 使得 $f: X \to Y$ 以及逆映射 $f^{-1}: Y \to X$ 均连续, 则称 f 为 X 与 Y 之间的同胚映射, 记为 $X \overset{f}{\cong} Y$.

若 X 与 Y 同胚, 则 $x_n \to x_0$ $(n \to \infty)$ 的充分必要条件是 $f(x_n) \to f(x_0)$ $(n \to \infty)$, 即对应点列的收敛相同.

定理 1.3.3 设 X 与 Y 为度量空间. 则 $f: X \to Y$ 同胚的充分必要条件是 $f: X \to Y$ 为 1-1 连续开映射.

定义 1.3.4 设 X, Y 为度量空间, $T: D(T) \subset X \to Y$ 为映射. 若 T 的图像

$$G(T) = \{(x, T(x)) \mid x \in D(T)\}$$

为乘积空间 $X \times Y$ 中的闭集, 则称 T 是闭映射 (或闭算子).

引理 1.3.1 设 X, Y 为度量空间, $T: D(T) \subset X \to Y$ 为映射. 则 T 为闭映射的充分必要条件是对任意 $\{x_n\} \subset D(T)$, 当 $x_n \to x_0$, $Tx_n \to y_0$ $(n \to \infty)$ 时, 有 $x_0 \in D(T)$ 且 $y_0 = Tx_0$.

证明 $\Rightarrow$) 若 T 为闭映射, 那么当 $\{x_n\} \subset D(T)$, $x_n \to x_0$, $Tx_n \to y_0$ $(n \to \infty)$ 时, $\{(x_n, Tx_n)\} \subset G(T)$, 且在 $X \times Y$ 中 $(x_n, Tx_n) \to (x_0, y_0)$. 由于 $G(T)$ 为 $X \times Y$ 中的闭集, 所以 $(x_0, y_0) \in G(T)$, 即 $x_0 \in D(T)$, $y_0 = Tx_0$.

$\Leftarrow$) 任取 $\{(x_n, Tx_n)\} \subset G(T)$, 如果 $(x_n, Tx_n) \to (x_0, y_0)$ $(n \to \infty)$, 因为 $\{x_n\} \subset D(T)$, $x_n \to x_0$, $Tx_n \to y_0$ $(n \to \infty)$, 所以由条件知 $x_0 \in D(T)$, $y_0 =$

Tx_0. 于是 $(x_0, y_0) \in G(T)$, 因此 $G(T)$ 中每个收敛点列的极限在 $G(T)$ 中, 所以 $G(T)$ 闭. □

引理 1.3.2　定义域是闭集的连续映射必是闭映射.

证明　设 X, Y 为度量空间, T 是 $D(T) \subset X$ 到 Y 的连续映射, $D(T)$ 为闭集. 则当 $\{x_n\} \subset D(T)$, $x_n \to x_0$, $Tx_n \to y_0$ $(n \to \infty)$ 时, 由 $D(T)$ 的闭性, $x_0 \in D(T)$. 由 T 的连续性, $\lim\limits_{n\to\infty} Tx_n = Tx_0$. 所以 $y_0 = Tx_0$, 由引理 1.3.1 知 T 为闭映射. □

引理 1.3.2 的逆命题不成立, 即闭映射不一定连续.

反例　在 $C[a,b]$ 中, 取 $D = C^1[a,b]$, 作 $D \subset C[a,b]$ 到 $C[a,b]$ 中的映射 T 如下:

$$Tx(t) = x'(t),$$

则 T 为闭映射. 因为当 $\{x_n(t)\} \subset D$, $x_n(t) \to x_0(t)$, $x_n'(t) \to y_0(t)$ $(n \to \infty)$ 时, 对

$$x_n(t) = x_n(a) + \int_a^t x_n'(s)ds$$

两边取极限, 得

$$x_0(t) = x_0(a) + \int_a^t y_0(s)ds.$$

所以 $x_0(t)$ 在 $[a,b]$ 上连续可导, 且 $x_0'(t) = y_0(t)$. 故 T 为闭映射. 但 T 在 $C[a,b]$ 中不连续, 例如在 $C[0,2\pi]$ 中, $x_n(t) = \dfrac{1}{n}\sin nt$, $x_0 \equiv 0$, $d(x_n, x_0) \leqslant \dfrac{1}{n} \to 0$ $(n \to \infty)$, 但 $d(x_n', x_0') \equiv 1 \nrightarrow 0$.

1.4　赋范线性空间

1.4.1　线性空间的概念及例子

1.1 节中我们介绍了度量空间的概念, 它统一了平均收敛、依测度收敛、按坐标收敛等极限概念. 但对分析数学来说, 仅引入极限的概念还不够, 例如导数是差商的极限, 如果没有代数运算, 在度量空间中就不能定义导数. 因此我们通常所要考察的空间, 例如函数空间和序列空间, 除可引入极限运算外, 还必须引入代数运算, 即要附加一个代数结构, 使空间具有元素之间的加法以及数与元素的乘法两种运算. 给一个空间附加上元素之间的加法和数与元素的乘法后称为线性空间 (或向量空间), 这在高等代数中已经介绍过. 本节我们只简单回顾.

定义 1.4.1 称非空集合 X 是定义在数域 $\mathbb{K}$ 上的一个线性空间, 若在 X 中定义了元素的加法和数与元素的乘法, 且满足下列条件:

I. 关于加法运算成为交换群, 即对任意的 $x, y \in X$, 存在唯一的 $u \in X$ 与之对应, 称为 x 与 y 的和, 记作 $u = x + y$, 且满足

(i) **交换律** $x + y = y + x$;

(ii) **结合律** $(x + y) + z = x + (y + z), z \in X$;

(iii) 存在唯一的 $\theta \in X$, 使得对任意的 $x \in X$, $x + \theta = x$, 称 θ 为 X 中的零元;

(iv) 对任意的 $x \in X$, 存在唯一的 $x' \in X$, 使得 $x + x' = \theta$, 称 x' 为 x 的负元, 记作 $-x$.

II. 对任意的 $x \in X$ 及任意的 $\alpha \in \mathbb{K}$, 存在唯一的 $v \in X$ 与之对应, 称为 α 与 x 的积, 记作 $v = \alpha x$, 且满足对任意的 $\alpha, \beta \in \mathbb{K}$,

(i) $1 \cdot x = x$;

(ii) $\alpha(\beta x) = (\alpha\beta)x$;

(iii) $(\alpha + \beta)x = \alpha x + \beta x$;

(iv) $\alpha(x + y) = \alpha x + \alpha y, y \in X$.

线性空间 X 也称为向量空间, X 中的元素又称为向量. 当 $\mathbb{K}$ 为实数域或复数域时, 分别称 X 为实线性空间或复线性空间.

例 1.4.1 n 维向量空间 $\mathbb{K}^n$ (即 $\mathbb{R}^n$ 或 $\mathbb{C}^n$) 是指 n 个数组成的有序数组全体构成的集合, 在其上定义加法与数乘:

$$x + y = (\xi_1 + \eta_1, \xi_2 + \eta_2, \cdots, \xi_n + \eta_n), \quad \alpha x = (\alpha\xi_1, \alpha\xi_2, \cdots, \alpha\xi_n),$$

其中 $x = (\xi_1, \xi_2, \cdots, \xi_n)$, $y = (\eta_1, \eta_2, \cdots, \eta_n)$ 及 $\alpha \in \mathbb{K}$. 易知 $\mathbb{K}^n$ 按此加法与数乘构成一个线性空间. 显然, $\mathbb{K}^n$ 中的零元 $\theta = (0, 0, \cdots, 0)$.

例 1.4.2 p-方可和数列空间 l^p $(1 \leqslant p < +\infty)$ 是指满足 $\sum\limits_{n=1}^{\infty} |\xi_n|^p < +\infty$ 的数列 $\{\xi_n\}_{n=1}^{\infty} = (\xi_1, \xi_2, \cdots, \xi_n, \cdots)$ 的全体组成的集合, 在其上定义加法与数乘:

$$x + y = (\xi_1 + \eta_1, \xi_2 + \eta_2, \cdots, \xi_n + \eta_n, \cdots), \quad \alpha x = (\alpha\xi_1, \alpha\xi_2, \cdots, \alpha\xi_n, \cdots),$$

其中 $x = (\xi_1, \xi_2, \cdots, \xi_n, \cdots)$, $y = (\eta_1, \eta_2, \cdots, \eta_n, \cdots)$ 及 $\alpha \in \mathbb{K}$. 显然 $\alpha x \in l^p$. 又因为

$$|\xi_n + \eta_n|^p \leqslant (|\xi_n| + |\eta_n|)^p \leqslant 2^p(\max\{|\xi_n|, |\eta_n|\})^p \leqslant 2^p(|\xi_n|^p + |\eta_n|^p),$$

所以

$$\sum_{n=1}^{\infty} |\xi_n + \eta_n|^p \leqslant 2^p \left(\sum_{n=1}^{\infty} |\xi_n|^p + \sum_{n=1}^{\infty} |\eta_n|^p \right),$$

故有 $x+y\in l^p$. 从而 l^p $(1\leqslant p<+\infty)$ 是线性空间.

例 1.4.3 有界数列的全体组成的集合 l^∞ 按通常的数列加法及数乘运算构成一个线性空间.

例 1.4.4 定义在有限区间 $[a,b]\subset\mathbb{R}$ 上的连续实 (或复) 值函数的全体组成的集合 $C[a,b]$, 按通常函数加法及数乘运算:

$$(f+g)(q)=f(q)+g(q),\quad (\alpha f)(q)=\alpha f(q), \tag{1.4.1}$$

其中 $f,g\in C[a,b]$, $q\in[a,b]$, $\alpha\in\mathbb{K}$, 构成一个线性空间, 这是分析学中最重要的空间之一. 显然, $C[a,b]$ 中的零元是在 $[a,b]$ 上恒等于 0 的函数.

例 1.4.5 定义在有限区间 $[a,b]\subset\mathbb{R}$ 上具有 k 阶连续导数的实值函数的全体组成集合 $C^{(k)}[a,b]$, 按 (1.4.1) 式定义的函数加法及数乘运算构成一个线性空间.

与线性代数中类似, 可以在线性空间中引入线性相关、线性无关以及基的概念. 设 X 为线性空间, $x_1,x_2,\cdots,x_n\in X$, $\alpha_1,\alpha_2,\cdots,\alpha_n\in\mathbb{K}$, 则 $\alpha_1x_1+\alpha_2x_2+\cdots+\alpha_nx_n$ 有定义, 称为 $x_1,x_2,\cdots,x_n$ 的线性组合. 若 X 中的元素 x 可以表示成 $x=\alpha_1x_1+\alpha_2x_2+\cdots+\alpha_nx_n$, 则称 x 可用 $x_1,x_2,\cdots,x_n$ 线性表示.

定义 1.4.2 设 X 为线性空间, $x_1,x_2,\cdots,x_n\in X$. 如果存在不全为零的数 $\alpha_1,\alpha_2,\cdots,\alpha_n\in\mathbb{K}$, 使得 $\alpha_1x_1+\alpha_2x_2+\cdots+\alpha_nx_n=\theta$, 则称 $x_1,x_2,\cdots,x_n$ 线性相关. 反之, 如果 $\alpha_1x_1+\alpha_2x_2+\cdots+\alpha_nx_n=\theta$ 必有 $\alpha_1=\alpha_2=\cdots=\alpha_n=0$, 则称 $x_1,x_2,\cdots,x_n$ 线性无关.

定义 1.4.3 设 A 为线性空间 X 的非空子集, 若 A 中任意有限个向量均线性无关, 则称 A 是线性无关的, 否则称 A 是线性相关的.

定义 1.4.4 设 A 为线性空间 X 的一个线性无关组. 若 X 中的每个非零向量 x 均可表示为 A 中有限个向量的线性组合, 即有不全为零的 n 个实 (或复) 数 $\alpha_1,\alpha_2,\cdots,\alpha_n$, 使得

$$x=\alpha_1x_1+\alpha_2x_2+\cdots+\alpha_nx_n,\quad x_1,x_2,\cdots,x_n\in A,$$

则称 A 为线性空间 X 的一组线性基, 也称 Hamel (哈默尔) 基.

定理 1.4.1 任何线性空间总存在 Hamel 基.

证明 设 A 为线性空间 X 的一个线性无关组, S 为包含 A 的所有线性无关组组成的集合. 显然, S 按集合的包含关系成为一个半序集, 并且 S 的全序子集都有上界 (所有集合的并就是一个上界). 由 Zorn (佐恩) 引理可知, S 有极大元, 记为 M, 易验证 M 就是线性空间 X 的一个 Hamel 基. □

如果在线性空间 X 中可找到 n 个线性无关的元素, 而该空间中的任意 $n+1$ 个元素线性相关, 则称 n 为 X 的维数, 记为 $\dim X=n$, 并称 X 为有限维线性

空间. 不是有限维的线性空间称为无穷维线性空间, 其维数记为 $\dim X = +\infty$.

特别地, 仅含有一个零元素的线性空间 $X = \{\theta\}$ 是有限维的, 规定其维数为 0. 请读者验证空间 l^p $(1 \leqslant p < +\infty)$, l^∞, $C[a,b]$, $C^{(k)}[a,b]$ 都是无穷维的.

定义 1.4.5 设 L 是线性空间 X 的一个非空子集. 若 L 对 X 中的线性运算是封闭的, 即对任意的 $x, y \in L$ 和任意数 α, 都有 $x + y \in L$, $\alpha x \in L$, 则称 L 是 X 的线性子空间.

显然, 线性空间 X 的任何线性子空间本身也是一个线性空间, 线性空间 X 本身和只含零元素的集合 $\{\theta\}$ 都是 X 的线性子空间, 称它们是平凡子空间, 其他子空间称为真子空间.

设 M 是线性空间 X 的一个非空子集, 则由 M 中任意有限个向量构成的线性组合的全体

$$\left\{x \,\middle|\, x = \sum_{k=1}^{n} \alpha_k x_k,\ x_k \in M,\ \alpha_k \in \mathbb{K},\ k = 1, 2, \cdots, n\right\}$$

是 X 的一个线性子空间, 它是包含 M 的最小子空间, 称为由 M 张成的线性子空间或 M 的线性包, 记为 $\operatorname{span}M$. 不难验证 $\operatorname{span}M$ 是一切包含 M 的线性子空间的交集.

定义 1.4.6 设 X 和 Y 是同一数域 $\mathbb{K}$ 上的两个线性空间, 如果映射 $\varphi: X \to Y$ 满足

(i) φ 是双射;

(ii) φ 是线性映射, 即对任意的 $x, y \in X$ 及任意的 $\alpha \in \mathbb{K}$, 有

$$\varphi(x + y) = \varphi(x) + \varphi(y), \quad \varphi(\alpha x) = \alpha\varphi(x),$$

则称 φ 是 X 到 Y 的同构映射. 如果两个线性空间 X 与 Y 之间存在一个同构映射, 则称 X 与 Y 是线性同构的.

1.4.2 线性空间中的范数

我们知道, 每一个实数或复数, 都有相应的绝对值或模; 每一个 n 维向量都可定义其长度. 本节将 "长度" 的概念推广到一般抽象空间的元素上去, 抽象出下面我们要给出的 "范数" 的定义. 为此, 我们要在线性空间 X 中引入距离 d, 使之与线性结构结合起来具有相容性, 即距离 d 具有下列两条性质:

(1) **平移不变性** $d(x, y) = d(x + z, y + z)$, $\forall x, y, z \in X$;

(2) **正齐性** $d(\alpha x, \alpha y) = |\alpha| d(x, y)$, $\forall x, y \in X, \alpha \in \mathbb{K}$.

在这样的线性距离空间中, 将 X 中的点 x 与原点的距离称为 x 的范数, 记为 $\|x\|$. 根据距离的性质, 可知由距离定义的范数具有如下性质 (称为范数公理):

(i) **正定性** $\|x\| \geqslant 0$, $\forall x \in X$, $\|x\| = 0$ 当且仅当 $x = \theta$;

(ii) **正齐性** $\|\alpha x\| = |\alpha|\,\|x\|$, $\forall x \in X$, $\forall \alpha \in \mathbb{K}$;

(iii) **三角不等式** $\|x+y\| \leqslant \|x\| + \|y\|$, $\forall x, y \in X$.

下面我们用公理形式在一般线性空间中引入向量范数的概念, 建立一类具有拓扑性质的线性空间——赋范线性空间.

定义 1.4.7 设 X 为数域 $\mathbb{K}$ 上的线性空间. 若存在映射 $\|\cdot\|: X \to \mathbb{R}$, 满足上述范数公理 (i), (ii) 及 (iii), 则称映射 $\|\cdot\|$ 为 X 上的范数, $x \in X$ 处的像 $\|x\|$ 称为向量 x 的范数. 定义了范数的线性空间称为赋范线性空间, 记为 $(X, \|\cdot\|)$, 简记为 X. 当 $\mathbb{K} = \mathbb{R}$ 或 $\mathbb{K} = \mathbb{C}$ 时, 分别称 X 为实赋范线性空间或复赋范线性空间.

在任何一个赋范线性空间 X 中, 可以由范数引出两点之间的距离: 对任意的 $x, y \in X$, 令

$$d(x,y) = \|x-y\|, \tag{1.4.2}$$

应用范数公理, 易验证 $\|x-y\|$ 满足距离的两个条件. 由 (1.4.2) 式定义的距离 $d(x,y)$ 称为 X 中由范数 $\|\cdot\|$ 诱导的距离. 我们今后对每个赋范线性空间总按照 (1.4.2) 式引入距离, 使之成为度量空间, 这样就可以在赋范线性空间中引入极限的概念.

定义 1.4.8 设 X 是赋范线性空间, $\{x_n\} \subset X$. 若存在 $x \in X$, 使得

$$\lim_{n\to\infty} \|x_n - x\| = 0,$$

则称 $\{x_n\}$ 依范数收敛于 x, 记为 $\lim\limits_{n\to\infty} x_n = x$ 或 $x_n \to x\,(n \to \infty)$.

赋范线性空间中的收敛点列, 也有类似于数学分析中收敛数列的一些性质. 例如, 设 $\{x_n\} \subset X$, $\{y_n\} \subset X$, $\{\alpha_n\} \subset \mathbb{K}$, $x, y \in X$, $\alpha \in \mathbb{K}$, 则有

(i) 唯一性: 收敛点列的极限必唯一;

(ii) 有界性: 如果 $x_n \to x\ (n \to \infty)$, 则 $\{x_n\}$ 必为有界点列, 即存在常数 $M > 0$, 使得对任意的 $n \in \mathbb{N}$, $\|x_n\| \leqslant M$;

(iii) 按线性运算连续: 如果 $x_n \to x$, $y_n \to y$, $\alpha_n \to \alpha\,(n \to \infty)$, 则 $x_n + y_n \to x + y$, $\alpha_n x_n \to \alpha x\,(n \to \infty)$.

这些性质的证明都和数学分析中相类似. 我们以 (ii) 为例, 设 $x_n \to x\ (n \to \infty)$, 则对于 $\epsilon_0 = 1$, 存在正整数 N, 当 $n > N$ 时, $\|x_n - x\| < 1$. 由三角不等式得

$$\|x_n\| = \|(x_n - x) + x\| \leqslant \|x_n - x\| + \|x\| < 1 + \|x\|.$$

取 $M = \max\{\|x_1\|, \|x_2\|, \cdots, \|x_N\|, 1 + \|x\|\}$, 则对任意的 $n \in \mathbb{N}$, $\|x_n\| \leqslant M$, 故 $\{x_n\}$ 为有界点列.

1.4.3 赋范线性空间的例子

例 1.4.6 在 n 维向量空间 $\mathbb{K}^n$ 中定义

$$\|x\| = \left(\sum_{i=1}^{n} |x_i|^2\right)^{\frac{1}{2}}, \quad \forall x = (x_1, x_2, \cdots, x_n) \in \mathbb{K}^n. \tag{1.4.3}$$

易证 $\|\cdot\|$ 满足范数公理, 称为欧几里得范数.

对任意的 $x = (x_1, x_2, \cdots, x_n) \in \mathbb{K}^n$, $y = (y_1, y_2, \cdots, y_n) \in \mathbb{K}^n$, 由范数诱导的距离

$$d(x, y) = \|x - y\| = \left(\sum_{i=1}^{n} |x_i - y_i|^2\right)^{\frac{1}{2}} \tag{1.4.4}$$

就是欧几里得距离.

注 1.4.1 在 $\mathbb{K}^n$ 上, 对任意的 $x = (x_1, x_2, \cdots, x_n) \in \mathbb{K}^n$, 定义

$$\|x\|_1 = |x_1| + |x_2| + \cdots + |x_n|,$$

$$\|x\|_\infty = \max\{|x_1|, |x_2|, \cdots, |x_n|\},$$

$$\|x\|_p = \left(\sum_{i=1}^{n} |x_i|^p\right)^{\frac{1}{p}} \ (1 < p < \infty).$$

易证 $\|\cdot\|_1$, $\|\cdot\|_p$, $\|\cdot\|_\infty$ 都是 $\mathbb{K}^n$ 上的范数. 由此可见, 在同一个线性空间上可以定义多种不同的范数.

例 1.4.7 在连续函数空间 $C[a, b]$ 上定义

$$\|f\| = \max_{a \leqslant t \leqslant b} |f(t)|, \quad \forall f \in C[a, b]. \tag{1.4.5}$$

易证 $(C[a, b], \|\cdot\|)$ 是赋范线性空间.

注 1.4.2 如果对任意的 $f \in C[a, b]$, 定义

$$\|f\|_1 = \int_a^b |f(t)| dt. \tag{1.4.6}$$

易证 $(C[a, b], \|\cdot\|_1)$ 也是赋范线性空间.

例 1.4.8 设 $V[a, b]$ 是闭区间 $[a, b]$ 上的实 (或复) 有界变差函数的全体, 按照通常的函数加法与数乘运算构成一个线性空间. 对任意的 $f \in V[a, b]$, 定义

$$\|f\| = |f(a)| + \mathop{V}_a^b(f). \tag{1.4.7}$$

易证 $V[a, b]$ 按范数 $\|\cdot\|$ 成为赋范线性空间.

1.5　L^p 空间

本节我们介绍在分析学中一些很重要的赋范线性空间.

1.5.1　L^p 空间上的范数

定义 1.5.1　设 $E \subset \mathbb{R}^n$ 为可测集, $f(x)$ 是定义在 E 上的可测函数. 若 $|f(x)|^p$ $(1 \leqslant p < \infty)$ 在 E 上可积, 则称 f 为 E 上的 p-方可积函数. 全体 E 上 p-方可积函数, 记为 $L^p(E)$, 简称 L^p 空间, 即

$$L^p(E) = \left\{ f(x) \middle| f \text{ 在 } E \text{ 上可测且} \int_E |f(x)|^p dx < \infty \right\}. \tag{1.5.1}$$

当 $p = 1$ 时, $L^1(E)$ 即为 E 上的可积函数空间, 也记为 $L(E)$. 易证 $L(E)$ 按

$$\|f\|_1 = \int_E |f(x)| dx, \quad \forall f \in L(E) \tag{1.5.2}$$

成为赋范线性空间. 特别地, 当 E 是闭区间 $[a,b]$ 时改记 $L^p([a,b])$ 为 $L^p[a,b]$.

引理 1.5.1　设 $E \subset \mathbb{R}^n$ 为可测集, 则 $L^p(E)$ $(1 \leqslant p < \infty)$ 按通常函数的加法和数乘运算成为线性空间.

证明　设 $f, g \in L^p(E)$, 则 f, g 在 E 上可测, 从而 $f + g$ 在 E 上可测. 又因为

$$|f(x) + g(x)|^p \leqslant [2\max\{|f(x)|, |g(x)|\}]^p \leqslant 2^p(|f(x)|^p + |g(x)|^p),$$

并且 $|f(x)|^p$ 和 $|g(x)|^p$ 在 E 上可积, 所以 $|f(x) + g(x)|^p$ 在 E 上可积. 这说明, $f + g \in L^p(E)$. 至于 $L^p(E)$ 中关于数乘的运算封闭是显然的. 于是 $L^p(E)$ 按通常函数的加法和数乘运算成为线性空间. □

如果我们只考察实值函数, $L^p(E)$ 为实线性空间; 如果考察复值函数, $L^p(E)$ 为复线性空间. 因为几乎处处相等的函数, 它们的积分相等, 故可在 $L^p(E)$ 中把几乎处处相等的两个可测函数视为同一元素. 因此, 对 $L^p(E)$ 中每个函数 f 可作出一个确定的数

$$\|f\|_p = \left(\int_E |f(x)|^p dx \right)^{\frac{1}{p}} \quad (1 \leqslant p < \infty). \tag{1.5.3}$$

现在来证明它是 $L^p(E)$ 上的范数. 为此, 先证明几个常用的不等式.

引理 1.5.2 (Young (杨) 不等式) 设 $p,q>1$, 且 $\frac{1}{p}+\frac{1}{q}=1$, 则对任意的 $a,b\geqslant 0$, 有

$$ab\leqslant \frac{1}{p}a^p+\frac{1}{q}b^q. \tag{1.5.4}$$

证明 因为函数 $y=x^\alpha(\alpha>0)$ 为 $[0,+\infty)$ 上严格增加的连续函数, $x=y^{\frac{1}{\alpha}}(\alpha>0)$ 是其反函数, 所以由定积分的几何意义, 有

$$\int_0^a x^\alpha dx+\int_0^b y^{\frac{1}{\alpha}}dy\geqslant ab,\quad a,b\geqslant 0, \tag{1.5.5}$$

即对任意的 $a,b\geqslant 0$,

$$\frac{1}{1+\alpha}a^{1+\alpha}+\frac{\alpha}{1+\alpha}b^{1+\frac{1}{\alpha}}\geqslant ab. \tag{1.5.6}$$

在 (1.5.6) 式中取 $\alpha=p-1$, 即可得到 (1.5.4) 式. □

引理 1.5.3 (Hölder (赫尔德) 不等式) 设 $E\subset\mathbb{R}^n$ 为可测集, $p,q>1$, $\frac{1}{p}+\frac{1}{q}=1$. 若 $f\in L^p(E)$, $g\in L^q(E)$, 则 $fg\in L(E)$, 并且有

$$\int_E |f(x)g(x)|dx\leqslant \|f\|_p\|g\|_q. \tag{1.5.7}$$

证明 不妨设 $\|f\|_p\neq 0$, $\|g\|_q\neq 0$ (如果 $\|f\|_p=0$ 或 $\|g\|_q=0$, 那么 $f(x)$ 或 $g(x)$ 几乎处处为 0, 显然, 此时不等式 (1.5.7) 自然成立). 作函数

$$\varphi(x)=\frac{f(x)}{\|f\|_p},\quad \psi(x)=\frac{g(x)}{\|g\|_q},\quad \forall x\in E.$$

将 $a=|\varphi(x)|$, $b=|\psi(x)|$ 代入 Young 不等式得到

$$\frac{|f(x)g(x)|}{\|f\|_p\|g\|_q}\leqslant \frac{|f(x)|^p}{p\|f\|_p^p}+\frac{|g(x)|^q}{q\|g\|_q^q}. \tag{1.5.8}$$

由于 $|f(x)|^p, |g(x)|^q\in L(E)$, 由 (1.5.8) 式及比较判别法可知 $fg\in L(E)$. 对 (1.5.8) 式两端在 E 上积分可得

$$\frac{1}{\|f\|_p\|g\|_q}\int_E |f(x)g(x)|dx\leqslant \frac{1}{p\|f\|_p^p}\int_E |f(x)|^p dx+\frac{1}{q\|g\|_q^q}\int_E |g(x)|^q dx$$

$$= \frac{1}{p} + \frac{1}{q} = 1.$$

由上式可得

$$\int_E |f(x)g(x)|dx \leqslant \|f\|_p \|g\|_q,$$

即不等式 (1.5.7) 成立. □

推论 1.5.1 设 $E \subset \mathbb{R}^n$ 为可测集, $p,q,r > 1$, $\frac{1}{p} + \frac{1}{q} + \frac{1}{r} = 1$. 若 $f \in L^p(E)$, $g \in L^q(E)$, $h \in L^r(E)$, 则 $fgh \in L(E)$, 并且有

$$\int_E |f(x)g(x)h(x)|dx \leqslant \|f\|_p \|g\|_q \|h\|_r.$$

引理 1.5.4 (Minkowski (闵可夫斯基) 不等式) 设 $E \subset \mathbb{R}^n$ 为可测集, $p \geqslant 1$, $f, g \in L^p(E)$, 则 $f+g \in L^p(E)$, 并且成立不等式

$$\|f+g\|_p \leqslant \|f\|_p + \|g\|_p. \tag{1.5.9}$$

证明 当 $p=1$ 时, 结论显然成立. 所以不妨设 $p>1$. 因为 $f, g \in L^p(E)$, 则由引理 1.5.1 可知, $f+g \in L^p(E)$. 取 $q>1$ 使得 $\frac{1}{p}+\frac{1}{q}=1$, 那么 $|f(x)+g(x)|^{\frac{p}{q}} \in L^q(E)$, 并且由 Hölder 不等式得到

$$\begin{aligned}\int_E |f(x)||f(x)+g(x)|^{\frac{p}{q}}dx &\leqslant \left(\int_E |f(x)|^p dx\right)^{\frac{1}{p}} \left(\int_E |f(x)+g(x)|^p dx\right)^{\frac{1}{q}} \\ &= \|f\|_p \|f+g\|_p^{\frac{p}{q}}.\end{aligned}$$

同理, 对 g 也有如下不等式:

$$\int_E |g(x)||f(x)+g(x)|^{\frac{p}{q}}dx \leqslant \|g\|_p \|f+g\|_p^{\frac{p}{q}}.$$

于是

$$\begin{aligned}\int_E |f(x)+g(x)|^p dx &= \int_E |f(x)+g(x)||f(x)+g(x)|^{p-1}dx \\ &\leqslant \int_E [|f(x)|+|g(x)|]|f(x)+g(x)|^{\frac{p}{q}}dx \\ &= \int_E |f(x)||f(x)+g(x)|^{\frac{p}{q}}dx + \int_E |g(x)||f(x)+g(x)|^{\frac{p}{q}}dx\end{aligned}$$

$$\leqslant (\|f\|_p + \|g\|_p)\|f+g\|_p^{p-1},$$

即

$$\|f+g\|_p^p \leqslant (\|f\|_p + \|g\|_p)\|f+g\|_p^{p-1}.$$

若 $\|f+g\|_p = 0$, 不等式 (1.5.9) 显然成立; 若 $\|f+g\|_p \neq 0$, 上式两边同除以 $\|f+g\|_p^{p-1}$, 便得到不等式 (1.5.9). □

事实上, 当 $1 \leqslant p < \infty$ 时, 在 $L^p(E)$ 中由 (1.5.3) 式定义的范数 $\|\cdot\|_p$ 满足非负性和齐次性. 又由 Minkowski 不等式可知, $\|\cdot\|_p$ 满足三角不等式. 因此, $\|\cdot\|_p$ 是 $L^p(E)$ 上的范数. 于是有

定理 1.5.1 设 $E \subset \mathbb{R}^n$ 为可测集, $1 \leqslant p < \infty$, 则 $L^p(E)$ 按范数

$$\|f\|_p = \left(\int_E |f(x)|^p dx\right)^{\frac{1}{p}}, \quad \forall f \in L^p(E)$$

成为赋范线性空间.

1.5.2 p-方平均收敛与依测度收敛的关系

在 $L^p(E)$ $(1 \leqslant p < \infty)$ 中, 如果函数列 $\{f_n\}$ 依范数 $\|\cdot\|_p$ 收敛于 f, 即

$$\int_E |f_n(x) - f(x)|^p dx \to 0 \quad (n \to \infty),$$

则称 $\{f_n\}$ 在 E 上 p-方平均收敛于 f. p-方平均收敛和依测度收敛的关系很密切.

定理 1.5.2 设 f_n $(n = 1, 2, \cdots)$ 及 f 是 $L^p(E)$ $(1 \leqslant p < \infty)$ 中的函数. 如果函数列 $\{f_n\}$ 在 E 上 p-方平均收敛于 f, 那么函数列 $\{f_n\}$ 必然在 E 上依测度收敛于 f.

证明 对任意的正数 σ, 有

$$\int_E |f_n(x) - f(x)|^p dx \geqslant \int_{E[|f_n - f| \geqslant \sigma]} |f_n(x) - f(x)|^p dx$$

$$\geqslant \sigma^p mE[|f_n - f| \geqslant \sigma].$$

于是, 令 $n \to \infty$, 就有 $mE[|f_n - f| \geqslant \sigma] \to 0$. □

推论 1.5.2 设 f_n $(n = 1, 2, \cdots)$ 及 f 是 $L^p(E)$ $(1 \leqslant p < \infty)$ 中的函数. 如果函数列 $\{f_n\}$ 在 E 上 p-方平均收敛于 f, 那么函数列 $\{f_n\}$ 必有子列 $\{f_{n_k}\}$ 在 E 上几乎处处收敛于 f.

然而定理 1.5.2 的逆命题不成立. 即使函数列 $\{f_n\}$ 在有限可测集 E 上处处收敛于 f, 也不能保证 $\{f_n\}$ 在 E 上 p-方平均收敛于 f.

例 1.5.1　取 $E=[0,1]$, 作 E 上的函数列 $\{f_n(x)\}$ 如下:

$$f_n(x)=\begin{cases}0, & x=0 \text{ 或 } \dfrac{1}{n}\leqslant x\leqslant 1,\\ e^n, & 0<x<\dfrac{1}{n}.\end{cases}$$

显然 $\{f_n(x)\}$ 在 E 上处处收敛于零. 但对任意的 $p\in[1,+\infty)$,

$$\int_0^1 |f_n(x)-0|^p dx=\int_0^{\frac{1}{n}} e^{pn}dx=\frac{1}{n}e^{pn}\to\infty \quad (n\to\infty).$$

故 $\{f_n(x)\}$ 并不 p-方平均收敛于零.

但依测度收敛的函数列, 如果存在 p-方可积的控制函数, 那么必然 p-方平均收敛.

定理 1.5.3　设 $1\leqslant p<\infty$, $f_n(x)$ $(n=1,2,\cdots)$ 是 $L^p(E)$ 中的函数. 如果

(1) $\{f_n(x)\}$ 在 E 上依测度收敛于 $f(x)$;

(2) 存在函数 $F\in L^p(E)$, 使得对任意的 $n\in\mathbb{N}$, $|f_n(x)|\leqslant F(x)$ a.e. $x\in E$,

则 $f\in L^p(E)$, 且 $f_n(x)$ 在 E 上 p-方平均收敛于 $f(x)$.

证明　因函数列 $\{f_n(x)\}$ 在 E 上依测度收敛于 $f(x)$, 由 Riesz(里斯) 定理, 存在子列 $\{f_{n_k}(x)\}$, 使得 $f_{n_k}(x)\to f(x)$ a.e. $x\in E$. 故由 $|f_{n_k}(x)|\leqslant F(x)$ 得 $|f(x)|\leqslant F(x)$. 从而 $|f(x)|^p\leqslant|F(x)|^p\in L(E)$, 由比较判别法知 $|f(x)|^p\in L(E)$, 即 $f\in L^p(E)$. 因为对任意 $\sigma>0$,

$$E[|f_n-f|^p\geqslant\sigma]=E[|f_n-f|\geqslant\sigma^{\frac{1}{p}}],$$

从而 $|f_n-f|^p\overset{m}{\Rightarrow}0$ $(n\to\infty)$. 又因为 $|f_n(x)-f(x)|^p\leqslant|2F(x)|^p=2^p|F(x)|^p$, 且 $|F(x)|^p\in L(E)$, 所以由控制收敛定理可知

$$\int_E |f_n(x)-f(x)|^p dx\to 0 \quad (n\to\infty).$$ □

对于不同的 p 值, 对应着不同的 p-方平均收敛, 那么它们之间的关系又如何呢?

定理 1.5.4　设 $E\subset\mathbb{R}^n$ 为可测集, $mE<+\infty$, $1\leqslant p_1<p_2<+\infty$, 则 $L^{p_2}(E)\subset L^{p_1}(E)$, 即若 $f\in L^{p_2}(E)$, 则 $f\in L^{p_1}(E)$, 且

$$\|f\|_{p_1}\leqslant(mE)^{\frac{p_2-p_1}{p_2p_1}}\|f\|_{p_2}. \tag{1.5.10}$$

证明 当 $f\in L^{p_2}(E)$ 时, 应用 Hölder 不等式证明 $\int_E |f(x)|^{p_1}dx<+\infty$. 为此, 令

$$\varphi(x)=|f(x)|^{p_1},\quad \psi(x)\equiv 1.$$

显然 $|f(x)|^{p_1}\in L^{\frac{p_2}{p_1}}(E)$. 取 $p=\dfrac{p_2}{p_1}$, $q=\dfrac{p}{p-1}=\dfrac{p_2}{p_2-p_1}$, 则 $\dfrac{1}{p}+\dfrac{1}{q}=1$. 因为 $mE<+\infty$, 所以 $\psi(x)\in L^q(E)$. 于是由 Hölder 不等式可知 $|f(x)|^{p_1}=|\varphi(x)\psi(x)|$, 且

$$\begin{aligned}\int_E |f(x)|^{p_1}dx&=\int_E|\varphi(x)\psi(x)|dx\leqslant\left(\int_E|\varphi(x)|^p dx\right)^{\frac{1}{p}}\left(\int_E|\psi(x)|^q dx\right)^{\frac{1}{q}}\\&=\left(\int_E|f(x)|^{p_2}dx\right)^{\frac{1}{p}}\left(\int_E 1dx\right)^{\frac{1}{q}}\\&=(mE)^{\frac{p_2-p_1}{p_2}}\|f\|_{p_2}^{p_1},\end{aligned}$$

即不等式 (1.5.10) 成立. □

由定理 1.5.4 可知, 当 $mE<+\infty$ 时, 若 $p_2>p_1$, 则 p_2-方平均收敛是比 p_1-方平均收敛强的收敛. 但对 $mE=+\infty$ 的情形, 定理 1.5.4 却不成立, 例如, 对函数 $f(x)=\dfrac{1}{1+x}$, $x\in(0,+\infty)$, 有 $f\in L^2(0,+\infty)$, 但 $f\notin L(0,+\infty)$.

1.5.3 L^∞ 空间

设 E 为可测集, $f(x)$ 为 E 上的可测函数. 若 $f(x)$ 和 E 上的一个有界函数几乎处处相等, 换句话说, 若存在 E 中的零测度集 E_0, 使得 $f(x)$ 在 $E\setminus E_0$ 上有界, 则称 $f(x)$ 为 E 上的本性有界可测函数. E 上的本性有界可测函数全体记作 $L^\infty(E)$. 由于有限个零测度集的和集也是零测度集, 故任意有限个本性有界可测函数的线性组合是本性有界可测函数. 因此, $L^\infty(E)$ 按通常函数的加法及数乘运算成为一线性空间.

设 $f(x)$ 是可测集 E 上的本性有界可测函数, 令

$$\|f\|_\infty=\inf_{E_0\subset E,\ mE_0=0}\left(\sup_{E\setminus E_0}|f(x)|\right).\tag{1.5.11}$$

这里的下确界是对 E 中所有使 $f(x)$ 在 $E\setminus E_0$ 上成为有界函数的零测度集 E_0 而取的, 称为 f 的本性最大模, 有时也记作

$$\operatorname*{ess\,sup}_{x\in E}|f(x)|.$$

(1.5.11) 式中定义的下确界是可达的, 就是说必有含于 E 的零测度集 E_0 使得 $\|f\|_\infty$ 等于 $|f(x)|$ 在 $E \setminus E_0$ 上的上确界. 这是因为, 对任意的 n, 由下确界定义, 有 $E_n \subset E$ 使得 $mE_n = 0$, 并且

$$\sup_{E\setminus E_n} |f(x)| < \|f\|_\infty + \frac{1}{n}.$$

令 $E_0 = \bigcup_{n=1}^{\infty} E_n$, 则 $E_0 \subset E, mE_0 = 0$, 且对任意的 n,

$$\|f\|_\infty \leqslant \sup_{E\setminus E_0} |f(x)| \leqslant \sup_{E\setminus E_n} |f(x)| < \|f\|_\infty + \frac{1}{n}.$$

让 $n \to \infty$, 就得到 $\|f\|_\infty = \sup\limits_{E\setminus E_0} |f(x)|$.

容易验证 $\|\cdot\|_\infty$ 满足范数的三个条件, 故 $L^\infty(E)$ 按 $\|\cdot\|_\infty$ 成为赋范线性空间. 下面我们来考察空间 $L^\infty(E)$ 中点列的收敛情况.

设 $f_n\ (n = 1, 2, \cdots)$ 及 f 是 $L^\infty(E)$ 中的函数, 且 $\|f_n - f\|_\infty \to 0\ (n \to \infty)$. 则有 $E_n \subset E$, $mE_n = 0$ 使得

$$\|f_n - f\|_\infty = \sup_{E\setminus E_n} |f_n(x) - f(x)|.$$

取 $E_0 = \bigcup_{n=1}^{\infty} E_n$, 则 E_0 是一零测度集, 并且,

$$\sup_{E\setminus E_0} |f_n(x) - f(x)| \leqslant \sup_{E\setminus E_n} |f_n(x) - f(x)| = \|f_n - f\|_\infty \to 0 \quad (n \to \infty).$$

上式说明了 $\{f_n(x)\}$ 在 E 上除去一个零测度集 E_0 后是一致收敛于 $f(x)$ 的. 这时我们就说 $\{f_n(x)\}$ 在 E 上几乎一致收敛于 $f(x)$.

反过来, 若 $\{f_n(x)\}$ 在 E 上几乎一致收敛于 $f(x)$, 则有零测度集 $E_0 \subset E$, 使得

$$\sup_{E\setminus E_0} |f_n(x) - f(x)| \to 0 \quad (n \to \infty).$$

因为 $0 \leqslant \|f_n - f\|_\infty \leqslant \sup\limits_{E\setminus E_0} |f_n(x) - f(x)|$, 从而由夹定理可知 $\|f_n - f\|_\infty \to 0\ (n \to \infty)$. 于是, 有如下定理.

定理 1.5.5　设 $f_n\ (n = 1, 2, \cdots)$ 及 f 是 $L^\infty(E)$ 中的函数, 则 $\{f_n(x)\}$ 在 E 上按范数收敛于 $f(x)$ 的充分必要条件是 $\{f_n(x)\}$ 在 E 上几乎一致收敛于 $f(x)$.

定理 1.5.6 设 $E \subset \mathbb{R}^n$ 为可测集, $mE < +\infty$, 则对任意的 $p \geqslant 1$, $L^\infty(E) \subset L^p(E)$, 且

$$\|f\|_\infty = \lim_{p\to+\infty} \|f\|_p. \tag{1.5.12}$$

证明 由于 $mE < +\infty$, 显然对任意的 $p \geqslant 1$, $L^\infty(E) \subset L^p(E)$. 下证当 $mE < +\infty$ 时, (1.5.12) 式成立. 事实上, 只需考察 $mE > 0$, $\|f\|_\infty \neq 0$ 的情形即可. 取 E 中的零测度集 E_0 使得 $\|f\|_\infty = \sup\limits_{E\setminus E_0} |f(x)|$, 于是

$$\int_E |f(x)|^p dx = \int_{E\setminus E_0} |f(x)|^p dx \leqslant \|f\|_\infty^p mE. \tag{1.5.13}$$

由于 $(mE)^{\frac{1}{p}} \to 1$ $(p \to +\infty)$, 由 (1.5.13) 式立即得到

$$\overline{\lim_{p\to+\infty}} \|f\|_p \leqslant \|f\|_\infty. \tag{1.5.14}$$

另外, 任取一个正数 $\epsilon < \|f\|_\infty$, 集合 $E_\epsilon = E[|f| \geqslant \|f\|_\infty - \epsilon]$ 的测度必大于 0. 因为如果 E_ϵ 是零测度集, 在 E 中去掉这个集合后, $|f(x)|$ 在剩下的集合 $E \setminus E_\epsilon$ 中的上确界不超过 $\|f\|_\infty - \epsilon$, 这显然和 $\|f\|_\infty$ 的定义相冲突. 因此

$$\|f\|_p \geqslant \left(\int_{E_\epsilon} |f(x)|^p dx\right)^{\frac{1}{p}} \geqslant (\|f\|_\infty - \epsilon)(mE_\epsilon)^{\frac{1}{p}}.$$

令 $p \to +\infty$ 得

$$\underline{\lim_{p\to+\infty}} \|f\|_p \geqslant \|f\|_\infty - \epsilon.$$

再令 $\epsilon \to 0$, 并利用 (1.5.14) 式就得到等式 (1.5.12). □

极限关系 (1.5.12) 式就是采用记号 $\|f\|_\infty$ 和 $L^\infty(E)$ 的理由.

1.5.4 l^p 空间

这一部分我们讨论与函数空间 $L^p(E)$ 相对应的数列空间. 设 $1 \leqslant p < +\infty$, $x = \{x_k\}_{k=1}^\infty$ 是实 (或复) 数列. 若 $\sum\limits_{k=1}^\infty |x_k|^p < +\infty$, 则称数列 $\{x_k\}_{k=1}^\infty$ 为 p-方可和数列, 并记 p-方可和数列的全体为 l^p. 在 l^p 中按照对每个坐标 x_k 的线性运算, 易知它成为线性空间. 对于 l^p 空间, 也有类似于引理 1.5.3 和引理 1.5.4 的不等式, 即只要级数 $\sum\limits_{k=1}^\infty |x_k|^p < +\infty$, $\sum\limits_{k=1}^\infty |y_k|^q < +\infty$ 及 $\sum\limits_{k=1}^\infty |z_k|^p < +\infty$, 并且 $\dfrac{1}{p} + \dfrac{1}{q} = 1$,

就有

$$\sum_{k=1}^{\infty}|x_k y_k| \leqslant \left(\sum_{k=1}^{\infty}|x_k|^p\right)^{\frac{1}{p}}\left(\sum_{k=1}^{\infty}|y_k|^q\right)^{\frac{1}{q}}, \tag{1.5.15}$$

$$\left(\sum_{k=1}^{\infty}|x_k+z_k|^p\right)^{\frac{1}{p}} \leqslant \left(\sum_{k=1}^{\infty}|x_k|^p\right)^{\frac{1}{p}}+\left(\sum_{k=1}^{\infty}|z_k|^p\right)^{\frac{1}{p}}. \tag{1.5.16}$$

这两个不等式分别称为离散的 Hölder 不等式和 Minkowski 不等式, 也是应用 Young 不等式 (1.5.4) 来证明的.

定理 1.5.7 设 $1 \leqslant p < \infty$, 则 l^p 按范数

$$\|x\|_p=\left(\sum_{k=1}^{\infty}|x_k|^p\right)^{\frac{1}{p}}, \quad \forall x=\{x_k\}_{k=1}^{\infty} \in l^p \tag{1.5.17}$$

成为赋范线性空间.

证明 证明方法与 $L^p(E)$ 空间类似, 具体证明留给读者. □

应注意, 若 $0<p<1$, Minkowski 不等式一般不成立, 这时 $\|\cdot\|_p$ 不再是 l^p 上的范数. 例如取 $p=\dfrac{1}{2}$, 并在 l^p 中取 $x=(1,0,0,\cdots)$, $y=(0,1,0,\cdots)$, 显然

$$\left(\sum_{k=1}^{\infty}|x_k+y_k|^{\frac{1}{2}}\right)^2=2^2>1+1=\left(\sum_{k=1}^{\infty}|x_k|^{\frac{1}{2}}\right)^2+\left(\sum_{k=1}^{\infty}|y_k|^{\frac{1}{2}}\right)^2.$$

因此 $\|\cdot\|_p \left(p=\dfrac{1}{2}\right)$ 不再是范数.

定理 1.5.8 设 l^∞ 是有界实 (或复) 数列 $x=\{x_k\}_{k=1}^{\infty}$ 全体按照对每个坐标 x_k 的线性运算所成的线性空间. 对任意的 $x \in l^\infty$, 令

$$\|x\|_\infty=\sup_k |x_k|, \quad x=\{x_k\}_{k=1}^{\infty}, \tag{1.5.18}$$

则 $\|\cdot\|_\infty$ 是 l^∞ 上的范数, 按此范数 l^∞ 成为赋范线性空间.

定理 1.5.8 的证明留给读者.

1.6 稠密性与可分空间

在欧几里得空间中, 有理数是稠密的, 且是可数的, 任何一个实数都可以用有理数列来逼近. 我们希望把这样的性质“类比”地推广到一般的空间中.

1.6.1 稠密性

定义 1.6.1 设 X 为度量空间, $A,B\subset X$. 若 B 中每个点的任何邻域内都有 A 中的点, 即对 $\forall x\in B$, 以及 $\forall\epsilon>0$, $B(x,\epsilon)\cap A\neq\varnothing$, 则称 A 在 B 中稠密. 若 A 在 X 中稠密, 则称 A 为 X 的稠密子集.

显然, 按引理 1.2.2 中关于 $x\in\overline{A}$ 的等价描述, 立即得到如下定理.

定理 1.6.1 设 X 为度量空间, $A,B\subset X$, 则下列条件等价:

(i) A 在 B 中稠密;

(ii) $B\subset\overline{A}$;

(iii) 对任意的 $x\in B$, 存在 A 中的点列 $\{x_n\}$, 使得 $x_n\to x\ (n\to\infty)$.

由定理 1.6.1 的 (iii) 看出, 稠密性概念在泛函分析中有这样的作用: 在考察 B 的某个性质时, 有时可以先考察其简单的一个稠密子集, 然后利用极限过程推出整个 B 的相应结论. 在数学分析或实变函数中我们就曾这样做过, 例如证明积分的数乘性质

$$\int_E cf_n(x)dx=c\int_E f_n(x)dx,\quad c\in\mathbb{R}$$

时, 先证对 $c=\dfrac{m}{n}\in\mathbb{Q}$ 成立, 然后通过取极限得到对一切 $c\in\mathbb{R}$ 成立. 可见稠密性概念在泛函分析中的重要性.

定理 1.6.2 设 X 为度量空间, $A,B,C\subset X$. 若 A 在 B 中稠密, B 在 C 中稠密, 则 A 在 C 中稠密.

证明 由定理 1.6.1 的 (ii) 可知, $B\subset\overline{A}$, $C\subset\overline{B}$. 注意到 $\overline{B}$ 是包含 B 的最小闭集, 所以 $\overline{B}\subset\overline{A}$. 于是 $C\subset\overline{A}$, 即 A 在 C 中稠密. □

在数学分析中已经证明了 Weierstrass (魏尔斯特拉斯) 多项式逼近定理成立, 即对闭区间 $[a,b]$ 上的任一连续函数 $f(x)$, 必存在一列多项式 $P_n(x)$ 在 $[a,b]$ 上一致收敛于 $f(x)$. 记 P 为全体多项式所成的线性空间, 将其看作度量空间 $C[a,b]$ 的子集, 那么上述 Weierstrass 逼近定理可用度量空间的稠密性改述如下.

定理 1.6.3 多项式之集 P 在 $C[a,b]$ 中稠密.

定理 1.6.4 设 $1\leqslant p<+\infty$, $E\subset\mathbb{R}^n$ 可测, 则 $L^p(E)$ 中的有界函数之集

$$B_p(E)=\left\{f\mid f\in L^p(E),\ \sup_{x\in E}|f(x)|<+\infty\right\}$$

在 $L^p(E)$ 中稠密.

证明 设 $f\in L^p(E)$. 对每一个自然数 n, 构造函数

$$f_n(x)=\begin{cases}f(x), & |f(x)|\leqslant n,\\ 0, & |f(x)|>n.\end{cases}$$

因为 $|f_n(x)|^p \leqslant |f(x)|^p$, 由比较判别法可知 $f_n(x)$ 是 $L^p(E)$ 中的有界可测函数, 即 $\{f_n\} \subset B_p(E)$. 由 f_n 的定义得

$$\int_E |f_n(x) - f(x)|^p dx = \int_{E[|f|>n]} |f(x)|^p dx.$$

又因为

$$\int_E |f(x)|^p dx \geqslant \int_{E[|f|>n]} |f(x)|^p dx \geqslant n^p mE[|f| > n],$$

所以 $mE[|f| > n] \to 0$ $(n \to \infty)$. 由积分的绝对连续性,

$$\int_E |f_n(x) - f(x)|^p dx = \int_{E[|f|>n]} |f(x)|^p dx \to 0 \quad (n \to \infty).$$

故 $B_p(E)$ 在 $L^p(E)$ 中稠密. □

注 1.6.1 当 $mE = +\infty$ 时, 因 E 上的有界可测函数未必在 $L^p(E)$ 中, 所以要想使定理 1.6.4 成立, 还需 $|f(x)|^p$ 可积.

定理 1.6.5 $C[a, b]$ 在 $L^p[a, b]$ $(1 \leqslant p < +\infty)$ 中稠密.

证明 对 $\forall f \in L^p[a, b]$ 及 $\forall \epsilon > 0$, 由定理 1.6.4 可知 $[a, b]$ 上的有界可测函数全体 $B_p[a, b]$ 在 $L^p[a, b]$ 中稠密. 于是存在有界可测函数 $g \in B_p[a, b]$, 不妨设 $|g(x)| \leqslant M$, $\forall x \in [a, b]$, 使得

$$\|g - f\|_p < \frac{\epsilon}{2}.$$

由 Lusin (鲁津) 定理, 对于正数 $\delta = \frac{1}{2^p}\left(\frac{\epsilon}{2M}\right)^p$, 存在 $[a, b]$ 上的连续函数 $\varphi(x)$, 使得 $mE[g \neq \varphi] < \delta$. 不妨设 $|\varphi(x)| \leqslant M$, $\forall x \in [a, b]$, 否则把 $\varphi(x)$ 换成连续函数 $\max\{\min\{\varphi(x), M\}, -M\}$ 即可. 于是

$$\begin{aligned}
\|\varphi - g\|_p &= \left(\int_a^b |\varphi(x) - g(x)|^p dx\right)^{\frac{1}{p}} \\
&= \left(\int_{E[\varphi \neq g]} |\varphi(x) - g(x)|^p dx\right)^{\frac{1}{p}} + \left(\int_{E[\varphi = g]} |\varphi(x) - g(x)|^p dx\right)^{\frac{1}{p}} \\
&\leqslant \left(2^p M^p \cdot mE[\varphi \neq g]\right)^{\frac{1}{p}} \\
&< \frac{\epsilon}{2}.
\end{aligned}$$

因此

$$\|f-\varphi\|_p \leqslant \|f-g\|_p + \|g-\varphi\|_p < \frac{\epsilon}{2} + \frac{\epsilon}{2} = \epsilon.$$

这说明 $C[a,b]$ 在 $L^p[a,b]$ 中稠密. □

注 1.6.2 定理 1.6.5 可推广到一般可测集 $E \subset \mathbb{R}^n$ 上, 即 $C(E)$ 在 $L^p(E)$ 中稠密, 其证明与定理 1.6.5 的证明类似.

由定理 1.6.3 和定理 1.6.5 易得如下推论.

推论 1.6.1 多项式之集 P 在 $L^p[a,b]$ $(1 \leqslant p < +\infty)$ 中稠密.

1.6.2 可分空间

定义 1.6.2 设 X 为度量空间. 若 X 有可数或有限的稠密子集, 则称 X 为可分空间.

在数学的一些分支, 如微分方程、概率论、函数论以及经典数学物理和量子物理学中最常见到的一些度量空间往往是 p-方可积的函数空间、连续函数空间、解析函数空间等, 它们都常常是在给定的度量下成为可分空间.

由于可分空间有在其中稠密的可数集, 研究起来就比较容易. 当我们讨论这类空间的某些问题时, 往往可以从空间中挑选出对那个问题最适宜的一个稠密的可列集, 在这个可列集上进行考察, 然后利用稠密性, 通过取极限的手段推广到全空间上去.

例 1.6.1 n 维欧几里得空间 $\mathbb{R}^n$ 按通常的距离是可分空间. 因为坐标是有理数的点的全体 $\mathbb{Q}^n$ 是可数集, 并且在 $\mathbb{R}^n$ 中稠密.

例 1.6.2 $C[a,b]$ 和 $L^p[a,b]$ $(1 \leqslant p < +\infty)$ 为可分空间.

证明 因为多项式函数之集 P 在 $C[a,b]$ 中稠密, 而有理系数多项式之集 $R[\mathbb{Q}]$ 可数, 且在 P 中稠密, 于是由定理 1.6.2 可知, $R[\mathbb{Q}]$ 在 $C[a,b]$ 中稠密, 从而在 $L^p[a,b]$ 中稠密, 故 $C[a,b]$ 和 $L^p[a,b]$ 为可分空间. □

例 1.6.3 $l^p(1 \leqslant p < +\infty)$ 为可分空间.

证明 取 l^p 的子集

$$A = \{(r_1, \cdots, r_m, 0, 0, \cdots) \mid r_i \in \mathbb{Q}, 1 \leqslant i \leqslant m, m \in \mathbb{N}\}.$$

显然 A 是可数集. 下证 A 在 l^p 中稠密.

对 $\forall x = (x_1, x_2, \cdots, x_k, \cdots) \in l^p$ 及 $\forall \epsilon > 0$, 因为 $\sum\limits_{k=1}^{\infty} |x_k|^p < +\infty$, 故存在正整数 K, 使得 $\sum\limits_{k=K+1}^{\infty} |x_k|^p < \dfrac{\epsilon^p}{2}$. 再取有理数 $r_1, r_2, \cdots, r_K$, 使得

$$|x_k - r_k| < \frac{\epsilon}{(2K)^{\frac{1}{p}}}, \quad 1 \leqslant k \leqslant K.$$

则 $y=(r_1,r_2,\cdots,r_K,0,0,\cdots)\in A$, 并且

$$\|y-x\|_p=\left(\sum_{k=1}^{K}|x_k-r_k|^p+\sum_{k=K+1}^{\infty}|x_k|^p\right)^{\frac{1}{p}}<\left(K\cdot\frac{\epsilon^p}{2K}+\frac{\epsilon^p}{2}\right)^{\frac{1}{p}}=\epsilon.$$

因此 $y\in B(x,\epsilon)$, 从而 A 在 l^p 中稠密. □

例 1.6.4 有界数列全体组成的空间 l^∞ 是不可分空间.

证明 l^∞ 中形如 $\{x_k\}$, $x_k=0$ 或 1 的点, 其全体记为 M, 即

$$M=\{(x_1,x_2,\cdots,x_k,\cdots)\mid x_k=0\text{ 或 }1,\ k=1,2,\cdots\}.$$

则 M 与二进制小数之集 $\mathfrak{D}_2$ 对等. 因此 M 为不可数集, 并且对 M 中任意的相异两点 x,y, 必有 $d(x,y)=1$. 从而以 M 中的点为中心, 1/3 为半径的球簇:

$$\mathcal{B}_M=\{B(x,1/3)\mid x\in M\}$$

为不可数个互不相交的球.

若 l^∞ 是可分空间, 则必有可数的稠密子集 A, 使得 $\mathcal{B}_M$ 中的每个球 $B(x,1/3)$ 里至少有 A 中的一个点. 因为 $\mathcal{B}_M$ 中的球有不可数个, 而 A 中只有可数个点, 所以在 A 中至少有一个点同时属于 $\mathcal{B}_M$ 中两个不同的球, 这与 $\mathcal{B}_M$ 中的球互不相交矛盾. 于是 l^∞ 是不可分的. □

例 1.6.5 $L^\infty[a,b]$ 是不可分空间.

证明 设 χ_I 为区间 I 上的特征函数, 令

$$M=\{\chi_I\mid I\subset[a,b]\text{ 为开区间}\}.$$

则 M 为 $L^\infty[a,b]$ 中的不可数集, 且对 M 中任意相异两点 x,y, 必有 $d(x,y)=1$.

反设 $L^\infty[a,b]$ 为可分空间, 那么有可数集 $\{y_n\}$ 在 $L^\infty[a,b]$ 中稠密. 在 $L^\infty[a,b]$ 中作以 M 中的点为中心, 1/3 为半径的球, 则每个球内至少有 $\{y_n\}$ 中的一个点, 因为这种球有不可数个, 但 $\{y_n\}$ 中只有可数个点, 所以 $\{y_n\}$ 中至少有一个 y_{n_0} 同时落于两个不同的球 $B(x_1,1/3)$, $B(x_2,1/3)$ 中. 于是

$$1=d(x_1,x_2)\leqslant d(x_1,y_{n_0})+d(x_2,y_{n_0})\leqslant\frac{1}{3}+\frac{1}{3}=\frac{2}{3},$$

这是矛盾的. 所以 $L^\infty[a,b]$ 是不可分空间. □

1.6.3 疏朗集

与稠密集所对立的一个概念是疏朗集.

定义 1.6.3 设 X 为度量空间, A 是 X 的子集. 若 A 不在 X 的任何一个半径不为零的开球中稠密, 则称 A 为疏朗集.

定理 1.6.6 设 X 为度量空间, A 是 X 的子集. 则 A 为疏朗集的充分必要条件是任意的开球 $B(a,\rho)\,(\rho>0)$ 中必有闭球 $\overline{B}(b,\delta)\,(\delta>0)\subset B(a,\rho)$, 使得 $A\cap\overline{B}(b,\delta)=\varnothing$.

证明 若 A 为疏朗集, 则 A 不在开球 $B(a,\rho)$ 中稠密, 所以必有 $b\in B(a,\rho)$ 及 b 的 ϵ 邻域 $B(b,\epsilon)$ (不妨设 $B(b,\epsilon)\subset B(a,\rho)$) 使得 $B(b,\epsilon)$ 与 A 不交. 取 $0<\delta<\epsilon$, 那么 $\overline{B}(b,\delta)\subset B(b,\epsilon)\subset B(a,\rho)$, 且 $\overline{B}(b,\delta)$ 与 A 不交. 另外, 条件的充分性是显然的. □

设 X 为度量空间, A 是 X 的子集. 若 A 可表示为可数个疏朗集之并, 即

$$A=\bigcup_{n=1}^{\infty}M_n,\quad M_n\ (n=1,2,\cdots)\ \text{为疏朗集},$$

则称 A 为第一纲集.

度量空间中的不是第一纲集的集称为第二纲集. 若 A 为第二纲集, 且可表示为 $A=\bigcup\limits_{n=1}^{\infty}S_n$, 则至少有一个 S_{n_0} 不是疏朗的, 也就是说 S_{n_0} 的闭包 $\overline{S}_{n_0}$ 含有内点, 因此 $\overline{S}_{n_0}$ 必含有一个闭球. 这是第二纲集的一个非常重要的性质.

由于 n 维欧氏空间 $\mathbb{R}^n$ 中的单点集为疏朗集, 故 $\mathbb{R}^n$ 中的任一可数集是第一纲集. 至于第二纲集我们将在下一节中给出.

1.7 完 备 性

1.7.1 Cauchy 点列与完备度量空间

在全体实数组成的度量空间中, Cauchy (柯西) 准则成立, 这反映了实数空间的完备性. 现在把这一概念移植于度量空间.

定义 1.7.1 设 (X,d) 为度量空间, $\{x_n\}$ 是 X 中的点列. 若对任意的 $\epsilon>0$, 存在正整数 N, 当 $m>n\geqslant N$ 时, 有

$$d(x_m,x_n)<\epsilon,$$

则称 $\{x_n\}$ 为 Cauchy 点列或基本点列.

引理 1.7.1 度量空间 (X,d) 中的收敛点列必是 Cauchy 点列.

证明 设 $x_n \to x_0$ $(n \to \infty)$, 则对任意的 $\epsilon > 0$, 存在正整数 N, 使得当 $m > n \geqslant N$ 时, 有

$$d(x_n, x_0) < \frac{\epsilon}{2}, \quad d(x_m, x_0) < \frac{\epsilon}{2}.$$

根据距离的三角不等式, 有

$$d(x_m, x_n) \leqslant d(x_m, x_0) + d(x_0, x_n) < \epsilon.$$

因此 $\{x_n\}$ 是 Cauchy 点列. □

在数学分析中, n 维欧氏空间 $\mathbb{R}^n$ 中的 Cauchy 点列必定收敛. 但在一般的度量空间中, Cauchy 点列却未必收敛. 例如在全体有理数组成的集合 $\mathbb{Q}$ 中, 赋予通常的距离:

$$d(r_1, r_2) = |r_1 - r_2|, \quad r_1, r_2 \in \mathbb{Q}.$$

则 $(\mathbb{Q}, d)$ 为度量空间, 且有理点列 $\left\{\left(1+\dfrac{1}{n}\right)^n\right\}$ 为 $\mathbb{Q}$ 中的 Cauchy 点列. 但根据实数理论, $\left\{\left(1+\dfrac{1}{n}\right)^n\right\}$ 收敛于无理数 e, 所以它在 $\mathbb{Q}$ 中不收敛.

引理 1.7.2 设 (X, d) 为度量空间, $\{x_n\}$ 是 X 中的 Cauchy 点列. 若 $\{x_n\}$ 有子列 $\{x_{n_k}\}$ 收敛于 X 中的点 x_0, 则 $\{x_n\}$ 也收敛于 x_0.

证明 因为 $\{x_n\}$ 是 Cauchy 点列, 所以对任意的 $\epsilon > 0$, 存在正整数 N, 当 $m > n \geqslant N$ 时,

$$d(x_n, x_m) < \frac{\epsilon}{2}.$$

又因为子列 $\{x_{n_k}\}$ 收敛于 x_0, 所以存在正整数 $N' > N$, 使得当 $n_k \geqslant N'$ 时, $d(x_{n_k}, x_0) < \dfrac{\epsilon}{2}$. 因此, 当 $n \geqslant N$ 时, 取 $n_k \geqslant N'$, 有

$$d(x_n, x_0) \leqslant d(x_n, x_{n_k}) + d(x_{n_k}, x_0) < \frac{\epsilon}{2} + \frac{\epsilon}{2} = \epsilon.$$

所以 $\{x_n\}$ 收敛于 x_0. □

定义 1.7.2 若度量空间 X 中的每个 Cauchy 点列都收敛于 X 中的一点, 则称 X 为完备度量空间. 完备的赋范线性空间又称为 Banach (巴拿赫) 空间. 设 X 是度量空间, A 是 X 的子空间, 若 A 作为度量空间是完备的, 则称 A 是 X 的完备子空间.

显然, n 维欧氏空间 $\mathbb{R}^n$ 完备, 是有限维的 Banach 空间, 但全体有理数组成的集合 $\mathbb{Q}$ 不完备. 例如: 以无理数 π 的前 n 位组成的数列

$$\{3, 3.1, 3.14, 3.141, 3.1415, \cdots\}$$

是一个 Cauchy 点列, 但其在 $\mathbb{Q}$ 中不收敛.

注意: 一个不完备的度量空间却可以有完备的子空间.

引理 1.7.3 完备度量空间的任意闭子空间是完备的; 任何度量空间的完备子空间是闭子空间.

证明 设 X 是完备度量空间, A 是 X 的闭子空间. 要证明 A 是完备的. 由完备性的定义, 只需证明 A 中的任意 Cauchy 点列都收敛即可. 设 $\{x_n\}$ 是 A 中的任意一个 Cauchy 点列, 则它也是 X 中 Cauchy 点列. 由 X 的完备性, $\{x_n\}$ 收敛于 X 中的一点 x. 又由于 A 的闭性, $x \in A$, 即 A 中的任意 Cauchy 点列都收敛于 A 中的某一点. 故 A 是完备的.

设 X 是度量空间, A 是 X 的完备子空间. 要证明 A 是闭子空间. 设 $\{x_n\} \subset A$, 且 $x_n \to x$ $(n \to \infty)$. 由引理 1.7.1 可知, $\{x_n\}$ 是 A 中的 Cauchy 点列. 又由于 A 完备, $\{x_n\}$ 收敛于 A 中的一点 y. 由极限的唯一性, $x = y \in A$. 故 A 为闭子空间. □

在数学分析中, 我们知道讨论数列的收敛和讨论级数的收敛是等价的. 在赋范线性空间中也有类似的事实. 设 X 是赋范线性空间, $a_k \in X$ $(k = 1, 2, \cdots)$. 若存在 $a \in X$, 使得

$$\lim_{n\to\infty} \left\| \sum_{k=1}^{n} a_k - a \right\| = 0,$$

则称向量级数 $\sum\limits_{k=1}^{\infty} a_k$ 按范数收敛于 a, 并称 a 是向量级数 $\sum\limits_{k=1}^{\infty} a_k$ 的和.

显然, 在赋范线性空间 X 中, 点列 $\{x_n\}$ 收敛的充要条件是向量级数 $\sum\limits_{n=2}^{\infty} (x_n - x_{n-1})$ 在 X 中收敛, 并且当 $\{x_n\}$ 收敛时, 有

$$\lim_{n\to\infty} x_n = x_1 + \sum_{n=2}^{\infty} (x_n - x_{n-1}). \tag{1.7.1}$$

因此, 当 X 是 Banach 空间时, 由 Cauchy 准则, X 中的向量级数 $\sum\limits_{k=1}^{\infty} a_k$ 收敛的充分必要条件是对任意的 $\epsilon > 0$, 存在正整数 N, 当 $m > n \geqslant N$ 时,

$$\left\| \sum_{k=n+1}^{m} a_k \right\| < \epsilon.$$

由此可得如下向量级数收敛的充分条件.

引理 1.7.4　设 X 是 Banach 空间, $\sum\limits_{n=1}^{\infty} a_n$ 是 X 中的向量级数. 若数项级数 $\sum\limits_{n=1}^{\infty} \|a_n\| < +\infty$, 则向量级数 $\sum\limits_{n=1}^{\infty} a_n$ 收敛.

1.7.2 完备度量空间的例子

例 1.7.1　$C[a,b]$ 为 Banach 空间.

证明　设 $\{f_n\}$ 为 $C[a,b]$ 中的 Cauchy 点列, 即对任意的 $\epsilon > 0$, 存在正整数 N, 使得当 $m > n \geqslant N$ 时, 有

$$\|f_m - f_n\| = \max_{a \leqslant x \leqslant b} |f_m(x) - f_n(x)| < \epsilon. \tag{1.7.2}$$

于是对任意的 $x \in [a,b]$, 只要 $m > n \geqslant N$, 就有

$$|f_m(x) - f_n(x)| < \epsilon, \tag{1.7.3}$$

即 $\{f_n(x)\}$ 是 $\mathbb{R}$ 中的一个 Cauchy 数列. 由 $\mathbb{R}$ 的完备性, 存在定义在 $[a,b]$ 上的函数 $f(x)$, 使得 $f_n(x) \to f(x)$ $(n \to \infty)$. 在 (1.7.3) 式中让 $m \to \infty$, 则当 $n \geqslant N$ 时,

$$|f_n(x) - f(x)| < \epsilon, \quad \forall x \in [a,b]. \tag{1.7.4}$$

因此 $\{f_n(x)\}$ 在 $[a,b]$ 上一致收敛于 $f(x)$. 在数学分析中已经证明一致收敛的连续函数列的极限函数连续, 故 $f \in C[a,b]$, 且由 (1.7.4) 式可知, 当 $n \geqslant N$ 时, $\|f_n - f\| < \epsilon$. 这就是说在 $C[a,b]$ 中 $\{f_n\}$ 一致收敛于 f, 故 $C[a,b]$ 是 Banach 空间. □

例 1.7.2　若在 $C[a,b]$ 中规定范数为

$$\|f\|_1 = \int_a^b |f(x)| dx, \tag{1.7.5}$$

这就是把 $C[a,b]$ 看成 $L[a,b]$ 的子空间, 则 $(C[a,b], \|\cdot\|_1)$ 不完备.

证明　反设 $(C[a,b], \|\cdot\|_1)$ 完备, 即 $C[a,b]$ 是 $L[a,b]$ 的完备子空间. 由引理 1.7.3 可知, 任何度量空间的完备子空间是闭的, 故

$$\overline{C[a,b]} = C[a,b]. \tag{1.7.6}$$

由定理 1.6.5, $C[a,b]$ 在 $L[a,b]$ 中稠密, 从而 $\overline{C[a,b]} = L[a,b]$. 但 $C[a,b] \neq L[a,b]$. 这是因为对任意的 $c \in (a,b)$, 特征函数 $\chi_{(a,c)} \in L[a,b]$, 但其不能与任一连续函数在 $[a,b]$ 上几乎处处相等. 因此 $\overline{C[a,b]} \neq C[a,b]$, 这与 (1.7.6) 矛盾. 故 $(C[a,b], \|\cdot\|_1)$ 不完备.

事实上, 我们也确实可以找出 $(C[a,b],\|\cdot\|_1)$ 中的 Cauchy 点列 $\{f_n\}$, 它不收敛于 $C[a,b]$ 中的任何一点. 任取 $c\in(a,b)$, 令

$$f_n(x)=\left(\frac{x-a}{c-a}\right)^n\chi_{[a,c]}(x)+\chi_{(c,b]}(x),\quad \forall x\in[a,b].$$

显然, $\{f_n\}$ 是 $(C[a,b],\|\cdot\|_1)$ 中的 Cauchy 点列, 且 $f_n(x)$ 在 $[a,b]$ 上处处收敛于 $f(x)=\chi_{[c,b]}(x)\in L[a,b]$. 如果 $\{f_n\}$ 在 $(C[a,b],\|\cdot\|_1)$ 中收敛于 $g\in C[a,b]$, 即

$$\|f_n-g\|_1=\int_a^b|f_n(x)-g(x)|dx\to 0\quad(n\to\infty).$$

则由 Lebesgue 有界收敛定理得到 $\|f-g\|_1=\lim\limits_{n\to\infty}\|f_n-g\|_1=0$, 所以 $f(x)$ 在 $[a,b]$ 上几乎处处等于 $g(x)$. 但 $f(x)=\chi_{[c,b]}(x)$ 不可能在 $[a,b]$ 上几乎处处等于 $[a,b]$ 上的一个连续函数, 故 $\{f_n\}$ 在 $(C[a,b],\|\cdot\|_1)$ 中并不收敛. □

例 1.7.3 设 $E\subset\mathbb{R}^n$ 可测, 则 $L^p(E)$ $(p\geqslant 1)$ 是完备的, 从而是 Banach 空间.

证明 先证 $1\leqslant p<+\infty$ 的情形. 设 $\{f_n\}$ 是 $L^p(E)$ 中的 Cauchy 点列, 由引理 1.7.2, 要证 $\{f_n\}$ 在 $L^p(E)$ 中收敛, 我们只需证明 $\{f_n\}$ 在 $L^p(E)$ 中有收敛子列. 由 Cauchy 点列的定义, 对 $\epsilon_k=\dfrac{1}{2^k}$, 存在正整数 N_k, 使得当 $m>n\geqslant N_k$ 时,

$$\|f_m-f_n\|_p<\frac{1}{2^k},\quad k=1,2,\cdots. \tag{1.7.7}$$

取 $n_k>N_k$, 满足 $n_1<n_2<\cdots<n_k<\cdots$, 则由 (1.7.7) 式,

$$\|f_{n_{k+1}}-f_{n_k}\|_p<\frac{1}{2^k},\quad k=1,2,\cdots. \tag{1.7.8}$$

下证 $\{f_{n_k}(x)\}$ 在 E 上几乎处处收敛于几乎处处有限的一可测函数 $f(x)$. 这只需证级数 $f_{n_1}(x)+\sum\limits_{k=1}^{\infty}\left(f_{n_{k+1}}(x)-f_{n_k}(x)\right)$ 在 E 上几乎处处收敛, 由引理 1.7.4, 只需证

$$F(x)=|f_{n_1}(x)|+\sum_{k=1}^{\infty}|f_{n_{k+1}}(x)-f_{n_k}(x)| \tag{1.7.9}$$

在 E 上几乎处处有限.

当 $mE<+\infty$ 时, 取 $q=\dfrac{p}{p-1}$, 则 $\dfrac{1}{p}+\dfrac{1}{q}=1$ 且 $1\in L^q(E)$. 于是由 Hölder 不等式, 有

$$\int_E|f_{n_{k+1}}(x)-f_{n_k}(x)|dx\leqslant(mE)^{\frac{1}{q}}\|f_{n_{k+1}}-f_{n_k}\|_p.$$

再由 (1.7.8) 式、(1.7.9) 式及 Lebesgue 逐项积分定理可得

$$\begin{aligned}\int_E F(x)dx &= \int_E |f_{n_1}(x)|dx + \sum_{k=1}^{\infty}\int_E |f_{n_{k+1}}(x) - f_{n_k}(x)|dx \\ &\leqslant (mE)^{\frac{1}{q}}\left(\|f_{n_1}\|_p + \sum_{k=1}^{\infty}\frac{1}{2^k}\right) \\ &\leqslant (mE)^{\frac{1}{q}}(\|f_{n_1}\|_p + 1) \\ &< +\infty.\end{aligned}$$

因此, $f_{n_k}(x) \to f(x)\ (k\to\infty)$ a.e. $x \in E$. 于是对任意 i,

$$|f_{n_k}(x) - f_{n_i}(x)|^p \to |f_{n_i}(x) - f(x)|^p\ (k\to\infty) \quad \text{a.e. } x\in E. \tag{1.7.10}$$

由 (1.7.7) 式、(1.7.10) 式及 Fatou (法图) 引理, 可知

$$\int_E |f_{n_i}(x) - f(x)|^p dx \leqslant \varliminf_{k\to\infty}\int_E |f_{n_k}(x) - f_{n_i}(x)|^p dx \leqslant \left(\frac{1}{2^i}\right)^p. \tag{1.7.11}$$

因此, $f_{n_i} - f \in L^p(E)$. 从而 $f = f_{n_i} - (f_{n_i} - f) \in L^p(E)$, 且由 (1.7.11) 式可得

$$\|f_{n_i} - f\|_p \leqslant \frac{1}{2^i} \to 0 \quad (i\to\infty),$$

即 $\{f_{n_i}\}$ 在 $L^p(E)$ 中收敛于 f.

当 $mE = +\infty$ 时, 将 E 划分为一列测度有限集之并, 即 $E = \bigcup\limits_{i=1}^{\infty} E_i$, 其中 $E_i\ (i = 1, 2, \cdots)$ 为测度有限集. 由上述 $mE < +\infty$ 的证明过程可证 $\{f_n(x)\}$ 有子列 $\{f_{n_k}(x)\}$ 在每个 E_i 上几乎处处收敛, 从而在 E 上几乎处处收敛.

再证 $p = +\infty$ 的情形. 因为

$$\|f\|_\infty = \inf_{E_0\subset E,\ mE_0=0}\left(\sup_{E\setminus E_0}|f(x)|\right),$$

并且本性最大模可达, 所以存在 $E_n \subset E$, $mE_n = 0$, 使得

$$\|f_n\|_\infty = \sup_{E\setminus E_n}|f_n(x)|, \tag{1.7.12}$$

且存在 $E_\nu \subset E$, $mE_\nu = 0$, 使得

$$\|f_n - f_m\|_\infty = \sup_{E\setminus E_\nu}|f_n(x) - f_m(x)|. \tag{1.7.13}$$

取 $E_0=\left(\bigcup\limits_{\nu=1}^{\infty}E_\nu\right)\cup\left(\bigcup\limits_{n=1}^{\infty}E_n\right)$, 显然 $mE_0=0$. 又因为对一切 $\nu=1,2,\cdots$, $E\setminus E_0\subset E\setminus E_\nu$, 所以

$$\begin{aligned}\|f_n-f_m\|_\infty&=\sup_{E\setminus E_\nu}|f_n(x)-f_m(x)|\\&\geqslant\sup_{E\setminus E_0}|f_n(x)-f_m(x)|\geqslant\|f_n-f_m\|_\infty.\end{aligned}$$

若 $\{f_n\}$ 是 $L^\infty(E)$ 中的 Cauchy 点列, 则从上式可得

$$\|f_n-f_m\|_\infty=\sup_{E\setminus E_0}|f_n(x)-f_m(x)|\to 0\quad(n,m\to\infty),$$

这表明 $\{f_n\}$ 在 $E\setminus E_0$ 上一致收敛, 于是存在 E 上的函数 $f(x)$ (在 E_0 上补充定义为 0), 使得

$$\sup_{E\setminus E_0}|f_m(x)-f(x)|\to 0\quad(m\to\infty).$$

又因为 $\sup\limits_{E\setminus E_0}|f_n(x)|\leqslant\sup\limits_{E\setminus E_n}|f_n(x)|=\|f_n\|_\infty$ 且 $\{\|f_n\|_\infty\}$ 有界, 从而 $\{f_n(x)\}$ 是 $E\setminus E_0$ 上的有界函数列. 故 $f(x)$ 是 E 上的有界函数, 即 $f\in L^\infty(E)$, 且

$$\|f_m-f\|_\infty\leqslant\sup_{E\setminus E_0}|f_m(x)-f(x)|\to 0\quad(m\to\infty).\qquad\square$$

例 1.7.4 $l^p\,(1\leqslant p<+\infty)$ 为 Banach 空间.

证明 设 $\{x_n\}\subset l^p$ 为 Cauchy 点列, 其中 $x_n=(\xi_1^{(n)},\xi_2^{(n)},\cdots,\xi_k^{(n)},\cdots)$. 则对任意的 $\epsilon>0$, 存在正整数 N, 当 $m>n\geqslant N$ 时,

$$\|x_m-x_n\|_p=\left(\sum_{k=1}^{\infty}|\xi_k^{(m)}-\xi_k^{(n)}|^p\right)^{\frac{1}{p}}<\epsilon.\tag{1.7.14}$$

于是对任意的 k, $|\xi_k^{(m)}-\xi_k^{(n)}|<\epsilon$, 故 $\{\xi_k^{(n)}\}_{n=1}^{\infty}$ 是 $\mathbb{R}$ 中关于 n 的 Cauchy 数列. 由 Cauchy 准则可知, 存在 $\xi_k\in\mathbb{R}$, 使得 $\xi_k^{(n)}\to\xi_k\ (n\to\infty)$.

令 $x=(\xi_1,\xi_2,\cdots,\xi_k,\cdots)$, 由 (1.7.14) 式可知, 对任意的正整数 K, 当 $m>n\geqslant N$ 时, 有

$$\sum_{k=1}^{K}|\xi_k^{(m)}-\xi_k^{(n)}|^p<\epsilon^p.\tag{1.7.15}$$

在 (1.7.15) 式中, 让 $m \to \infty$, 得到 $\sum_{k=1}^{K} |\xi_k^{(n)} - \xi_k|^p \leqslant \epsilon^p$. 因此令 $K \to \infty$ 可得 $\sum_{k=1}^{\infty} |\xi_k^{(n)} - \xi_k|^p \leqslant \epsilon^p$. 从而 $x_n - x \in l^p$, 且当 $n \geqslant N$ 时 $\|x_n - x\|_p \leqslant \epsilon$. 这说明 $x \in l^p$, 且 $x_n \to x\ (n \to \infty)$. 所以, l^p 为 Banach 空间. □

类似地可以证明 l^∞ 为 Banach 空间.

1.7.3 完备度量空间的重要性质

在实数空间 $\mathbb{R}$ 中闭区间套定理成立, 我们将其推广到一般的完备度量空间中.

定理 1.7.1 (闭球套定理) 设 X 为完备度量空间, $B_n = \overline{B}(x_n, r_n)$ 为 X 中的一列闭球套:

$$B_1 \supset B_2 \supset \cdots \supset B_n \supset \cdots . \tag{1.7.16}$$

若球的半径 $r_n \to 0\ (n \to \infty)$, 则存在唯一的 $x_0 \in \bigcap_{n=1}^{\infty} B_n$.

证明 设 $\{x_n\}$ 是球心组成的点列, 则当 $m > n$ 时, 由 $x_m \in B_m \subset B_n$ 得到, $d(x_m, x_n) \leqslant r_n$. 因为 $r_n \to 0\ (n \to \infty)$, 所以对任意的 $\epsilon > 0$, 存在正整数 N, 当 $m > n \geqslant N$ 时,

$$d(x_m, x_n) \leqslant r_n < \epsilon, \tag{1.7.17}$$

故 $\{x_n\}$ 为 Cauchy 点列. 由 X 的完备性, 点列 $\{x_n\}$ 必收敛于 X 中的一点 x_0. 根据距离函数的连续性, 在 (1.7.17) 式中让 $m \to \infty$, 有

$$d(x_n, x_0) = \lim_{m \to \infty} d(x_n, x_m) \leqslant r_n, \quad n = 1, 2, \cdots .$$

所以 $x_0 \in B_n\ (n = 1, 2, \cdots)$, 因此 $x_0 \in \bigcap_{n=1}^{\infty} B_n$.

若又有 X 中的点 $y \in \bigcap_{n=1}^{\infty} B_n$, 则 $d(y, x_n) \leqslant r_n$. 于是

$$d(y, x_0) = \lim_{n \to \infty} d(y, x_n) = 0.$$

从而 $y = x_0$, 即 $\bigcap_{n=1}^{\infty} B_n$ 中只有一点. □

注 1.7.1 若闭球套定理 1.7.1 中条件 $r_n \to 0\ (n \to \infty)$ 不满足, 则 $\bigcap_{n=1}^{\infty} B_n$ 可能是空集.

例 1.7.5 考虑 l^1 中所有形如

$$x_n = \left(0, 0, \cdots, 0, \frac{n+1}{n}, 0, \cdots\right)$$

的点构成的子空间 A. 于是, 当 $n < m$ 时, $d(x_m, x_n) = \dfrac{n+1}{n} + \dfrac{m+1}{m}$, 故

$$2 < 2\left(1 + \frac{1}{m}\right) < d(x_m, x_n) < 2\left(1 + \frac{1}{n}\right).$$

取 $r_n = 2\left(1 + \dfrac{1}{n}\right)$, 在 A 中作闭球 $\overline{B}(x_n, r_n)$, $n = 1, 2, \cdots$, 那么 $\overline{B}(x_n, r_n)$ 中仅含有点 $x_n, x_{n+1}, \cdots$, 所以 $B_1 \supset B_2 \supset \cdots$. 但 $\bigcap\limits_{n=1}^{\infty} \overline{B}(x_n, r_n) = \varnothing$.

现在我们来证明完备度量空间的另一个重要性质——Baire (贝尔) 纲定理.

定理 1.7.2 (Baire 纲定理) 完备度量空间为第二纲集.

证明 采用反证法. 设 X 为完备度量空间, 并且 X 为第一纲集, 则 X 可表示为可数个疏朗集之并, 即

$$X = \bigcup_{n=1}^{\infty} M_n, \quad M_n\ (n = 1, 2, \cdots) \text{ 为疏朗集.}$$

任取 X 中的闭球 $\overline{B}(x_0, 1)$, 由于 M_1 疏朗, 必存在非空闭球 $\overline{B}(x_1, r_1) \subset \overline{B}(x_0, 1)$ $\left(0 < r_1 < \dfrac{1}{2}\right)$, 使得 M_1 与 $\overline{B}(x_1, r_1)$ 不交. 又由于 M_2 疏朗, 必存在闭球 $\overline{B}(x_2, r_2) \subset \overline{B}(x_1, r_1)$ $\left(0 < r_2 < \dfrac{1}{2^2}\right)$, 使得 M_2 与 $\overline{B}(x_2, r_2)$ 不交. 如此下去可得一列闭球套:

$$\overline{B}(x_1, r_1) \supset \overline{B}(x_2, r_2) \supset \cdots \supset \overline{B}(x_n, r_n) \supset \cdots,$$

满足 $M_n \cap \overline{B}(x_n, r_n) = \varnothing$, 且 $0 < r_n < \dfrac{1}{2^n}$. 由闭球套定理 (定理 1.7.1) 可知, $\bigcap\limits_{n=1}^{\infty} \overline{B}(x_n, r_n)$ 中存在一点 x_0. 因为 $\overline{B}(x_n, r_n)$ 与 M_n 不交, 所以 x_0 不在每个 M_n $(n = 1, 2, \cdots)$ 中, 因此 $x_0 \notin \bigcup\limits_{n=1}^{\infty} M_n$, 这与 $\bigcup\limits_{n=1}^{\infty} M_n = X$ 矛盾! □

Baire 纲定理的等价描述是: 设 X 为完备度量空间, 若 X 可表示成可数个疏朗集 M_n $(n = 1, 2, \cdots)$ 的并, 则存在 n_0, 使得 M_{n_0} 中含有一个非空的球 (或 $\overline{M}_{n_0}$ 有内点).

我们知道把闭区间 $[0,1]$ 看成完备空间 $\mathbb{R}$ 的闭子集是一完备子空间. 利用 Baire 纲定理可以给出闭区间 $[0,1]$ 是不可数集的另一个证明. 因为每个单点集 $\{x\}$ 显然是 $[0,1]$ 中的疏朗集, $[0,1]=\bigcup\limits_{0\leqslant x\leqslant 1}\{x\}$, 并且闭区间 $[0,1]$ 完备, 所以 $\bigcup\limits_{0\leqslant x\leqslant 1}\{x\}$ 不可能是可数和, 故 $[0,1]$ 是不可数的.

1.7.4 度量空间的完备化

度量空间的完备性非常重要, 有了完备性, 极限运算才能很好地运行. 但确实存在许多不完备的度量空间. 例如有理数集 $\mathbb{Q}$ 作为实数集 $\mathbb{R}$ 的子空间不完备. 对这样的空间, 极限处理非常麻烦, 甚至极限有可能不存在. 同时我们注意到给 $\mathbb{Q}$ 添加新元素——无理数, 就可以将其扩张为一个完备度量空间 $\mathbb{R}$, 并且 $\mathbb{Q}$ 在 $\mathbb{R}$ 中稠密. 事实上, 任何一个不完备的度量空间, 都可以如法炮制, 将其扩张为一个完备空间.

定义 1.7.3 设 (X,d) 与 (X_1,d_1) 是两个度量空间. 若存在 X 到 X_1 的 1-1 映射 φ, 使得

$$d_1\big(\varphi(x),\varphi(y)\big)=d(x,y),\quad \forall x,y\in X,$$

则称 φ 是 (X,d) 到 (X_1,d_1) 的等距同构映射, 并称这两个度量空间是等距同构的.

在泛函分析的一些问题中, 往往会有这种情况: 两个度量空间从形式上看其元素不相同, 但从度量空间的结构看, 它们又是等距同构的. 特别是当其中一个空间比较“具体”一些, 另一个空间比较“抽象”一些时, 就把这两个等距同构的空间一致化, 把其中一个“抽象”空间中的元素 x 与经过等距映射 φ 后得到的比较“具体”空间中的元素 $\varphi(x)$ 同一化, 这样就可以把抽象的空间用具体的空间来表示, 从而可以获得其度量性质, 因此我们可以把这样的两个空间不加区别而视为同一.

定义 1.7.4 设 X 是度量空间. 若存在完备的度量空间 $\widetilde{X}$, 使 X 与 $\widetilde{X}$ 的一个稠密子空间等距同构, 则称 $\widetilde{X}$ 是 X 的完备化空间.

定理 1.7.3 任一度量空间都存在完备化空间.

证明 定理的证明是构造性的, 分为以下三步.

(1) 设 X 是度量空间, X 中的 Cauchy 点列 $\xi=\{x_n\}$ 的全体记为 $\widetilde{X}$. 对 $\widetilde{X}$ 中两个元素 $\xi=\{x_n\}$, $\eta=\{y_n\}$, 若满足

$$d(x_n,y_n)\to 0\quad (n\to\infty),$$

则称 $\{x_n\}$ 与 $\{y_n\}$ 相等, 记为 $\{x_n\}=\{y_n\}$. 相等的基本点列视为 $\widetilde{X}$ 的同一元素, 并且规定: 对任意的 $\xi=\{x_n\}$, $\eta=\{y_n\}\in\widetilde{X}$,

$$\rho(\xi,\eta)=\lim_{n\to\infty}d(x_n,y_n). \tag{1.7.18}$$

我们要证明 $\rho(\xi,\eta)$ 在 $\widetilde{X}$ 上有明确的定义, 而且是 $\widetilde{X}$ 上的距离.

首先证明 (1.7.18) 式右端的极限 $\lim\limits_{n\to\infty} d(x_n,y_n)$ 存在. 对任意的 $\epsilon>0$, 因为 $\{x_n\}$ 与 $\{y_n\}$ 是 Cauchy 点列, 所以存在正整数 N, 使得当 $m,n\geqslant N$ 时, $d(x_m,x_n)<\dfrac{\epsilon}{2}$, $d(y_m,y_n)<\dfrac{\epsilon}{2}$, 因此当 $m>n$ 时, 有

$$|d(x_m,y_m)-d(x_n,y_n)|\leqslant d(x_m,x_n)+d(y_m,y_n)<\epsilon.$$

从而 $\{d(x_n,y_n)\}$ 为 Cauchy 数列. 由 Cauchy 收敛准则, $\lim\limits_{n\to\infty} d(x_n,y_n)$ 存在.

其次证明 $\rho(\xi,\eta)$ 与 ξ,η 的表示无关. 设 $\xi=\{x_n\}=\{z_n\}$, $\eta=\{y_n\}=\{w_n\}$, 则由不等式

$$|d(x_n,y_n)-d(z_n,w_n)|\leqslant d(x_n,z_n)+d(y_n,w_n)\to 0\quad(n\to\infty)$$

得到 $\lim\limits_{n\to\infty} d(x_n,y_n)=\lim\limits_{n\to\infty} d(z_n,w_n)$. 因此 $\rho(\xi,\eta)$ 与 ξ,η 的表示无关, 从而 $\rho(\xi,\eta)$ 在 $\widetilde{X}$ 上有明确的定义.

最后证明 $\widetilde{X}$ 按 $\rho(\xi,\eta)$ 成为度量空间. 显然 $\rho(\xi,\eta)\geqslant 0$, 而且 $\rho(\xi,\eta)=0$ 的充要条件是 $\lim\limits_{n\to\infty} d(x_n,y_n)=0$, 即 $\xi=\eta$. 又若 $\xi=\{x_n\}$, $\eta=\{y_n\}$, $\zeta=\{z_n\}$ 是 $\widetilde{X}$ 中的元素, 则

$$\rho(\xi,\eta)=\lim_{n\to\infty} d(x_n,y_n)\leqslant\lim_{n\to\infty} d(x_n,z_n)+\lim_{n\to\infty} d(y_n,z_n)=\rho(\xi,\zeta)+\rho(\eta,\zeta).$$

因此 $\widetilde{X}$ 按 $\rho(\xi,\eta)$ 成为度量空间.

(2) 作 $\widetilde{X}$ 的稠密子空间, 使之与 X 等距同构. 对于 $x\in X$, 点列 $\{x,x,\cdots,x,\cdots\}$ 显然是 Cauchy 列, 将其记为 $\widetilde{x}$, 所以 $\widetilde{x}\in\widetilde{X}$. 作 $\widetilde{X}$ 的子集

$$\widetilde{X}_0=\{\widetilde{x}\mid x\in X\}.$$

容易看出, $\widetilde{X}_0$ 为 $\widetilde{X}$ 的子空间, 并且当 $x,y\in X$ 时, $\rho(\widetilde{x},\widetilde{y})=d(x,y)$, 所以, X 与 $\widetilde{X}_0$ 等距同构. 下证子空间 $\widetilde{X}_0$ 在 $\widetilde{X}$ 中稠密.

对 $\forall\xi=\{x_n\}\in\widetilde{X}$ 及 $\forall\epsilon>0$, 因为 $\{x_n\}$ 是 X 中的 Cauchy 点列, 所以存在正整数 N, 使得当 $m,n\geqslant N$ 时, $d(x_m,x_n)<\dfrac{\epsilon}{2}$. 因此当 $m\geqslant N$ 时,

$$\rho(\widetilde{x}_m,\xi)=\lim_{n\to\infty} d(x_m,x_n)\leqslant\frac{\epsilon}{2}<\epsilon, \tag{1.7.19}$$

所以对于 $\xi\in\widetilde{X}$, 有 $\widetilde{X}_0$ 中的点列 $\{\widetilde{x}_m\}$ 收敛于 ξ. 这就证明了子空间 $\widetilde{X}_0$ 在 $\widetilde{X}$ 中稠密.

(3) 证明 $\widetilde{X}$ 为完备空间. 设 $\{\xi_1,\xi_2,\cdots,\xi_n,\cdots\}$ 为 $\widetilde{X}$ 中的 Cauchy 点列, 对每个 ξ_n $(n=1,2,\cdots)$, 由于 $\widetilde{X}_0$ 在 $\widetilde{X}$ 中稠密, 故开球 $B\left(\xi_n,\dfrac{1}{n}\right)$ 中含有 $\widetilde{X}_0$ 中的点 $\widetilde{x}_n$, 则

$$\rho(\widetilde{x}_n,\xi_n)<\frac{1}{n}. \tag{1.7.20}$$

对 $\forall\epsilon>0$, 因为 $\{\xi_n\}$ 为 $\widetilde{X}$ 中的 Cauchy 点列, 所以可取 $N>\dfrac{3}{\epsilon}$, 当 $m,n\geqslant N$ 时, $\rho(\xi_m,\xi_n)<\dfrac{\epsilon}{3}$, 故

$$\begin{aligned}d(x_m,x_n)&=\rho(\widetilde{x}_m,\widetilde{x}_n)\\&\leqslant\rho(\widetilde{x}_m,\xi_m)+\rho(\xi_m,\xi_n)+\rho(\xi_n,\widetilde{x}_n)<\frac{\epsilon}{3}+\frac{\epsilon}{3}+\frac{\epsilon}{3}=\epsilon,\end{aligned}$$

即 $\{x_n\}$ 为 X 中的 Cauchy 点列, 记 $\xi=\{x_n\}$, 则 $\xi\in\widetilde{X}$. 由 (1.7.20) 可得

$$\rho(\xi_n,\xi)\leqslant\rho(\xi_n,\widetilde{x}_n)+\rho(\widetilde{x}_n,\xi)\to 0\quad(n\to\infty),$$

即 $\xi_n\to\xi$, 这就证明了 $\widetilde{X}$ 为完备空间, 并且是 X 的完备化空间. □

在定理 1.7.3 的证明中, 当 $x,y\in X$ 时, $\rho(\widetilde{x},\widetilde{y})=d(x,y)$. 若在 $\widetilde{X}$ 中把子空间 $\widetilde{X}_0$ 中的元素 $\widetilde{x}$ 换成 x, 而不改变 $\widetilde{X}\setminus\widetilde{X}_0$ 中的元素, 则并不改变 $\widetilde{X}$ 中的距离. 因此可以把 X 看成 $\widetilde{X}$ 的子空间, 从定理 1.7.3 的证明知道 X 在 $\widetilde{X}$ 中稠密. 于是我们有如下定理.

定理 1.7.4 任一度量空间都是某个完备度量空间的稠密子空间.

定理 1.7.5 设 X 为度量空间, 则在等距同构的意义下, X 的完备化空间是唯一的.

证明 设 Y, Z 是度量空间 X 的两个完备化空间, 则有 Y 的稠密子空间 Y_0, Z 的稠密子空间 Z_0 分别与 X 等距同构, 故有等距映射

$$\varphi:X\to Y_0,\quad \psi:X\to Z_0.$$

于是 $T=\psi\circ\varphi^{-1}:Y_0\to Z_0$ 等距同构. 现在我们将 T 扩张为 Y 到 Z 的等距同构映射 $\widetilde{T}$.

对 $\forall y\in Y$, 由 Y_0 的稠密性, 存在点列 $\{y_n\}\subset Y_0$, 使 $y_n\to y$ $(n\to\infty)$. 因此 $\{y_n\}$ 是 Y 中的 Cauchy 点列, 从而 $\{Ty_n\}$ 是 Z 中的 Cauchy 点列, 由 Z 的完备性, 有 $z\in Z$, 使 $Ty_n\to z$ $(n\to\infty)$, 且 z 由 y 唯一确定, 与点列 $\{y_n\}$ 的选择无关. 设另有 $\{y_n'\}\subset Y_0$, 使 $y_n'\to y$ $(n\to\infty)$. 因

$$d(Ty_n',z)\leqslant d(Ty_n,z)+d(Ty_n,Ty_n')=d(Ty_n,z)+d(y_n,y_n')$$

$$\leqslant d(Ty_n, z) + d(y_n, y) + d(y'_n, y) \to 0 \quad (n \to \infty),$$

于是可定义映射 $\widetilde{T}: Y \to Z$, 使 $\widetilde{T}y = z$, 则 $\widetilde{T}$ 为 T 的延拓. 对 $y, y' \in Y$, 有 Y_0 中的点列 $\{y_n\}$ 和 $\{y'_n\}$, 使得当 $n \to \infty$ 时, $y_n \to y$, $y'_n \to y'$, 由映射 $\widetilde{T}$ 的定义, $\widetilde{T}y = \lim\limits_{n\to\infty} Ty_n$, $\widetilde{T}y' = \lim\limits_{n\to\infty} Ty'_n$, 再由距离的连续性可知

$$d(\widetilde{T}y, \widetilde{T}y') = \lim_{n\to\infty} d(Ty_n, Ty'_n) = \lim_{n\to\infty} d(y_n, y'_n) = d(y, y'),$$

即 $\widetilde{T}$ 为等距映射.

又对 $\forall z \in Z$, 有 Z_0 中的点列 $\{z_n\}$, 使 $z_n \to z$ $(n \to \infty)$, 于是 $\{T^{-1}z_n\}$ 收敛于 Y 中的一点 y. 这时由 $\widetilde{T}$ 的定义,

$$\widetilde{T}y = \lim_{n\to\infty} T(T^{-1}z_n) = \lim_{n\to\infty} z_n = z.$$

因此 $\widetilde{T}$ 为等距同构映射. □

同样地, 对于赋范线性空间, 由线性运算和范数的连续性, 可类似地证明: 任何赋范线性空间可以完备化成一 Banach 空间.

从赋范空间完备化观点来看, 由于 $C[a,b]$ 在 $L[a,b]$ 中稠密, 但 $C[a,b]$ 按 $L[a,b]$ 中的范数 $\|\cdot\|_1$ 并不完备, 故 $L[a,b]$ 是 $C[a,b]$ 按范数 $\|\cdot\|_1$ 完备化产生的. 因此由 Riemann (黎曼) 积分扩充为 Lebesgue 积分, 实质上与 $\|\cdot\|_1$ 完备化为 Lebesgue 可积函数空间是一回事. 数学分析研究的对象是连续函数, 主要手段是取极限, 但连续函数的极限运算不封闭, 这是最大的缺陷. 把 $C[a,b]$ 完备化为 $L[a,b]$ 后, 就使极限运算封闭了, 极限过程也就灵活自如了. 这是 Lebesgue 积分的优越性之一. 可以毫不夸张地说, 度量空间的完备化是整个分析数学的一个最重要的基本的思想. 由 Cantor (康托尔) 的有理数产生实数是这种思想的最早体现, 由 Riemann 积分扩充为 Lebesgue 积分, 是这种思想的又一体现. 更深刻的思想体现在从泛函分析中衍生出来的一个专门研究函数空间的分支——Sobolev (索伯列夫) 空间理论.

1.8 紧　性

1.8.1 列紧集的概念

在数学分析中, 我们知道直线 $\mathbb{R}$ 除了完备性 (Cauchy 准则) 外, 还有列紧性 (Weierstrass 收敛子列定理), 即任何有界无穷集都有收敛子列. 这个性质在数学分析中特别有用. 我们曾利用这个结果证明了数学分析中的许多重要结果. 例

如闭区间上连续函数的有界性、最大值定理及一致连续性. 总之, 这个特性所反映的事实在数学分析中起着基本作用.

我们自然会问: 在一般的度量空间中是否也有这个特征呢? 下面的例子说明答案是否定的.

例 1.8.1　在 l^p $(p \geqslant 1)$ 中, 记 $e_k = (0, \cdots, 0, 1, 0, \cdots)$, 第 k 个坐标为 1, 其余为 0, 令 $A = \{e_k \mid k \in \mathbb{N}\}$. 显然对任意 $k \in \mathbb{N}$, $e_k \in A$ 且 $\|e_k\|_p = 1$. 但当 $k \neq j$ 时,

$$d(e_k, e_j) = \|e_k - e_j\|_p = (1^p + 1^p)^{\frac{1}{p}} = 2^{\frac{1}{p}}.$$

因此 $A \subset \overline{B}(\theta, 1)$ 有界, 但无收敛子列.

因此, 在一般度量空间中, 并不是每个有界点列都有收敛子列, 为此引入如下定义.

定义 1.8.1　设 X 为度量空间, $A \subset X$. 若 A 中任何点列均有收敛于 X 中某点的子列, 则称 A 为列紧集 (或相对紧集). 若 X 本身列紧, 则称 X 为列紧空间. 列紧的闭集称为自列紧集.

引理 1.8.1　关于列紧集有以下的简单性质:

(1) 有限点集是列紧集;

(2) 有限个列紧集之并还是列紧集;

(3) 列紧集的子集是列紧集, 从而任意个列紧集之交为列紧集;

(4) 若 A 为列紧集, 则 $\overline{A}$ 是列紧集, 从而 $\overline{A}$ 为自列紧集;

(5) 列紧集中的每个 Cauchy 列都收敛, 因此列紧空间必完备;

(6) $\mathbb{R}^n$ 中的有界集列紧.

证明　我们仅证明第 (4) 和 (6) 条性质, 其他性质都是显然的.

(4) 设 A 为列紧集. 对任意的 $x_n \in \overline{A}$ $(n = 1, 2, \cdots)$, 存在 $y_n \in A$, 使得 $y_n \in B\left(x_n, \dfrac{1}{n}\right) \cap A$. 由于 A 是列紧集, 所以 $\{y_n\}$ 有子列 $y_{n_k} \to y$ $(k \to \infty)$. 下证 $x_{n_k} \to y$ $(k \to \infty)$. 因为

$$d(x_{n_k}, y) \leqslant d(x_{n_k}, y_{n_k}) + d(y_{n_k}, y) < \frac{1}{n_k} + d(y_{n_k}, y) \to 0 \quad (k \to \infty),$$

所以, $x_{n_k} \to y$ $(k \to \infty)$. 故 $\overline{A}$ 是列紧集.

(6) 以 $n = 2$ 为例. 设 $A \subset \mathbb{R}^2$ 有界, 对任意 $\{x_n\} \subset A$, 设 $x_n = (x_1^{(n)}, x_2^{(n)})$. 则 $x_1^{(n)}$ 有界, 故有子列

$$x_1^{(n_k)} \to x_1 \quad (k \to \infty).$$

又因为 $\{x_2^{(n_k)}\}$ 有界, 从而有子列

$$x_2^{(n_{k_i})} \to x_2 \quad (i \to \infty).$$

于是存在 $\{x_n\}$ 的子列 $\{x_{n_{k_i}}\}$, 使得

$$x_{n_{k_i}} = \left(x_1^{(n_{k_i})}, x_2^{(n_{k_i})}\right) \to x = (x_1, x_2) \quad (i \to \infty).$$

所以 A 是列紧集. □

在 $\mathbb{R}$ 中, Weierstrass 定理与 Heine-Borel (海涅-博雷尔) 有限覆盖定理等价. 下面我们在一般度量空间中讨论这个问题, 以给出集合具有列紧性的条件.

1.8.2 完全有界集

定义 1.8.2 设 A 为度量空间 X 中的点集. 对任意的 $\epsilon > 0$, 若存在 $B \subset X$, 使得以 B 中各点为中心, ϵ 为半径的开球覆盖了 A, 即

$$A \subset \bigcup_{x \in B} B(x, \epsilon),$$

则称 B 为 A 的 ϵ-网.

若对 $\forall \epsilon > 0$, A 有有限 ϵ-网 $\{x_1, x_2, \cdots, x_n\}$ (n 可随 ϵ 而改变), 则称 A 是完全有界集.

注 1.8.1 若 A 完全有界, 则 A 的有限 ϵ-网可以取在 A 中.

引理 1.8.2 完全有界集是有界的.

证明 设 A 完全有界. 则对 $\epsilon = 1$, A 有有限 ϵ-网 $\{x_1, x_2, \cdots, x_n\}$, 从而

$$A \subset \bigcup_{k=1}^{n} B(x_k, 1).$$

因此对任意 $x \in A$, 存在 x_k, 使得 $x \in B(x_k, 1)$. 所以,

$$d(x, x_1) \leqslant d(x, x_k) + d(x_k, x_1) < 1 + \max_{2 \leqslant k \leqslant n} d(x_k, x_1) := r.$$

因此, $x \in B(x_1, r)$, 即 $A \subset B(x_1, r)$. 故 A 有界. □

定理 1.8.1 (Hausdorff (豪斯多夫) 定理) 度量空间中列紧集必是完全有界的.

证明 设 A 是包含于度量空间 X 中的列紧集. 对任意 $\epsilon > 0$, 取 $x_1 \in A$. 若 $A \subset B(x_1, \epsilon)$, 则 $\{x_1\}$ 为 A 的有限 ϵ-网. 若 $A \not\subset B(x_1, \epsilon)$, 则一定存在 $x_2 \in A \setminus B(x_1, \epsilon)$, 此时 $d(x_2, x_1) \geqslant \epsilon$. 若 $A \subset B(x_1, \epsilon) \cup B(x_2, \epsilon)$, 则 $\{x_1, x_2\}$ 为 A 的有限 ϵ-网. 若 $A \not\subset B(x_1, \epsilon) \cup B(x_2, \epsilon)$, 则一定存在 $x_3 \in A \setminus \big(B(x_1, \epsilon) \cup B(x_2, \epsilon)\big)$, 此时 $d(x_3, x_1) \geqslant \epsilon$, $d(x_3, x_2) \geqslant \epsilon$.

如此继续下去, 若进行到第 n 次, 使得

$$A \subset \bigcup_{k=1}^{n} B(x_n, \epsilon),$$

其中 $x_n \in A \Big\backslash \bigcup\limits_{k=1}^{n-1} B(x_k, \epsilon)$, 则 $\{x_1, x_2, \cdots, x_n\}$ 为 A 的有限 ϵ-网.

若不存在这样的 n, 则上述过程可继续作下去. 这样可得点列 $\{x_n\} \subset A$ 满足

$$x_n \in A \Big\backslash \bigcup_{k=1}^{n-1} B(x_k, \epsilon).$$

当 $m \neq n$ 时, 有

$$d(x_m, x_n) \geqslant \epsilon.$$

故 $\{x_n\}$ 无收敛子列. 这与 A 列紧矛盾. 所以这样的 n 一定是存在的, 即存在 A 的有限 ϵ-网, 故 A 完全有界. □

在完备度量空间中, 定理 1.8.1 的逆定理成立.

定理 1.8.2 (Hausdorff 逆定理) 在完备度量空间中, 完全有界集是列紧集.

证明 设 X 是完备度量空间, $A \subset X$ 是完全有界集, $\{x_n\}$ 是 A 中的点列. 下证 $\{x_n\}$ 有收敛的子列.

因为 A 完全有界, 所以对 $\epsilon_k = \dfrac{1}{k}$, A 有有限 ϵ_k-网 $\left\{y_1^{(k)}, y_2^{(k)}, \cdots, y_{m_k}^{(k)}\right\}$. 因为

$$\bigcup_{i=1}^{m_1} B(y_i^{(1)}, 1) \supset A \supset \{x_n\},$$

从而 $\{B(y_i^{(1)}, 1) \mid 1 \leqslant i \leqslant m_1\}$ 中至少有一个球含有 $\{x_n\}$ 的无穷多项, 记这个球为 $B(y_1, 1)$. 故 $B(y_1, 1)$ 含有 $\{x_n\}$ 的一个无穷子列 $\{x_{1,n}\}$. 又因为

$$\bigcup_{i=1}^{m_2} B\left(y_i^{(2)}, \frac{1}{2}\right) \supset \{x_n\} \supset \{x_{1,n}\},$$

故有 $\left\{B\left(y_i^{(2)}, \dfrac{1}{2}\right) \mid 1 \leqslant i \leqslant m_2\right\}$ 中的一个球 $B\left(y_2, \dfrac{1}{2}\right)$ 含有 $\{x_{1,n}\}$ 的一个无穷子列 $\{x_{2,n}\}$.

如此继续, 可得一列球

$$B(y_1, 1), B\left(y_2, \frac{1}{2}\right), \cdots, B\left(y_m, \frac{1}{m}\right), \cdots$$

使得 $B\left(y_m,\dfrac{1}{m}\right)$ 中含有 $\{x_{m-1,n}\}$ 的一个无穷子列 $\{x_{m,n}\}$. 因此 $\bigcap\limits_{i=1}^{k}B\left(y_i,\dfrac{1}{i}\right)$ $(k=1,2,\cdots)$ 中含有 $\{x_n\}$ 中的无穷多项, 故抽取 $\{x_n\}$ 的子列 $\{x_{n_k}\}$, 使得

$$x_{n_k}\in\bigcap_{i=1}^{k}B\left(y_i,\frac{1}{i}\right),\quad k=1,2,\cdots.$$

下证 $\{x_{n_k}\}$ 为 Cauchy 列. 当 $k>j$ 时, 有

$$x_{n_k}\in B\left(y_j,\frac{1}{j}\right),$$

所以

$$d(x_{n_k},x_{n_j})\leqslant d(x_{n_k},y_j)+d(x_{n_j},y_j)<\frac{2}{j}.$$

因此对任意 $\epsilon>0$, 取 $N>\dfrac{2}{\epsilon}$, 则当 $k>j\geqslant N$ 时, $d(x_{n_k},x_{n_j})<\epsilon$. 故 $\{x_{n_k}\}$ 为 X 中的 Cauchy 列, 由 X 的完备性知 $\{x_{n_k}\}$ 收敛. 所以 A 列紧. □

由于定理 1.8.2 在证明最后一步用到了完备性, 故有如下推论成立.

推论 1.8.1 度量空间 X 中的点集 A 为完全有界集的充分必要条件是 A 中的任何点列都有 Cauchy 子列.

定理 1.8.3 完全有界集是可分的, 即其含有有限或可数的稠密子集.

证明 设 A 为度量空间 X 中的完全有界集. 则对 $\epsilon_k=\dfrac{1}{k}$, A 有有限 ϵ_k-网 $\{x_1^{(k)},x_2^{(k)},\cdots,x_{n_k}^{(k)}\}$. 令

$$B=\left\{x_i^{(k)}\;\middle|\;i=1,2,\cdots,n_k,\ k=1,2,\cdots\right\},$$

则 $B\subset A$ 是有限集或可数集.

下证 B 在 A 中稠密. 对任意 $x\in A$ 及任意 $\epsilon>0$, 取 k 使 $\epsilon>\dfrac{1}{k}$, 由

$$A\subset\bigcup_{i=1}^{n_k}B\left(x_i^{(k)},\frac{1}{k}\right)$$

知, 存在 $1\leqslant i\leqslant n_k$, 使得

$$x\in B\left(x_i^{(k)},\frac{1}{k}\right)\subset B\big(x_i^{(k)},\epsilon\big).$$

因此 $x_i^{(k)} \in B(x,\epsilon)$, 即 $B(x,\epsilon)$ 中有 B 中的点. 所以, B 在 A 中稠密. 从而 A 可分. □

推论 1.8.2　列紧空间是可分的.

1.8.3　$C[a,b]$ 中的列紧集

本小节我们给出 $C[a,b]$ 中的点集是列紧集的充分必要条件. 因为 $C[a,b]$ 是完备的, 故其中的列紧集与完全有界集是一致的, 所以下面只需找完全有界的充要条件. 我们设法把问题转化到 $\mathbb{R}^n$ 中, 因为在 $\mathbb{R}^n$ 中, 完全有界集与有界集等价, 并且有界集的条件易获得.

定义 1.8.3　设 $A \subset C[a,b]$, 即 A 为闭区间 $[a,b]$ 上的一族连续函数. 若对任意 $\epsilon > 0$, 存在 $\delta = \delta(\epsilon) > 0$, 使得对任意 $f \in A$ 及 $t_1, t_2 \in [a,b]$, 只要 $|t_1 - t_2| < \delta$, 就有

$$|f(t_1) - f(t_2)| < \epsilon,$$

则称 A 为 $C[a,b]$ 中的等度连续集.

定义 1.8.3 中 δ 不依赖于 A 中 f 的选择. A 为等度连续集是指 A 中各个函数一致连续的程度同等.

定理 1.8.4 (Arzelà-Ascoli (阿尔泽拉-阿斯科利) 定理)　集合 $A \subset C[a,b]$ 列紧的充分必要条件是 A 有界且等度连续.

证明　$\Rightarrow$) 设 $A \subset C[a,b]$ 列紧. 则 A 有界, 且对任意 $\epsilon > 0$, A 有有限 ϵ-网 $\left\{f_1, f_2, \cdots, f_m\right\}$. 由于对任意 $1 \leqslant i \leqslant m$, f_i 在 $[a,b]$ 上一致连续, 则存在 $\delta_i = \delta_i(\epsilon)$, 使得当 $t_1, t_2 \in [a,b]$ 且 $|t_1 - t_2| < \delta_i$ 时, $|f_i(t_2) - f_i(t_1)| < \epsilon$. 令 $\delta = \min\limits_{1 \leqslant i \leqslant m} \delta_i$, 则对任意 $f \in A$, 当 $t_1, t_2 \in [a,b]$ 且 $|t_1 - t_2| < \delta$ 时, 存在 i, 使得对 $f \in B(f_i, \epsilon)$, 有

$$\begin{aligned} |f(t_2) - f(t_1)| &\leqslant |f(t_2) - f_i(t_2)| + |f_i(t_2) - f_i(t_1)| + |f_i(t_1) - f(t_1)| \\ &\leqslant 2\|f - f_i\|_C + \epsilon < 3\epsilon. \end{aligned}$$

因此, A 为等度连续集.

$\Leftarrow$) 设集合 $A \subset C[a,b]$ 有界且等度连续. 则由定理 1.8.2 及空间 $C[a,b]$ 的完备性, 只需证明 A 完全有界. 对任意 $\epsilon > 0$, 由 $A \subset C[a,b]$ 的等度连续性可知, 存在 $\delta > 0$, 使得当 $t_1, t_2 \in [a,b]$ 满足 $|t_1 - t_2| < \delta$ 时, 对任意 $f \in A$, 有

$$|f(t_2) - f(t_1)| < \frac{\epsilon}{3}. \tag{1.8.1}$$

作 $[a,b]$ 的分割 $\triangle$ 如下:

$$a = t_0 < t_1 < \cdots < t_n = b,$$

使分割的模 $\|\triangle\| < \delta$. 令

$$\widetilde{A} = \left\{\widetilde{f} = \big(f(t_1), f(t_2), \cdots, f(t_n)\big) \mid f \in A\right\} \subset \mathbb{R}^n. \tag{1.8.2}$$

因为 A 有界, 则存在 $M > 0$, 使得 $A \subset \overline{B}(\theta, M)$. 因此对任意 $f \in A$, $\|f\|_C = \max\limits_{a \leqslant t \leqslant b} |f(t)| \leqslant M$ 且由 (1.8.2) 式可知

$$\|\widetilde{f}\| = \|\big(f(t_1), f(t_2), \cdots, f(t_n)\big)\| = \left(\sum_{i=1}^{n} |f(t_i)|^2\right)^{\frac{1}{2}} \leqslant \sqrt{n}M.$$

故 $\widetilde{A}$ 为 $\mathbb{R}^n$ 中有界集, 从而是完全有界的. 所以 $\widetilde{A}$ 有有限 $\dfrac{\epsilon}{3}$-网

$$\left\{\widetilde{f}_i = \big(f_i(t_1), f_i(t_2), \cdots, f_i(t_n)\big) \mid i = 1, 2, \cdots, m\right\},$$

其中, $f_1, f_2, \cdots, f_m \in A$.

下证 $\{f_1, f_2, \cdots, f_m\}$ 为 A 的 ϵ-网. 事实上, 对任意 $f \in A$, 因为 $\widetilde{f} = \big(f(t_1), f(t_2), \cdots, f(t_n)\big) \in \widetilde{A}$, 故存在 $1 \leqslant i \leqslant m$, 使得

$$\|\widetilde{f} - \widetilde{f}_i\| = \sqrt{\sum_{k=1}^{n} |f_i(t_k) - f(t_k)|^2} < \frac{\epsilon}{3}. \tag{1.8.3}$$

对任意 $t \in [a, b]$, 则存在子区间 $[t_{k-1}, t_k] \ni t$. 因此由 (1.8.1) 式及 (1.8.3) 式, 有

$$\begin{aligned} |f(t) - f_i(t)| &\leqslant |f(t) - f(t_k)| + |f(t_k) - f_i(t_k)| + |f_i(t_k) - f_i(t)| \\ &< \frac{\epsilon}{3} + \frac{\epsilon}{3} + \|\widetilde{f} - \widetilde{f}_i\| < \epsilon. \end{aligned}$$

所以

$$\|f - f_i\|_C = \max_{a \leqslant t \leqslant b} \mid f(t) - f_i(t) \mid < \epsilon.$$

因此, $f \in B(f_i, \epsilon)$. 从而 $\{f_1, \cdots, f_m\}$ 为 A 的 ϵ-网, 故 A 完全有界. □

注 1.8.2 设 $A \subset C[a, b]$. 若存在 $L > 0$, 使得对任意的 $f \in A$, 有

$$|f(t) - f(t')| \leqslant L|t - t'|, \quad t, t' \in [a, b],$$

即 A 为有共同 Lipschitz (利普希茨) 常数的 Lipschitz 连续函数集时, A 是等度连续的. 特别地, 当 $A \in C^1[a, b]$ 时, 若 A 中函数的导数一致有界, 则满足上述条件, 从而等度连续.

1.8.4 紧集

在数学分析中, 我们知道对 $\mathbb{R}^n$ 中的有界闭集有 Heine-Borel 有限覆盖定理成立, 本小节把这个结果推广到一般度量空间的列紧闭集上.

定义 1.8.4 设 X 为度量空间, $A \subset X$. 若 A 的任何开覆盖都有有限子覆盖, 则称 A 为紧集.

设 X 为度量空间, $A \subset X$, 设 $\{G_\alpha \mid \alpha \in \Lambda\}$ 为 X 中一族开集, Λ 为指标集. 若 $\bigcup\limits_{\alpha\in\Lambda} G_\alpha \supset A$, 则称这族开集为 A 的开覆盖. 若 A 的任何开覆盖 $\{G_\alpha \mid \alpha \in \Lambda\}$ 均有有限子覆盖

$$G_{\alpha_1} \cup G_{\alpha_2} \cup \cdots \cup G_{\alpha_n} \supset A, \quad \alpha_i \in \Lambda, \quad i = 1, 2, \cdots, n,$$

则称 A 为 X 中的紧集.

若 X 本身为紧集, 则称 X 为紧空间. 显然紧集是完全有界集, $\{B(x,\epsilon) \mid x \in A\}$ 即为 A 的开覆盖.

定理 1.8.5 (Gross (格罗斯) 定理) 在度量空间中, 列紧的闭集 (自列紧集) 是紧集.

证明 设 A 为度量空间 X 中列紧的闭集, $\{G_\alpha \mid \alpha \in \Lambda\}$ 为 A 的开覆盖. 对任意 $x \in A$, 存在开集 G_α, 使得 $x \in G_\alpha$, 所以存在球 $B(x, \delta_x) \subset G_\alpha$. 令

$$r(x) = \sup\left\{\delta_x \mid \exists\, G_\alpha \supset B(x, \delta_x)\right\},$$

则 $r(x) > 0$. 下证 $\rho := \inf\limits_{x\in A} r(x) > 0$ (ρ 称为 A 的 Lebesgue 数). 对任意 $\dfrac{1}{n}$, 由下确界的定义, 存在 A 中的点 a_n, 使

$$\rho \leqslant r(a_n) < \rho + \frac{1}{n},$$

得点列 $\{a_n\} \subset A$. 因为 A 是列紧闭集, 所以 $\{a_n\}$ 有收敛子列 $\{a_{n_k}\}$, 使得 $a_{n_k} \to a \in A$ $(k \to \infty)$. 设 $a \in G_{\alpha_0}$, 则存在 $\delta > 0$ 使得 $B(a, \delta) \subset G_{\alpha_0}$. 对于收敛子列 $\{a_{n_k}\}$, 存在 $K \in \mathbb{N}$, 使得当 $k > K$ 时, 有

$$d(a_{n_k}, a) < \frac{\delta}{2}.$$

所以

$$B\left(a_{n_k}, \frac{\delta}{2}\right) \subset B(a, \delta) \subset G_{\alpha_0}.$$

因此, $r(a_{n_k}) \geqslant \dfrac{\delta}{2}$, 即

$$\frac{\delta}{2} \leqslant r(a_{n_k}) < \rho + \frac{1}{n_k}.$$

当 $k \to \infty$ 时, 得 $\rho \geqslant \dfrac{\delta}{2} > 0$. 由于 A 是列紧集, 故 A 完全有界, 因此有有限的 $\dfrac{\rho}{2}$-网

$$\{x_1, x_2, \cdots, x_n\} \subset A.$$

对每个 $B\left(x_i, \dfrac{\rho}{2}\right)$ $(i = 1, 2, \cdots, n)$, 由于 $r(x_i) \geqslant \rho > \dfrac{\rho}{2}$, 则由 $r(x_i)$ 的定义可知, 存在 $\alpha_i \in \Lambda$, 使得 $B\left(x_i, \dfrac{\rho}{2}\right) \subset G_{\alpha_i}$. 于是,

$$\bigcup_{i=1}^{n} G_{\alpha_i} \supset \bigcup_{i=1}^{n} B\left(x_i, \frac{\rho}{2}\right) \supset A.$$

因此 A 是度量空间 X 中的紧集. □

从定理 1.8.5 的证明过程可以得到, A 为列紧的闭集的充分必要条件是 A 中的任何点列均有收敛于 A 中点的子列.

下证定理 1.8.5 的逆定理也成立.

定理 1.8.6 (Gross 逆定理)　在度量空间中, 紧集是列紧的闭集.

证明　设 A 为 X 中的紧集. 先证 A 是闭集. 设 $y \notin A$. 下证 $y \notin \overline{A}$. 对任意 $x \in A$ 且 $x \neq y$, 存在 $\delta_x = \dfrac{d(x,y)}{2} > 0$, 使得 $\{B(x, \delta_x) \mid x \in A\}$ 为 A 的开覆盖. 又由于 A 是紧集, 则有有限子覆盖 $B(x_1, \delta_{x_1}), B(x_2, \delta_{x_2}), \cdots, B(x_n, \delta_{x_n})$, 使得

$$\bigcup_{i=1}^{n} B(x_i, \delta_{x_i}) \supset A.$$

取 $\delta = \min\limits_{1 \leqslant i \leqslant n} \delta_{x_i}$, 则 $\delta > 0$ 且 $B(y, \delta)$ 与每个 $B(x_i, \delta_{x_i})$ 不相交. 所以 $B(y, \delta)$ 中没有 A 中的点, 从而 $y \notin \overline{A}$. 因此, A 是闭集.

再证 A 列紧. 反设 A 不是列紧的, 则有点列 $\{a_n\} \subset A$ 无收敛子列. 因为 $\{a_n\}$ 为无限点集, 故可抽出互异的子列, 不妨设 $\{a_n\}$ 互异. 因为 $C = \{a_n \mid n \in \mathbb{N}\}$ 无聚点, 故 C 为闭集. 令

$$C_n = \{a_k \mid k \neq n\} = C \setminus (a_n),$$ [①]

则 C_n 也是闭集. 因为

$$G_n = C_n^{\mathrm{c}} = (X \setminus C) \cup (a_n)$$

为开集, 则

① (a_n) 为仅含有一个点 a_n 的集合.

$$\bigcup_{n=1}^{\infty} G_n = (X \setminus C) \cup C = X \supset A.$$

因此, $\{G_n : n = 1, 2, \cdots\}$ 为 A 的开覆盖, 故有有限子覆盖, 即存在 $m \in \mathbb{N}$, 使得

$$G_1 \cup G_2 \cup \cdots \cup G_m \supset A.$$

但

$$a_{m+1} \notin (X \setminus C) \cup \{a_1, a_2, \cdots, a_m\} = G_1 \cup G_2 \cup \cdots \cup G_m,$$

矛盾! 所以, A 列紧. □

推论 1.8.3　度量空间中的集合 A 列紧的充分必要条件是 $\overline{A}$ 是紧集.

由定理 1.8.5 与定理 1.8.6 可得下面的结论.

定理 1.8.7　设 X 为度量空间, $A \subset X$, 则 A 为紧集的充分必要条件是 A 为列紧的闭集.

1.9　有限维赋范线性空间

有限维赋范线性空间有与 $\mathbb{R}^n$ 相同的拓扑特征, 本节我们主要讨论有限维空间的这种性质.

定理 1.9.1　设 E_n 为 n 维赋范线性空间, $\{e_1, e_2, \cdots, e_n\}$ 是其一组基, 则存在 $C_1, C_2 > 0$, 使得对任意 $\xi = \sum\limits_{i=1}^{n} x_i e_i \in E_n$, 有

$$C_1 \left(\sum_{i=1}^{n} |x_i|^2 \right)^{\frac{1}{2}} \leqslant \|\xi\| \leqslant C_2 \left(\sum_{i=1}^{n} |x_i|^2 \right)^{\frac{1}{2}}, \tag{1.9.1}$$

且 $T : x = (x_1, \cdots, x_n) \mapsto \xi = \sum\limits_{i=1}^{n} x_i e_i$ 为 $\mathbb{R}^n$ 到 E_n 上的线性拓扑同构.

证明　因为 $\xi = \sum\limits_{i=1}^{n} x_i e_i$, 故由三角不等式及 Cauchy 不等式, 有

$$\|\xi\| \leqslant \sum_{i=1}^{n} |x_i| \|e_i\| \leqslant \left(\sum_{i=1}^{n} |x_i|^2 \right)^{\frac{1}{2}} \left(\sum_{i=1}^{n} \|e_i\|^2 \right)^{\frac{1}{2}}.$$

取 $C_2 = \left(\sum\limits_{i=1}^{n} \|e_i\|^2 \right)^{\frac{1}{2}}$, 则有

$$\|\xi\| \leqslant C_2 \left(\sum_{i=1}^{n} |x_i|^2 \right)^{\frac{1}{2}}. \tag{1.9.2}$$

另外, 对任意 $x=(x_1,\cdots,x_n)\in\mathbb{R}^n$, 定义函数 $f:\mathbb{R}^n\to\mathbb{R}$ 如下:

$$f(x)=\left\|\sum_{i=1}^n x_ie_i\right\|.$$

则对任意 $x=(x_1,\cdots,x_n)\in\mathbb{R}^n$, $y=(y_1,\cdots,y_n)\in\mathbb{R}^n$, 有

$$\begin{aligned}|f(x)-f(y)|&=\left|\left\|\sum_{i=1}^n x_ie_i\right\|-\left\|\sum_{i=1}^n y_ie_i\right\|\right|\leqslant\left\|\sum_{i=1}^n x_ie_i-\sum_{i=1}^n y_ie_i\right\|\\&=\left\|\sum_{i=1}^n(x_i-y_i)e_i\right\|\leqslant C_2\left(\sum_{i=1}^n|x_i-y_i|^2\right)^{\frac{1}{2}}=C_2\|x-y\|.\end{aligned}$$

所以 f 在 $\mathbb{R}^n$ 上 Lipschitz 连续. 令 $S=\{x\in\mathbb{R}^n\mid\|x\|=1\}$ 为 $\mathbb{R}^n$ 中单位球面, 则 S 为有界闭集. 故 f 在 S 上一致连续, 从而有最小值. 记

$$C_1=\min_{x\in S}f(x)=f(x^0)=\left\|\sum_{i=1}^n x_i^0e_i\right\|>0,$$

其中 x^0 是 f 在 S 上一最小值点. 对任意 $x=(x_1,\cdots,x_n)\in\mathbb{R}^n$, 当 $x\neq\theta$ 时, $\dfrac{x}{\|x\|}\in S$. 所以 $f\left(\dfrac{x}{\|x\|}\right)\geqslant C_1$. 因此

$$\left\|\sum_{i=1}^n\frac{x_i}{\|x\|}e_i\right\|=\frac{1}{\|x\|}\left\|\sum_{i=1}^n x_ie_i\right\|\geqslant C_1.$$

所以

$$\|\xi\|=\left\|\sum_{i=1}^n x_ie_i\right\|\geqslant C_1\|x\|=C_1\left(\sum_{i=1}^n|x_i|^2\right)^{\frac{1}{2}}.\tag{1.9.3}$$

当 $x=\theta$ 时, 不等式必然成立. 因此, 由 (1.9.2) 式与 (1.9.3) 式可知 (1.9.1) 式成立.

由 (1.9.1) 式可知, 对任意 $\xi,\eta\in E_n$ 及 $x,y\in\mathbb{R}^n$, 有

$$\|Tx-Ty\|\leqslant C_2\|x-y\|,\quad\|T^{-1}\xi-T^{-1}\eta\|\leqslant\frac{1}{C_1}\|\xi-\eta\|.$$

于是 T 与 T^{-1} 均连续, 从而 T 是 $\mathbb{R}^n$ 到 E_n 的线性拓扑同构. □

定理 1.9.2 设 E_n 为 n 维赋范线性空间, $\|\cdot\|_1$ 和 $\|\cdot\|_2$ 为 E_n 上的范数, 则存在 $M \geqslant m > 0$, 使得

$$m\|\xi\|_1 \leqslant \|\xi\|_2 \leqslant M\|\xi\|_1.$$

证明 对范数 $\|\cdot\|_i$, $i=1,2$, 由 (1.9.1) 式可知存在 $C_i^{(1)} > 0$, $C_i^{(2)} > 0$, 使得

$$C_1^{(i)}\|T^{-1}\xi\| \leqslant \|\xi\|_i \leqslant C_2^{(i)}\|T^{-1}\xi\|.$$

因此有

$$\|\xi\|_2 \leqslant C_2^{(2)}\|T^{-1}\xi\| \leqslant \frac{C_2^{(2)}}{C_1^{(1)}}\|\xi\|_1 = M\|\xi\|_1$$

及

$$\|\xi\|_1 \leqslant C_2^{(1)}\|T^{-1}\xi\| \leqslant \frac{C_2^{(1)}}{C_1^{(2)}}\|\xi\|_2 = \frac{1}{m}\|\xi\|_2.$$

所以有

$$m\|\xi\|_1 \leqslant \|\xi\|_2 \leqslant M\|\xi\|_1. \qquad \square$$

推论 1.9.1 有限维赋范线性空间中不同的范数引出的收敛是等价的, 即有限维赋范线性空间有唯一的与线性结构相容的拓扑结构.

定义 1.9.1 设 X 为赋范线性空间, $\|\cdot\|_1$ 和 $\|\cdot\|_2$ 为 X 中的两个范数. 若存在 $M > 0$, 使得

$$\|x\|_2 \leqslant M\|x\|_1, \quad \forall x \in X,$$

则称 $\|\cdot\|_1$ 为比 $\|\cdot\|_2$ 强的范数. 若存在 $C_1, C_2 > 0$, 使得

$$C_1\|x\|_1 \leqslant \|x\|_2 \leqslant C_2\|x\|_1, \quad \forall x \in X,$$

则称 $\|\cdot\|_1$ 与 $\|\cdot\|_2$ 为 X 中等价的两个范数.

由定义 1.9.1 可知, 若 $\|\cdot\|_1$ 强于 $\|\cdot\|_2$, 则按 $\|\cdot\|_1$ 收敛的点列一定按 $\|\cdot\|_2$ 收敛. 若 $\|\cdot\|_1$ 强于 $\|\cdot\|_2$ 且 $\|\cdot\|_2$ 也强于 $\|\cdot\|_1$, 则这两个范数引出的收敛等价, 称 $\|\cdot\|_1$ 与 $\|\cdot\|_2$ 等价. 因此, $\|\cdot\|_1$ 与 $\|\cdot\|_2$ 等价的充分必要条件是 $(X, \|\cdot\|_1)$ 与 $(X, \|\cdot\|_2)$ 中的收敛一致.

定理 1.9.2 表明有限维赋范线性空间的任何两个范数都等价. 特别地, $\mathbb{R}^n$ 中任意两范数等价, 默认其范数为欧氏范数.

定理 1.9.3 有限维赋范线性空间完备, 从而是 Banach 空间.

证明 设 $\{\xi_m\}$ 为有限维赋范线性空间 E_n 中的 Cauchy 点列, $T:\mathbb{R}^n\to E_n$ 为定理 1.9.1 中的线性拓扑同构, 则由不等式 (1.9.1), 有

$$\|T^{-1}\xi_m-T^{-1}\xi_k\|\leqslant\frac{1}{C_1}\|\xi_m-\xi_k\|.$$

故 $\{T^{-1}\xi_m\}$ 为 $\mathbb{R}^n$ 中的 Cauchy 列. 又因 $\mathbb{R}^n$ 完备, 所以当 $m\to\infty$ 时,

$$T^{-1}\xi_m\to x\in\mathbb{R}^n.$$

由 T 的连续性, 可知当 $m\to\infty$ 时,

$$\xi_m\to Tx\in E_n.$$

所以 E_n 完备, 从而为 Banach 空间. □

推论 1.9.2 任意赋范线性空间的有限维子空间是完备的, 从而为闭子空间.

定理 1.9.4 有限维赋范线性空间中的有界集是列紧的. 特别地, 闭单位球列紧.

证明 设 $M\subset E_n$ 有界, $T:\mathbb{R}^n\to E_n$ 为定理 1.9.1 中的线性拓扑同构, 则 $T^{-1}(M)$ 为 $\mathbb{R}^n$ 中的有界集, 从而列紧. 对任意点列 $\{\xi_n\}\subset M$, $\{T^{-1}\xi_n\}\subset T^{-1}(M)$. 因为 $T^{-1}(M)$ 列紧, 故有子列 $T^{-1}\xi_{n_k}\to x\in\mathbb{R}^n$ $(k\to\infty)$. 所以由 T 的连续性, $\xi_{n_k}=T\big(T^{-1}\xi_{n_k}\big)\to Tx\in E_n$ $(k\to\infty)$, 即 M 中的任何点列都有收敛子列. 所以 M 列紧. □

有界集列紧是有限维空间的特征. 我们可以证明, 若赋范线性空间 X 中的每个有界集都是列紧的, 则 X 是有限维的. 为此我们先证明一个引理, 这个引理本身在泛函分析中也是非常重要的.

引理 1.9.1 (Riesz 引理) 设 M 为赋范线性空间 X 的闭线性子空间且 $M\neq X$, 则对任意 $0<\epsilon<1$, 存在 $x\in X\setminus M$ 且 $\|x\|=1$, 使得

$$d(x,M)>1-\epsilon.$$

证明 取 $\overline{x}\in X\setminus M$, 因为 $\overline{x}\notin\overline{M}=M$, 故

$$d_0=d(\overline{x},M)>0.$$

因为

$$\frac{d_0}{1-\epsilon}>d_0,$$

所以由距离的定义及下确界的性质, 存在 $x'\in M$, 使得

$$d(\overline{x},x')=\|\overline{x}-x'\|<\frac{d_0}{1-\epsilon}.$$

令 $x = \dfrac{\overline{x} - x'}{\|\overline{x} - x'\|}$, 则 $\|x\| = 1$. 对任意 $y \in M$, 由 $x' + \|\overline{x} - x'\|\, y \in M$ 可知

$$
\begin{aligned}
\|y - x\| &= \left\| y - \frac{\overline{x} - x'}{\|\overline{x} - x'\|} \right\| \\
&= \frac{1}{\|\overline{x} - x'\|} \|\overline{x} - (x' + \|\overline{x} - x'\|\, y)\| \geqslant \frac{d_0}{\|\overline{x} - x'\|} > 1 - \epsilon,
\end{aligned}
$$

即 $d(x, M) > 1 - \epsilon$. □

定理 1.9.5 无穷维赋范线性空间中的闭单位球 $\overline{B}(\theta, 1)$ 不是列紧集.

证明 设 X 为无穷维赋范线性空间, 取 $x_1 \in X$, $\|x_1\| = 1$. 令 $E_1 = \operatorname{span}\{x_1\}$, 则 E_1 为一维子空间且完备. 由引理 1.9.1, 存在 $x_2 \in X \setminus E_1$, $\|x_2\| = 1$, 使得

$$
d(x_2, E_1) > \frac{1}{2}.
$$

令 $E_2 = \operatorname{span}\{x_1, x_2\}$, 则 E_2 为闭集. 于是再由引理 1.9.1, 存在 $x_3 \in X \setminus E_2$, $\|x_3\| = 1$, 使得

$$
d(x_3, E_2) > \frac{1}{2}.
$$

这样继续下去, 可得一列 $\{x_n\} \subset \overline{B}(\theta, 1)$, 使得

$$
d(x_n, E_{n-1}) > \frac{1}{2},
$$

其中 $E_n = \operatorname{span}\{x_1, x_2, \cdots, x_n\}$. 于是, 当 $m > n$ 时, 有 $m-1 \geqslant n$ 且 $x_n \in E_{m-1}$. 所以

$$
\|x_m - x_n\| \geqslant d(x_m, E_{m-1}) > \frac{1}{2}.
$$

所以 $\{x_n\} \subset \overline{B}(\theta, 1)$ 无收敛子列. 因此, $\overline{B}(\theta, 1)$ 不是列紧集. □

推论 1.9.3 赋范线性空间为有限维空间 $\Longleftrightarrow$ 赋范线性空间中的闭单位球 $\overline{B}(\theta, 1)$ 列紧 $\Longleftrightarrow$ 赋范线性空间中的任何有界集列紧.

由推论 1.9.3 可知, 闭单位球的列紧性是有限维空间的本质特征.

1.10 压缩映射原理及其应用

1.10.1 压缩映射原理

把一些方程的解转化为映射的不动点以及用逐次逼近法来求不动点是数学中一个重要而基本的方法. 例如, 在计算数学中用迭代程序求代数方程的解, 在数学

分析中证明隐函数的存在性, 以及在常微分方程中证明初值问题解的存在唯一性, 所采用的都是这种方法. 这种方法起源很早, 一直可以追溯到牛顿求代数方程的根时而用的切线法, 后来 Picard (皮卡) 求解常微分方程所用的逼近法, 此后这种方法在不同的领域中都有应用. 1922 年波兰数学家 Banach 将这个方法的基本点提炼出来, 并推广到了更一般的完备度量空间, 这就是本节要介绍的主要内容.

定义 1.10.1 设 X 是度量空间, $T: X \to X$ 为映射. 若存在 $0 \leqslant \alpha < 1$, 使得对任意 $x_1, x_2 \in X$, 有

$$d(Tx_1, Tx_2) \leqslant \alpha d(x_1, x_2),$$

则称 T 为压缩映射, 其中 α 称为压缩系数.

压缩映射 T 必连续. 因为当 $x_n \to x_0\ (n \to \infty)$ 时, 有

$$d(Tx_n, Tx_0) \leqslant \alpha d(x_n, x_0) \to 0 \quad (n \to \infty),$$

因此 T 连续.

假设 X 为非空集合, 映射 $T: X \to X$. 若有 $x^* \in X$, 使得 $Tx^* = x^*$, 则称 x^* 为 T 的一个不动点. 当 T 为 X 到 X 的自然的映射时, $T^n x = T(T(\cdots T(x)))$ 有意义.

定理 1.10.1 (压缩映射原理, 1922) 设 X 是完备度量空间, $T: X \to X$ 为压缩映射. 则

(1) T 有唯一不动点 x^*;

(2) 对任意 $x_0 \in X$, 令 $x_n = Tx_{n-1}, x_{n-1} = Tx_{n-2}, \cdots, x_1 = Tx_0$, 则有 $x_n \to x^*\ (n \to \infty)$.

证明 定理的证明是我们学过的逐次逼近法. 对任意 $x_0 \in X$, 作迭代点列 $\{x_n\}$, 使

$$x_n = Tx_{n-1}, \quad n = 1, 2, \cdots.$$

下证 $\{x_n\}$ 收敛, 即证 $\{x_n\}$ 为 Cauchy 列. 因为 T 为压缩映射, 故

$$\begin{aligned} d(x_{n+1}, x_n) &= d(Tx_n, Tx_{n-1}) \leqslant \alpha d(x_n, x_{n-1}) \\ &\leqslant \alpha^2 d(x_{n-1}, x_{n-2}) \leqslant \cdots \leqslant \alpha^n d(x_1, x_0). \end{aligned} \tag{1.10.1}$$

于是, 当 $m > n$ 时, 由 (1.10.1) 式, 有

$$\begin{aligned} d(x_m, x_n) &\leqslant d(x_n, x_{n+1}) + d(x_{n+1}, x_m) \\ &\leqslant \sum_{k=n}^{m-1} d(x_k, x_{k+1}) \leqslant \sum_{k=n}^{m-1} \alpha^k d(x_1, x_0) \end{aligned}$$

$$
\begin{aligned}
&= \frac{\alpha^n - \alpha^m}{1-\alpha} d(x_1, x_0) \\
&\leqslant \frac{\alpha^n}{1-\alpha} d(x_1, x_0).
\end{aligned}
\tag{1.10.2}
$$

因为压缩系数 $0 \leqslant \alpha < 1$, 所以 $\{x_n\}$ 为 X 中的 Cauchy 列. 由 X 的完备性, 存在 $x^* \in X$, 使得

$$x_n \to x^* \in X \quad (n \to \infty).$$

由 T 的连续性得

$$Tx_n \to Tx^* \quad (n \to \infty).$$

但

$$Tx_n = x_{n+1} \to x^* \quad (n \to \infty).$$

所以由极限的唯一性, 必有 $Tx^* = x^*$.

下证唯一性. 设 $x' \in X$ 也是 T 的不动点, 即 $Tx' = x'$, 则

$$d(x^*, x') = d(Tx^*, Tx') \leqslant \alpha d(x^*, x').$$

所以 $d(x^*, x') = 0$. 因此, $x^* = x'$, 即 T 有唯一不动点 x^*, 使得 $Tx^* = x^*$. □

由定理 1.10.1 的证明知, 对任意 $x_0 \in X$, 有

$$T^n x_0 \to x^* \quad (n \to \infty).$$

在 (1.10.2) 中, 让 $m \to \infty$, 得

$$d(x_n, x^*) \leqslant \frac{\alpha^n}{1-\alpha} d(x_1, x_0). \tag{1.10.3}$$

故对计算问题, 给出精度就可以由 (1.10.3) 求出相应的迭代次数.

在应用压缩映射原理时, 应注意验证以下条件:

(1) X 的完备性不可缺少. 例如, 设 X 完备, $T: X \to X$ 为压缩映射, $x_0 \in X$ 为 T 的唯一不动点. 令 $X_1 = X \setminus \{x_0\}$, 则 $T: X_1 \to X_1$ 不再有不动点.

(2) 压缩条件不可放宽为 $\alpha = 1$, 下面举例说明.

例 1.10.1 设映射 $T: [0, +\infty) \to [0, +\infty)$ 且满足

$$Tx = x + \frac{1}{1+x}.$$

对任意 $x_1, x_2 \in [0, +\infty)$ 且 $x_1 < x_2$, 有

$$Tx_2 - Tx_1 = x_2 + \frac{1}{1+x_2} - x_1 - \frac{1}{1+x_1}$$

$$
\begin{aligned}
&= x_2 - x_1 + \frac{x_1 - x_2}{(1+x_2)(1+x_1)} \\
&= (x_2 - x_1)\left[1 - \frac{1}{(1+x_2)(1+x_1)}\right] \\
&\leqslant x_2 - x_1.
\end{aligned}
$$

但 T 没有不动点. 事实上, 令 $x = Tx$, 则 $\dfrac{1}{1+x} = 0$ 在 $[0,+\infty)$ 上显然无解.

压缩映射原理 (定理 1.10.1), 也称 Banach 不动点定理, 它不仅保证了不动点的存在性、唯一性, 还提供了不动点的求法——迭代法 (或逐次逼近法). 其不但在理论上非常重要, 在实际应用中也非常实用, 是一个非常完美的结果.

1.10.2 应用举例

例 1.10.2 (隐函数全局存在定理) 设 $f(x,y)$ 在带形区域

$$
B = \{(x,y) \mid a \leqslant x \leqslant b, -\infty < y < +\infty\}
$$

上连续, 关于 y 的偏导数存在. 若有 $0 < m \leqslant M < +\infty$, 使得在区域 B 上

$$
m \leqslant f'_y(x,y) \leqslant M,
$$

则方程 $f(x,y) = 0$ 能确定 $[a,b]$ 上唯一连续的隐函数 $y = \varphi(x)$.

证明 在完备度量空间 $C[a,b]$ 中, 作映射 $T: C[a,b] \to C[a,b]$ 如下:

$$
(T\varphi)(x) = \varphi(x) - \frac{1}{M} f\big(x, \varphi(x)\big), \quad \varphi \in C[a,b].
$$

则方程 $f(x,y) = 0$ 在 $[a,b]$ 上的连续解等价于 T 的不动点. 下证 T 压缩. 对任意 $\varphi_1, \varphi_2 \in C[a,b]$ 及 $0 < \vartheta < 1$, 有

$$
\begin{aligned}
&\big|(T\varphi_2)(x) - (T\varphi_1)(x)\big| \\
&= \left|\varphi_2(x) - \varphi_1(x) - \frac{1}{M}\Big[f(x,\varphi_2(x)) - f(x,\varphi_1(x))\Big]\right| \\
&= \left|\varphi_2(x) - \varphi_1(x) - \frac{1}{M} f'_y\Big[x, \varphi_1(x) + \vartheta\big(\varphi_2(x) - \varphi_1(x)\big)\Big]\big(\varphi_2(x) - \varphi_1(x)\big)\right| \\
&= |\varphi_2(x) - \varphi_1(x)| \left|1 - \frac{1}{M} f'_y\Big[x, \varphi_1(x) + \vartheta\big(\varphi_2(x) - \varphi_1(x)\big)\Big]\right| \\
&\leqslant |\varphi_2(x) - \varphi_1(x)| \left(1 - \frac{m}{M}\right) \leqslant \left(1 - \frac{m}{M}\right) d(\varphi_2, \varphi_1).
\end{aligned}
$$

所以

$$d(T\varphi_2, T\varphi_1) \leqslant \left(1 - \frac{m}{M}\right) d(\varphi_2, \varphi_1).$$

由于 $0 \leqslant 1 - \dfrac{m}{M} < 1$, 所以 $T : C[a,b] \to C[a,b]$ 为压缩映射. 因此由定理 1.10.1 可知, 存在唯一 $\varphi \in C[a,b]$, 使得 $(T\varphi)(x) = \varphi(x)$, 即方程 $f(x,y) = 0$ 能确定 $[a,b]$ 上唯一连续的隐函数 $y = \varphi(x)$. □

例 1.10.3 (常微分方程初值问题解的存在唯一性定理) 设 $f(x,y)$ 在矩形区域

$$S = \{(x,y) \mid |x - x_0| \leqslant a,\ |y - y_0| \leqslant b\} \tag{1.10.4}$$

上连续. 若 $f(x,y)$ 关于 y 满足 Lipschitz 条件, 即存在 $L > 0$, 使得对任意 (x, y_1), $(x, y_2) \in S$, 有

$$|f(x,y_2) - f(x,y_1)| \leqslant L|y_2 - y_1|.$$

则常微分方程初值问题

$$\begin{cases} \dfrac{dy}{dx} = f(x, y(x)), \\ y(x_0) = y_0 \end{cases} \tag{1.10.5}$$

在区间 $I = \{x \mid |x - x_0| \leqslant h\}$ 上存在唯一解, 其中 $0 < h < \min\left\{a, \dfrac{b}{M}, \dfrac{1}{L}\right\}$, $M = \max\limits_{(x,y)\in S} |f(x,y)|$.

证明 方程 (1.10.5) 的解满足积分方程

$$y(x) = y_0 + \int_{x_0}^{x} f(s, y(s))ds. \tag{1.10.6}$$

令 $D = \{y \in C(I) \mid |y(x) - y_0| \leqslant b\}$, 则 D 为 $C(I)$ 中的有界闭集. 作 D 中的算子

$$(Ty)(x) = y_0 + \int_{x_0}^{x} f(s, y(s))ds,$$

则方程 (1.10.6) 的解等价于 T 的不动点.

因为

$$|(Ty)(x) - y_0| = \left|\int_{x_0}^{x} f(s, y(s))ds\right| \leqslant M|x - x_0| \leqslant Mh < b,$$

所以, $Ty \in D$. 于是 T 是 D 到 D 自身的映射. 下证 $T: D \to D$ 是压缩映射. 对任意 $y_1, y_2 \in D$, 有

$$\begin{aligned}|(Ty_2)(x) - (Ty_1)(x)| &= \left|\int_{x_0}^{x} \Big[f(s, y_2(s)) - f(s, y_1(s))\Big] ds\right| \\ &\leqslant L\|y_2 - y_1\| \, |x - x_0| \\ &\leqslant Lh\|y_2 - y_1\|.\end{aligned}$$

所以

$$\|Ty_2 - Ty_1\| \leqslant Lh\|y_2 - y_1\|.$$

当 $Lh < 1$, 即 $h < \dfrac{1}{L}$ 时, T 为 D 上的压缩映射. 于是当 $0 < h < \min\left\{a, \dfrac{b}{M}, \dfrac{1}{L}\right\}$ 时, $T: D \to D$ 为压缩映射. 所以由定理 1.10.1 可知, 存在唯一 $y^* \in D$, 使 $Ty^* = y^*$, 即

$$y^*(x) = y_0 + \int_{x_0}^{x} f(s, y^*(s)) ds. \tag{1.10.7}$$

故 $y^*(x_0) = y_0$ 且 $y^*(x)$ 在 I 上可微, 对(1.10.7) 式两端求导得

$$\frac{dy^*(x)}{dx} = f(x, y^*(x)).$$

因此, 常微分方程初值问题 (1.10.5) 在区间 I 上存在唯一解. □

为了应用方便, 我们将定理 1.10.1 作如下推广.

1.10.3 幂压缩映射原理

设 X 是度量空间, 映射 $A: X \to X$, A 的 n 次幂 $A^n x = A(A(\cdots A(x)))$. 若存在 $n \in \mathbb{N}$, 使得 $A^n: X \to X$ 为压缩映射, 则称 A 为幂压缩映射.

定理 1.10.2 (幂压缩映射原理, 1922) 设 X 是完备度量空间, $A: X \to X$ 为幂压缩映射. 则 A 在 X 中存在唯一不动点.

证明 设 $B = A^n$ 为压缩映射. 则由定理 1.10.1 可知, B 存在唯一不动点 x^*, 即 $Bx^* = x^*$. 因为

$$B(Ax^*) = A^n(Ax^*) = A(A^n x^*) = A(Bx^*) = Ax^*,$$

所以 Ax^* 是 B 的不动点. 由 B 的不动点的唯一性, 有 $Ax^* = x^*$. 所以, x^* 为 A 的不动点.

下证唯一性. 若有 $x' \in X$ 为 A 的另一不动点, 即 $Ax' = x'$, 则

$$A(Ax') = Ax' = x', \cdots, A^n x' = A^{n-1}x' = \cdots = x'.$$

因此 $Bx' = x'$. 由 B 的不动点的唯一性, 必有 $x' = x^*$. 所以, A 在 X 中存在唯一不动点. □

利用定理 1.10.2, 我们可以把例 1.10.3 中常微分方程初值问题 (1.10.5) 解的存在区间由

$$h < \min\left\{a, \frac{b}{M}, \frac{1}{L}\right\}$$

扩大到

$$h = \min\left\{a, \frac{b}{M}\right\}$$

上, 即其存在区间与 Lipschitz 常数 L 无关.

例 1.10.4 在例 1.10.3 的条件下, 常微分方程初值问题 (1.10.5) 在区间 $I = \{x \mid |x - x_0| \leqslant h\}$ 上存在唯一解, 其中 $h = \min\left\{a, \dfrac{b}{M}\right\}$.

证明 设 $T: D \to D$ 为例 1.10.3 所定义的映射. 下证存在 $n \in \mathbb{N}$, 使 T^n 为压缩映射. 对任意 $y_1, y_2 \in D$, 有

$$\begin{aligned}\big|(T^n y_2)(x) - (T^n y_1)(x)\big| &= \left|\int_{x_0}^{x} \Big[f\big(s, (T^{n-1}y_2)(s)\big) - f\big(s, (T^{n-1}y_1)(s)\big)\Big] ds\right| \\ &\leqslant L \int_{x_0}^{x} \Big|(T^{n-1}y_2)(s) - (T^{n-1}y_1)(s)\Big| ds. \qquad (1.10.8)\end{aligned}$$

于是, 当 $n = 1$ 时,

$$\big|(Ty_2)(x) - (Ty_1)(x)\big| \leqslant L\|y_2 - y_1\| \, |x - x_0|.$$

当 $n = 2$ 时, 将上式代入 (1.10.8) 式, 得

$$|(T^2 y_2)(x) - (T^2 y_1)(x)| \leqslant \frac{L^2 |x - x_0|^2}{2!} \|y_2 - y_1\|.$$

累次迭代可得

$$\big|(T^n y_2)(x) - (T^n y_1)(x)\big| \leqslant \frac{L^n |x - x_0|^n}{n!} \|y_2 - y_1\|.$$

因此

$$\|T^n y_2 - T^n y_1\| \leqslant \frac{(Lh)^n}{n!}\|y_2 - y_1\|.$$

所以, 当 n 充分大时必有 $\dfrac{(Lh)^n}{n!} < 1$, 即 $T : D \to D$ 为幂压缩映射. 故由定理 1.10.2 可知 T 存在唯一不动点 $\varphi \in D$, $\varphi(x)$ 即为常微分方程初值问题 (1.10.5) 在区间 I 上的唯一解. □

1.10.4 Brouwer 不动点定理和 Schauder 不动点定理

从前面的例子可以看出, 不动点定理在算子方程的求解中起着非常重要的作用, 应用非常广泛. 我们已经学习了压缩映射原理, 但压缩这个条件太强, 有许多问题无法满足. 为了克服此缺陷, 我们着重介绍用值域的紧性与定义域的凸性来代替这个条件的 Schauder (绍德尔) 不动点定理.

定义 1.10.2 设 E 为线性空间, $D \subset E$. 若对任意 $t \in [0,1]$ 及 $x, y \in D$, 有

$$(1-t)x + ty \in D,$$

则称 D 为 E 中的凸集.

注 1.10.1 (1) $[x,y] = \{(1-t)x + ty \mid 0 \leqslant t \leqslant 1\}$ 称为 E 中以 x 与 y 为端点的线段.

(2) D 为凸集的充分必要条件是 D 中任意两点的连线均在 D 中.

(3) 设D为凸集, $x_1, x_2, \cdots, x_n \in D$. 若存在 $\lambda_1, \lambda_2, \cdots, \lambda_n > 0$, 满足 $\sum\limits_{i=1}^{n} \lambda_i = 1$, 则称线性组合 $\lambda_1 x_1 + \cdots + \lambda_n x_n$ 为凸组合.

引理 1.10.1 设 D 为凸集, 则 D 对凸组合运算封闭.

证明 对 n 用归纳法. 当 $n = 1$ 时, 取 $\lambda_1 = 1$, 则结论成立. 当 $n = 2$ 时, 对 $t \in (0,1)$, 取 $\lambda_1 = 1 - t$, $\lambda_2 = t$, 则由定义 1.10.2 可知结论成立.

假设 $n = k$ 时成立, 则当 $n = k+1$ 时, 对 $x_1, x_2, \cdots, x_{k+1} \in D$, $\lambda_1, \lambda_2, \cdots, \lambda_{k+1} > 0$ 且 $\lambda_1 + \lambda_2 + \cdots + \lambda_{k+1} = 1$, 则有

$$\begin{aligned}
&\lambda_1 x_1 + \lambda_2 x_2 + \cdots + \lambda_k x_k + \lambda_{k+1} x_{k+1} \\
&= (\lambda_1 + \lambda_2 + \cdots + \lambda_k)\left(\frac{\lambda_1}{\lambda_1 + \lambda_2 + \cdots + \lambda_k} x_1 + \frac{\lambda_2}{\lambda_1 + \lambda_2 + \cdots + \lambda_k} x_2\right. \\
&\quad \left. + \cdots + \frac{\lambda_k}{\lambda_1 + \lambda_2 + \cdots + \lambda_k} x_k\right) + \lambda_{k+1} x_{k+1} \\
&= \lambda_{k+1} x_{k+1} + (1 - \lambda_{k+1})\left(\frac{\lambda_1}{\lambda_1 + \lambda_2 + \cdots + \lambda_k} x_1 + \frac{\lambda_2}{\lambda_1 + \lambda_2 + \cdots + \lambda_k} x_2\right.
\end{aligned}$$

$$+\cdots+\frac{\lambda_k}{\lambda_1+\lambda_2+\cdots+\lambda_k}x_k\Big)\in D.$$

因此, 由数学归纳法可知 D 对凸组合运算封闭. □

设 $A\subset E$ 非空, A 中元素的凸组合之集

$$\mathrm{Co}A=\left\{\sum_{i=1}^n\lambda_i x_i\,\middle|\,x_i\in A,\lambda_i>0,\sum_{i=1}^n\lambda_i=1,n\in\mathbb{N}\right\}$$

称为 A 的凸集, 并且是包含 A 的最小凸集.

若 E 为赋范线性空间, $D\subset E$ 为凸集, 则 $\overline{D}$ 为凸集. 对 $A\subset E$, $\overline{\mathrm{Co}A}$ (为 $\mathrm{Co}A$ 的闭) 为凸闭集, 称为 A 的凸闭包.

1912 年, Brouwer (布劳威尔) 证明了 $\mathbb{R}^n$ 中的从单位闭球 $\overline{B}(\theta,1)$ 到自身的连续映射至少有一个不动点, 随后这个结果推广到了有限维 Banach 空间的凸闭集上.

定理 1.10.3 (Brouwer 不动点定理, 1912) 设 E 为有限维 Banach 空间, D 为 E 中的有界凸闭集, $T:D\to D$ 连续, 则 T 在 D 中至少有一个不动点.

证明 对 $\mathbb{R}^n$ 中闭球 $\overline{B}(\theta,1)$, 当 $n=1$ 时, $D=[a,b]$, 此时定理 1.10.3 等价于连续函数的介值定理. 因为映射 $T:[a,b]\to[a,b]$, 令 $f(x)=x-Tx$, 则

$$f(a)=a-Ta\leqslant 0,\quad f(b)=b-Tb\geqslant 0.$$

由介值定理, 存在 $x_0\in[a,b]$, 使得 $f(x_0)=0$, 即 T 存在不动点.

当 $n\geqslant 2$ 时, 不能用经典分析工具证明定理, 而是需要用代数拓扑或非线性泛函分析的理论来证明. □

Schauder 详细研究了 Brouwer 的证明, 发现有限维的实质为有界集是紧集. 在无穷维空间中, 有限维可以用紧性这个条件代替, 并于 1932 年证明了如下定理.

定理 1.10.4 (Schauder 不动点定理, 1932) 设 E 为 Banach 空间, $D\subset E$ 为凸闭集, 映射 $T:D\to D$ 连续. 若 $T(D)$ 为列紧集, 则 T 在 D 中至少有一个不动点.

迄今, Schauder 不动点定理已是研究各种非线性问题的一个有力工具, 是非线性泛函分析中最基本的结果, 并且应用非常广泛. 例如, 在证明常微分方程初值问题解的存在性时, $f(x,y)$ 关于 y Lipschitz 连续的条件可以删去.

例 1.10.5 (Peano (佩亚诺) 存在性定理) 设 $f(x,y)$ 在由 (1.10.4) 式定义的矩形区域 S 上连续, 则常微分方程初值问题 (1.10.5) 在区间 $I=[x_0-h,x_0+h]$ 上至少存在一个解, 其中 $h=\min\left\{a,\dfrac{b}{M}\right\}$, $M=\max\limits_{(x,y)\in S}|f(x,y)|$.

证明 在 $C(I)$ 中取

$$D=\{y\in C(I)|\ |y(x)-y_0|\leqslant b\},$$

则 $D=\overline{B}(y_0,b)$ 为凸闭集. 作 D 上的积分算子 T 如下:

$$(Ty)(x)=y_0+\int_{x_0}^{x}f(s,y(s))ds,\quad y\in D,$$

则

$$|(Ty)(x)-y_0|\leqslant\int_{x_0}^{x}|f(s,y(s))|ds\leqslant Mh\leqslant b.$$

所以 T 是 D 到自身的映射. 下面分两步完成证明.

(1) 证明映射 $T:D\to D$ 连续. 若对 $\{y_n\}\subset D$ 且 $\{y_n\}$ 在 $C(I)$ 上一致收敛到 y, 由 $f(x,y)$ 的一致连续性, $\{f(x,y_n(x))\}$ 在 I 上一致收敛于 $f(x,y(x))$. 于是在 I 上一致地有

$$\int_{x_0}^{x}f(s,y_n(s))ds\to\int_{x_0}^{x}f(s,y(s))ds\quad(n\to\infty).$$

所以, $\{Ty_n\}$ 在 I 上一致收敛于 Ty, 即 $Ty_n\to Ty$ $(n\to\infty)$ 于 $C(I)$. 因此, 映射 $T:D\to D$ 连续.

(2) 证明 $T(D)$ 列紧. 由 Arzelà-Ascoli 定理, 只需证 $T(D)$ 有界且等度连续即可. 由于 $T(D)\subset D$ 有界, 仅证 $T(D)$ 等度连续. 对任意 $\epsilon>0$, $y\in D$ 及 $x_1,x_2\in I$, 不妨设 $x_1\leqslant x_2$. 取 $\delta=\dfrac{\epsilon}{M}$, 则当 $x_2-x_1<\delta$ 时, 有

$$\begin{aligned}|(Ty)(x_2)-(Ty)(x_1)|&=\left|\int_{x_1}^{x_2}f(x,y(x))dx\right|\\&\leqslant M(x_2-x_1)<\epsilon.\end{aligned}$$

所以, $T(D)$ 为 $C(I)$ 中的等度连续有界集. 由 Arzelà-Ascoli 定理, $T(D)$ 为列紧集. 因此由 Schauder 不动点定理 (定理 1.10.4) 可知, T 在 D 中有不动点 $\widetilde{y}$, 即 $\widetilde{y}(x)$ 为常微分方程初值问题 (1.10.5) 的解. □

习 题 1

1. 设 $d_1,d_2,\cdots,d_m$ 是集合 X 上的距离. 证明

$$d=\sqrt{d_1^2+d_2^2+\cdots+d_m^2}$$

也是 X 上的距离.

2. 在 n 维欧几里得空间 $\mathbb{R}^n$ 中, 对

$$x=(x_1,x_2,\cdots,x_n)\in\mathbb{R}^n,\quad y=(y_1,y_2,\cdots,y_n)\in\mathbb{R}^n,$$

定义 $d(x,y)=\sum\limits_{i=1}^{n}\lambda_i|x_i-y_i|$, 其中 $\lambda_1,\lambda_2,\cdots,\lambda_n$ 是 n 个正数. 证明 d 是 $\mathbb{R}^n$ 中的距离, 并且按距离收敛等价于按坐标收敛.

3. 在 $\mathbb{R}^2$ 上定义距离 $d_p(x,y)=(|x_1-y_1|^p+|x_2-y_2|^p)^{1/p}, 1\leqslant p<\infty$. 证明对于任意的 $x,y\in\mathbb{R}^2$, 有

(1) $d_\infty(x,y)\leqslant d_p(x,y)\leqslant d_1(x,y)$;

(2) $d_p(x,y)\leqslant\sqrt[p]{2}d_\infty(x,y)$;

(3) $d_1(x,y)\leqslant\sqrt[p]{2}d_p(x,y)$,

其中 $d_\infty(x,y)=\max\{|x_1-y_1|,|x_2-y_2|\}$.

4. 设 (X,d) 为度量空间, A 为 X 中的闭子集. 令

$$f(x)=d(x,A)=\inf\{d(x,y)\mid y\in A\}.$$

证明对任意的 $x_1,x_2\in X$, $|f(x_1)-f(x_2)|\leqslant d(x_1,x_2)$.

5. 设 X 为度量空间, $A\subset X$. 证明 A 的一切内点组成的集合必为开集.

6. 设 X 为度量空间, F_1,F_2 为 X 中不相交的闭集. 证明存在开集 G_1,G_2, 使得 $G_1\cap G_2=\varnothing, G_1\supset F_1, G_2\supset F_2$.

7. 设 (X,d) 为度量空间, Y 是 X 中的紧子集.

(1) 证明 Y 是 X 中的闭子集;

(2) 设 A 是闭子集且 $A\subset Y$, 则 A 是紧子集;

(3) 设 $\{x_n\}$ 是 Y 中的无限点列, 则 $\{x_n\}$ 含有一个收敛于 Y 中某一点的子列.

8. 设 $\{x_n\}$ 为度量空间 X 中的 Cauchy 点列. 证明

(1) $\{x_n\}$ 是 X 中的有界集;

(2) 如果 $\{x_n\}$ 中含有一个收敛于 X 中某一点的子列, 则 $\{x_n\}$ 在 X 中收敛.

9. 设 X 按照距离 d 为度量空间, $A\subset X$ 非空. 令

$$f(x)=\inf_{y\in A}d(x,y),\qquad x\in X.$$

证明 $f(x)$ 是 X 上的连续函数.

10. 在实数轴 $\mathbb{R}$ 上, 令 $d(x,y)=|x-y|^p$. 讨论当 p 为何值时, $\mathbb{R}$ 是度量空间, 何值时是赋范空间.

11. 设 $c=\left\{x=(x_1,x_2,\cdots,x_n,\cdots)\mid x_n\in\mathbb{K},\ \lim\limits_{n\to\infty}x_n\text{ 存在}\right\}$. 证明 c 是 Banach 空间.

12. 设 X 为度量空间, F_1,F_2 为 X 中不相交的闭集. 证明: 存在 X 上的连续函数 $f(x)$, 使得当 $x\in F_1$ 时 $f(x)=0$; 当 $x\in F_2$ 时 $f(x)=1$.

13. 设函数序列 $\{f_n(t)\}$ 在紧集 A 上等度连续并且点点收敛. 证明 $\{f_n(t)\}$ 在 A 上一致收敛.

14. 设在线性空间 X 中定义的距离 d 满足平移不变性和齐次性, 即 $d(x+z,y+z)=d(x,y), d(\alpha x,\alpha y)=|\alpha|d(x,y)$. 令 $\|x\|=d(x,\theta)$. 证明 $(X,\|\cdot\|)$ 是赋范线性空间.

15. 设 $1 \leqslant p < +\infty$, $x_n = \{\xi_k^{(n)}\}_{k=1}^{\infty} \in l^p$, $n = 0, 1, \cdots$. 证明 $x_n \xrightarrow{\|\cdot\|_p} x_0$ $(n \to \infty)$ 的充分必要条件是

(1) 对 $\forall k = 1, 2, \cdots$, $\lim\limits_{n \to \infty} \xi_k^{(n)} = \xi_k^{(0)}$;

(2) 对 $\forall \epsilon > 0$, 存在 $K \in \mathbb{N}$ 使得对每个 x_n, 有 $\sum\limits_{k=K+1}^{\infty} |\xi_k^{(n)}|^p < \epsilon$.

16. 设 $E \subset \mathbb{R}^n$ 为可测集, 试利用 Hölder 不等式证明下述不等式:

(1) 若 f, g 是 E 上的非负可测函数, $0 \leqslant \alpha \leqslant 1$, 则

$$\int_E f^\alpha(x) g^{1-\alpha}(x) dx \leqslant \left(\int_E f(x) dx\right)^\alpha \left(\int_E g(x) dx\right)^{1-\alpha};$$

(2) 若 $p, q, r > 0$, $\dfrac{1}{p} + \dfrac{1}{q} + \dfrac{1}{r} = 1$, $f \in L^p(E)$, $g \in L^q(E)$, $h \in L^r(E)$, 则

$$\int_E |f(x) g(x) h(x)| dx \leqslant \|f\|_p \|g\|_q \|h\|_r;$$

(3) 若 $p, q, r > 0$, $\dfrac{1}{r} = \dfrac{1}{p} + \dfrac{1}{q}$, $f \in L^p(E)$, $g \in L^q(E)$, 则

$$\|fg\|_r \leqslant \|f\|_p \|g\|_q.$$

17. 在 $C^1[a, b]$ 中令

$$\|x\|_1 = \left(\int_a^b \left(|x(t)|^2 + |x'(t)|^2\right) dt\right)^{\frac{1}{2}}, \quad \forall x \in C^1[a, b].$$

(1) 证明 $\|\cdot\|_1$ 是 $C^1[a, b]$ 上的范数;

(2) 问 $(C^1[a, b], \|\cdot\|_1)$ 是否完备?

18. 证明集合 $M = \{\sin(nx) \mid n = 1, 2, \cdots\}$ 在空间 $C[0, \pi]$ 中是有界集, 但不是列紧集.

19. 证明如果度量空间是可分的, 则它的任意子空间也是可分的. 反之, 如果度量空间不可分, 它的子空间是否也不可分?

20. 设 $(X, \|\cdot\|)$ 是赋范空间, $X \neq \{\theta\}$. 证明 X 为 Banach 空间的充分必要条件是 X 中的单位球面 $S = \{x \in X \mid \|x\| = 1\}$ 完备.

21. 设 $0 < p < 1$, 在空间 $L^p[0, 1]$ 中定义

$$\|x\| = \int_0^1 |x(t)|^p dt < \infty, \quad x \in L^p[0, 1].$$

证明 $\|x\|$ 不是 $L^p[0, 1]$ 上的范数, 但 $d(x, y) = \|x - y\|$ 是 $L^p[0, 1]$ 上的距离 (提示: 若 $0 \leqslant \alpha \leqslant 1$, 则 $\alpha \leqslant \alpha^p \leqslant 1$).

22. 在 l^∞ 中, 按坐标定义线性运算且对 $x = \{x_k\} \in l^\infty$ 定义 $\|x\| = \sup\limits_k |x_k|$. 证明 $\|\cdot\|$ 是 l^∞ 上的范数, 且 l^∞ 按 $\|\cdot\|$ 成为赋范线性空间.

23. 设 $(X,\|\cdot\|)$ 是赋范空间, Y 是 X 的子空间. 对于 $x\in X$, 令

$$\delta=d(x,Y)=\inf_{y\in Y}\|x-y\|.$$

如果存在 $y_0\in Y$, 使得 $\|x-y_0\|=\delta$, 则称 y_0 是 x 的最佳逼近.

(1) 证明如果 Y 是 X 的有限维子空间, 则对每个 $x\in X$, 存在最佳逼近;

(2) 试举例说明, 当 Y 不是有限维子空间时, (1) 的结论不成立;

(3) 试举例说明, 一般地, 最佳逼近不唯一;

(4) 证明对于每一点 $x\in X$, x 关于子空间 Y 的最佳逼近点集是凸集.

24. 设 $(X,\|\cdot\|)$ 是赋范空间, X_0 是 X 中的稠密子集. 证明对于每一个 $x\in X$, 存在 $\{x_n\}\subset X_0$, 使得 $x=\sum\limits_{n=1}^{\infty}x_n$, 并且 $\sum\limits_{n=1}^{\infty}\|x_n\|<\infty$.

25. 设 M 是 $[a,b]$ 上有界函数的全体. 线性运算的定义与 $C[a,b]$ 中相同. 在 M 中定义范数 $\|x\|=\sup\limits_{t\in[a,b]}|x(t)|$. 证明 M 是 Banach 空间.

26. 设 $(X_1,\|\cdot\|_1),(X_2,\|\cdot\|_2)$ 是赋范空间, 在乘积线性空间 $Z=X_1\times X_2$ 中定义

$$\|z\|=\|x_1\|_1+\|x_2\|_2,$$

其中 $z=(x_1,x_2)\in Z$. 设 $\{(x_n,y_n)\}$ 是 Z 中的一序列. 证明

(1) $\{(x_n,y_n)\}$ 在 Z 中收敛于 (x,y), 当且仅当 $\{x_n\}$ 在 X_1 中收敛于 x, $\{y_n\}$ 在 X_2 中收敛于 y;

(2) $\{(x_n,y_n)\}$ 是 Z 中 Cauchy 列, 当且仅当 $\{x_n\}$ 是 X_1 中 Cauchy 列, $\{y_n\}$ 是 X_2 中 Cauchy 列.

27. 设 $(X_1,\|\cdot\|_1),(X_2,\|\cdot\|_2)$ 是赋范空间, 在乘积线性空间 $X_1\times X_2$ 中定义

$$\|z\|_1=\|x_1\|_1+\|x_2\|_2,\quad \|z\|_2=\max\{\|x_1\|_1,\|x_2\|_2\},$$

其中 $z=(x_1,x_2)\in X_1\times X_2$. 证明 $\|\cdot\|_1$ 与 $\|\cdot\|_2$ 是 $X_1\times X_2$ 上的等价范数.

28. 证明在空间 l^∞ 中, 集合 $A=\{x=\{x_n\}\mid |x_n|\leqslant n^{-1}\}$ 是完全有界的, 从而是紧的.

29. 设 X 是赋范线性空间, 若 X 有可数无穷 Hamel 基, 证明 X 不可能是完备的.

30. 设 $E\subset C[a,b]$, E 有界且满足 α $(0<\alpha\leqslant 1)$ 阶 Lipschitz 条件:

$$|x(t_1)-x(t_2)|\leqslant L|t_1-t_2|^\alpha,\quad \forall\, x\in E,\quad t_1,t_2\in[a,b],\quad L>0,$$

证明 E 是 $C[a,b]$ 中的相对紧集.

31. 设 X 是度量空间, $M\subset X$ 是列紧的闭集, $f:M\to\mathbb{R}$ 是连续函数. 证明 $f(x)$ 在 M 上一致连续.

32. 设 X 是度量空间, $S\subset X$ 是列紧的闭集. 对 $x\in X$, 令

$$d(x,S)=\inf_{y\in S}d(x,y).$$

证明存在一个点 $x_0\in S$, 使 $d(x,S)=d(x,x_0)$.

33. 设 M 是 $C[a,b]$ 中的有界集. 证明集合

$$S=\left\{\int_a^x f(t)dt\middle| f\in M\right\}$$

是列紧集.

34. 设 (M,d) 是一个列紧度量空间, $E\subset C(M)$, 其中 $C(M)$ 表示 M 上一切实值或复值连续函数全体. E 中函数一致有界并满足下列不等式:

$$|x(t_1)-x(t_2)|\leqslant c\big(d(t_1,t_2)\big)^{\alpha},\quad \forall\, x\in E,\quad t_1,t_2\in M,$$

其中 $0<\alpha\leqslant 1, c>0$. 证明 E 是 $C(M)$ 中的列紧集.

35. 证明: 如果 F_1,F_2 是完备的度量空间 X 中的两个集合, 其中一个是列紧的闭集, 另一个是闭集, 则存在 $x_0\in F_1, y_0\in F_2$, 使得

$$d(F_1,F_2)=d(x_0,y_0),$$

其中 $d(F_1,F_2)=\inf\limits_{x\in F_1,y\in F_2} d(x,y)$.

36. 设 X 是可分的度量空间, $\{G_\alpha\mid\alpha\in\Lambda\}$ 为 X 的一个覆盖. 证明从 $\{G_\alpha\mid\alpha\in\Lambda\}$ 中可选取可数个集合组成 X 的一个覆盖.

37. 设 X 是全体正整数所成的集合, 定义

$$d(m,n)=|m^{-1}-n^{-1}|.$$

证明 (X,d) 不完备.

38. 设 $P[0,1]$ 表示 $[0,1]$ 上的全体多项式之集, 在 $P[0,1]$ 中定义距离

$$d(p,q)=\int_0^1|p(x)-q(x)|dx,\qquad p,q\in P[0,1].$$

证明 $P[0,1]$ 按上述距离 d 形成的度量空间是不完备的, 并指出它的完备化空间.

39. 证明 l^∞ 为 Banach 空间.

40. 设 X 是完备的度量空间, T 是 X 到自身的映射. 在闭球 $\overline{B}=\{x\in X\mid d(x_0,x)\leqslant r\}$ 上, $d(Tx,Ty)\leqslant\theta d(x,y)$ 且 $d(x_0,Tx_0)<(1-\theta)r$, 其中 $0\leqslant\theta<1$. 证明 T 在 $\overline{B}$ 上有唯一不动点.

41. 证明存在闭区间 $[0,1]$ 上的连续函数 $x(t)$, 使得

$$x(t)=\frac{1}{2}\sin x(t)-a(t),$$

其中 $a(t)$ 是给定的 $[0,1]$ 上的连续函数.

42. 设 T 为完备度量空间 X 到 X 的映射. 证明如果

$$\alpha_0=\inf_n\sup_{x\neq y}\frac{d(T^nx,T^ny)}{d(x,y)}<1,$$

则 T 存在唯一的不动点.

43. 设 $a_{jk}\ (j,k=1,2,\cdots,n)$ 为一组实数,

$$\sum_{j,k=1}^{n}(a_{jk}-\delta_{jk})^2<1,$$

其中 $\delta_{jk}=\begin{cases}1, & j=k,\\ 0, & j\neq k.\end{cases}$ 证明代数方程组 $Ax=b$ 对任何固定的 $b=(b_1,b_2,\cdots,b_n)^{\mathrm{T}}$ 有唯一解, 其中 $A=(a_{jk}), x=(x_1,x_2,\cdots,x_n)^{\mathrm{T}}$.

44. 设 (X,ρ), (Y,ρ), (Z,ρ) 为度量空间, f 是 $(X,\rho)\to(Y,\rho)$ 的连续映射, g 是 $(Y,\rho)\to(Z,\rho)$ 的连续映射. 证明 $g(f)$ 是 $(X,\rho)\to(Z,\rho)$ 的连续映射.

45. 设 X 为赋范线性空间, S 为形如

$$(\alpha,x),\quad x\in X,\quad \alpha \text{ 为实数}$$

的元素全体, 按照线性运算及范数

$$\lambda(\alpha,x)+\mu(\beta,y)=(\lambda\alpha+\mu\beta,\lambda x+\mu y),$$

$$\|(\alpha,x)\|=|\alpha|+\|x\|$$

所构成的赋范线性空间. 证明 S 到 X 的映射 $(\alpha,x)\mapsto\alpha x$ 是连续的.

46. 设 $C_{2\pi}$ 表示周期为 2π 的连续函数全体按通常的线性运算所成的线性空间, 并按范数 $\|x\|=\max\limits_{t\in[0,2\pi]}|x(t)|$ 成一赋范空间. 证明三角多项式全体 $T_{2\pi}$ 在 $C_{2\pi}$ 中稠密.

47. 证明 $C_{2\pi}$ 在 $L^p[0,2\pi]\ (1\leqslant p<\infty)$ 中稠密, 但不在 $L^\infty[0,2\pi]$ 中稠密.

48. 证明任何赋范线性空间必可完备化成 Banach 空间.

49. 设 F 是 $\mathbb{R}^n$ 中的有界闭集, A 是 F 到自身中的映射并且适合如下条件: 对于任何不同的 $x,y\in F$, 有

$$d(Ax,Ay)<d(x,y).$$

证明映射 A 在 F 中存在唯一的不动点. 试讨论对于不闭的有界集, 这个事实是否成立?

50. 设 (X,d) 为紧度量空间, T 是 X 到自身的映射并且满足

$$d(Tx,Ty)\leqslant d(x,y),\qquad \forall x,y\in X.$$

证明 T 有一个不动点.

Chapter

第2章 有界线性算子

2.1 线性算子的有界性与连续性

从一个赋范线性空间到另一个赋范线性空间的映射称为算子, 其特殊情形: 从赋范线性空间到数域 $\mathbb{K}$ (实数域或复数域) 的映射称为泛函. 本章我们讨论的是极特殊的算子——有界线性算子与极特殊的泛函——连续线性泛函的一般概念与基本性质. 这是线性泛函分析中最基本的内容.

2.1.1 线性算子的概念

算子的概念起源于代数运算, 例如代数运算

$$x \mapsto Ax, \quad x \in \mathbb{R}^n,$$

其中 A 为 $n \times n$ 矩阵. 求导运算

$$\varphi(x) \mapsto P\left(\frac{d}{dx}\right)\varphi(x), \quad \forall \varphi(x) \in C^{\infty}[a,b],$$

其中 $P(\cdot)$ 为多项式. 这些运算都具有这样的性质, 保持线性关系, 即线性组合的像为像的线性组合. 一般地, 有如下定义.

定义 2.1.1 设 X, Y 为线性空间, $D \subset X$ 为线性子空间, T 为 D 到 Y 的映射. 若对任意的 x, x_1, $x_2 \in D$ 及任意 $\alpha \in \mathbb{K}$, 有

$$T(x_1 + x_2) = Tx_1 + Tx_2,$$

$$T(\alpha x) = \alpha Tx,$$

则称 T 为线性算子. 称 D 为 T 的定义域, 记为 $D(T)$. 称 $R(T) = \{Tx \mid x \in D\}$ 为 T 的值域, 易见 $R(T)$ 为 Y 的线性子空间. 称 $N(T) = \{x \in D \mid Tx = \theta\}$ 为 T 的零空间, 易见 $N(T)$ 为 D 的线性子空间. 特别当 $Y = \mathbb{K}$ 时, 称 T 为泛函.

例 2.1.1 设 A 是实数域 $\mathbb{R}$ 上的 $n \times n$ 矩阵. 作 $\mathbb{R}^n$ 到 $\mathbb{R}^n$ 算子 T 如下:

$$Tx = Ax, \quad \forall x = (x_1, x_2, \cdots, x_n)^{\mathrm{T}} \in \mathbb{R}^n,$$

则 T 是从 $\mathbb{R}^n$ 到 $\mathbb{R}^n$ 的线性算子.

$\mathbb{R}^n$ 到 $\mathbb{R}^n$ 中的线性算子都具有上述形式. 取 $e_i = (0, \cdots, 0, 1, 0, \cdots, 0)^{\mathrm{T}}$, 令

$$Te_j = \sum_{i=1}^{n} a_{ij} e_i, \quad j = 1, 2, \cdots, n.$$

取 $A = (a_{ij})_{n \times n}$, 则对任意

$$x = (x_1, x_2, \cdots, x_n)^{\mathrm{T}} = \sum_{j=1}^{n} x_j e_j,$$

由线性性知

$$Tx = \sum_{j=1}^{n} x_j T(e_j) = \sum_{i=1}^{n} \left(\sum_{j=1}^{n} a_{ij} x_j \right) e_i = Ax.$$

例 2.1.2 (积分算子) 设映射 $K : [a, b] \times [a, b] \to \mathbb{R}$ 连续. 对任意 $\varphi \in C[a, b]$, 令

$$S : \varphi \mapsto \int_a^b K(x, y) \varphi(y) dy,$$

则 S 是 $C[a, b]$ 到 $C[a, b]$ 的线性算子, 称作 Fredholm (弗雷德霍姆) 型积分算子; 对任意 $\varphi \in C[a, b]$, 令

$$T : \varphi \mapsto \int_a^x K(x, y) \varphi(y) dy,$$

则 T 是 $C[a, b]$ 到 $C[a, b]$ 的线性算子, 称作 Volterra (沃尔泰拉) 型积分算子.

例 2.1.3 (微分算子) 对任意 $\varphi \in C^1[a, b] \subset C[a, b]$, 令

$$T : \varphi(x) \mapsto \varphi'(x),$$

则 T 是 $C^1[a, b]$ 到 $C[a, b]$ 的线性算子.

设

$$P_n(\lambda) = a_0 \lambda^n + a_1 \lambda^{n-1} + a_2 \lambda^{n-2} + \cdots + a_n$$

为 n 次多项式. 对任意 $\varphi \in C^{(n)}[a,b]$, 令

$$H:\varphi \mapsto P_n\left(\frac{d}{dx}\right)\varphi = \sum_{k=0}^{n} a_{n-k}\frac{d^k}{dx^k}\varphi,$$

则 $H = P_n\left(\frac{d}{dx}\right)$ 为 $C^{(n)}[a,b]$ 到 $C[a,b]$ 的线性算子.

例 2.1.4 设 $x(t) \in L(\mathbb{R})$, 则

$$T: x(t) \mapsto \int_{-\infty}^{+\infty} e^{i\alpha t}x(t)dt = (Tx)(\alpha), \quad \alpha \in \mathbb{R}$$

为 $L(\mathbb{R})$ 到 $L(\mathbb{R})$ 的线性算子, 称为 Fourier (傅里叶) 积分算子.

2.1.2 线性算子的连续性与有界性

线性算子有非常良好的性质, 由其在一点的连续性可推知在整个空间上的连续性.

定理 2.1.1 设 X, Y 为赋范线性空间, $T: X \to Y$ 为线性算子. 若 T 在一点 $x_0 \in X$ 处连续, 则 T 在 X 上处处连续.

证明 对任意 $x \in X$, 设 $\{x_n\} \subset X$, 且 $x_n \to x\ (n \to \infty)$, 则 $x_n - x + x_0 \to x_0$ $(n \to \infty)$. 由 T 在 x_0 点的连续性, 有

$$T(x_n - x + x_0) \to Tx_0 \quad (n \to \infty).$$

因为 T 为线性算子, 所以

$$Tx_n - Tx + Tx_0 \to Tx_0 \quad (n \to \infty).$$

因此有

$$Tx_n \to Tx \quad (n \to \infty).$$

由 Heine 定理, T 在 X 上连续. □

定义 2.1.2 设 X, Y 为赋范线性空间, $T: X \to Y$ 为线性算子. 若存在 $M \geqslant 0$, 使得

$$\|Tx\| \leqslant M\|x\|, \quad \forall x \in X,$$

则称 T 为 X 到 Y 的有界线性算子.

定理 2.1.2 设 X, Y 为赋范线性空间, $T: X \to Y$ 为线性算子, 则 $T: X \to Y$ 为有界线性算子的充分必要条件是 T 把 X 中的有界集映为 Y 中的有界集.

证明　$\Rightarrow$) 设 $D \subset X$ 为有界集, 则存在 $R > 0$, 使得 $D \subset \overline{B}(\theta, R)$, 对任意 $x \in D$, 有

$$\|Tx\| \leqslant M\|x\| \leqslant MR.$$

所以

$$Tx \in \overline{B}(\theta, MR),$$

即

$$T(D) \subset \overline{B}(\theta, MR).$$

因此, $T(D)$ 为 Y 中有界集.

$\Leftarrow$) 因为 $T\overline{B}(\theta,1)$ 有界, 则存在 $M > 0$, 使得

$$T\overline{B}(\theta,1) \subset \overline{B}(\theta, M).$$

对任意 $x \in X$, 当 $x \neq \theta$ 时, 有

$$\frac{x}{\|x\|} \in \overline{B}(\theta,1).$$

所以

$$T\left(\frac{x}{\|x\|}\right) \in \overline{B}(\theta, M).$$

由 T 的线性性, 有

$$\frac{1}{\|x\|}Tx \in \overline{B}(\theta, M),$$

即

$$\frac{1}{\|x\|}\|Tx\| \leqslant M,$$

所以

$$\|Tx\| \leqslant M\|x\|.$$

当 $x = \theta$ 时, 上式显然成立. 所以, T 是有界线性算子. □

定理 2.1.3　设 X, Y 为赋范线性空间, $T: X \to Y$ 为线性算子, 则 T 连续的充分必要条件是 T 有界.

证明　$\Leftarrow$) 设 T 有界, 则存在 $M \geqslant 0$, 使得

$$\|Tx\| \leqslant M\|x\|, \quad \forall x \in X.$$

当 $x_n \to \theta\ (n \to \infty)$ 时, 由上式有

$$\|Tx_n\| \leqslant M\|x_n\| \to 0 \quad (n \to \infty),$$

即 $Tx_n \to \theta\ (n \to \infty)$. 故 T 在 $x=\theta$ 点连续, 按定理 2.1.1, T 在 X 上连续.

$\Rightarrow$) 设 $T: X \to Y$ 连续. 由 T 在 θ 点的连续性, 对 $\epsilon_0 = 1$, 存在 $\sigma_0 > 0$, 使得

$$TB(\theta, \sigma_0) \subset B(\theta, 1).$$

对任意 $x \in X$, 当 $x \neq \theta$ 时, 有

$$\frac{\sigma_0 x}{2\|x\|} \in B(\theta, \sigma_0).$$

所以

$$T\left(\frac{\sigma_0 x}{2\|x\|}\right) = Tx\frac{\sigma_0}{2\|x\|} \in B(\theta, 1).$$

由此可知

$$\|Tx\|\frac{\sigma_0}{2\|x\|} \leqslant 1,$$

所以

$$\|Tx\| \leqslant \frac{2}{\sigma_0}\|x\|.$$

取 $M = \dfrac{2}{\sigma_0}$, 即得 $\|Tx\| \leqslant M\|x\|$. 因此 T 有界. □

线性算子的有界性和连续性是等价的. 线性泛函是线性算子的特例. 除了上述对有界线性算子的结论成立外, 还有如下结论.

定理 2.1.4 设 X 为赋范线性空间, $f: X \to \mathbb{K}$ 为线性泛函, 则 f 在 X 上连续的充分必要条件是 f 的零空间 $N(f) = \{x \in X \mid f(x) = 0\}$ 为 X 的闭线性子空间.

证明 $\Rightarrow$) 设 f 连续. 因为 $\{0\}$ 为 $\mathbb{K}$ 中的闭集, 故由 f 的连续性可知闭集的原像是闭集, 所以 $N(f) = f^{-1}(0)$ 是闭集.

$\Leftarrow$) 设 $N(f)$ 为闭集. 反设 f 不在 X 上连续, 则 f 不是有界线性泛函. 故对任意 $n \in \mathbb{N}$, 存在 $x_n \in X$, 使得

$$|f(x_n)| > n\|x_n\|.$$

故 $x_n \neq \theta$.

考察点列

$$z_n = \frac{x_1}{f(x_1)} - \frac{x_n}{f(x_n)}.$$

则 $\{z_n\} \subset N(f)$. 因为

$$\left\| \frac{x_n}{f(x_n)} \right\| = \frac{\|x_n\|}{|f(x_n)|} < \frac{1}{n} \to 0 \quad (n \to \infty).$$

所以

$$z_n \to \frac{x_1}{f(x_1)} \quad (n \to \infty).$$

但

$$f\left(\frac{x_1}{f(x_1)}\right) = 1.$$

因此

$$\frac{x_1}{f(x_1)} \notin N(f),$$

这与 $N(f)$ 的闭性矛盾. 故假设错误, 所以 f 连续. □

2.1.3　有界线性算子的范数

设 $T: X \to Y$ 为有界线性算子, 即对任意 $x \in X$, 存在 $M \geqslant 0$ 使得

$$\|Tx\| \leqslant M\|x\|. \tag{2.1.1}$$

所以, 当 $x \neq \theta$ 时, 有

$$\frac{\|Tx\|}{\|x\|} \leqslant M.$$

于是 $\left\{\frac{\|Tx\|}{\|x\|} | x \neq \theta\right\}$ 有上界 M, 其上确界是使得 (2.1.1) 式成立的最小的 M, 称为算子 T 的范数. 因此可引入如下概念.

定义 2.1.3　设 $T: X \to Y$ 为有界线性算子. 则称

$$\|T\| = \sup_{x \neq \theta} \frac{\|Tx\|}{\|x\|}$$

为算子 T 的范数.

由 $\|T\|$ 的定义, 有

$$\frac{\|Tx\|}{\|x\|} \leqslant \|T\|,$$

所以

$$\|Tx\| \leqslant \|T\|\|x\|, \quad x \in X. \tag{2.1.2}$$

由定义 2.1.3, 易得如下结论.

定理 2.1.5 设 $T: X \to Y$ 为有界线性算子, 则

$$\|T\| = \sup_{x \neq \theta} \frac{\|Tx\|}{\|x\|} = \sup_{\|x\| \leqslant 1} \|Tx\| = \sup_{\|x\|=1} \|Tx\|. \tag{2.1.3}$$

证明 当 $\|x\| \leqslant 1$ 时, 由 (2.1.2) 式可得 $\|Tx\| \leqslant \|T\|$. 因此

$$\|T\| \geqslant \sup_{\|x\| \leqslant 1} \|Tx\| \geqslant \sup_{\|x\|=1} \|Tx\|.$$

另外, 当 $x \neq \theta$ 时, 有

$$\frac{\|Tx\|}{\|x\|} = \left\| T\left(\frac{x}{\|x\|}\right) \right\| \leqslant \sup_{\|x\|=1} \|Tx\|.$$

所以

$$\|T\| \leqslant \sup_{\|x\|=1} \|Tx\|.$$

因此 (2.1.3) 式得证. □

例 2.1.5 设 $K \in C([a,b] \times [a,b])$. 验证从 $C[a,b]$ 映到 $C[a,b]$ 的积分算子

$$(S\varphi)(x) = \int_a^b K(x,y)\varphi(y)dy, \quad \varphi \in C[a,b]$$

为有界线性算子, 并求其范数 $\|S\|$.

证明 对任意 $\varphi \in C[a,b]$, 有

$$\begin{aligned} |(S\varphi)(x)| &\leqslant \int_a^b |K(x,y)||\varphi(y)|dy \\ &\leqslant \int_a^b |K(x,y)|dy\|\varphi\|_C. \end{aligned}$$

所以

$$\|S\varphi\|_C \leqslant \left(\max_{x\in[a,b]}\int_a^b |K(x,y)|dy\right)\|\varphi\|_C.$$

因此, $S: C[a,b] \to C[a,b]$ 有界. 取

$$M = \max_{x\in[a,b]}\int_a^b |K(x,y)|dy.$$

则 $\|S\| \leqslant M$. 下证 $\|S\| = M$.

由连续函数最大值定理, 存在 $x_0 \in [a,b]$, 使得

$$M = \int_a^b |K(x_0,y)|dy.$$

作 $[a,b]$ 上的函数 $\varphi(y) = \operatorname{sgn} K(x_0,y)$, 则 $\varphi(y)$ 为 $[a,b]$ 上的简单函数. 由 Lusin 定理, 存在 $\{\varphi_n\} \subset C[a,b]$ 且 $|\varphi_n(y)| \leqslant 1$, 使得 $\varphi_n(y)$ 在 $[a,b]$ 上几乎处处收敛于 $\varphi(y)$. 从而

$$\|S\| \geqslant \|S\varphi_n\|_C \geqslant (S\varphi_n)(x_0) = \int_a^b K(x_0,y)\varphi_n(y)dy.$$

当 $n \to \infty$ 时, 由 Lebesgue 控制收敛定理,

$$\int_a^b K(x_0,y)\varphi_n(y)dy \to \int_a^b K(x_0,y)\varphi(y)dy = \int_a^b |K(x_0,y)|dy = M.$$

所以, $\|S\| \geqslant M$. 因此可得 $\|S\| = M$, 即

$$\|S\| = \max_{x\in[a,b]}\int_a^b |K(x,y)|dy.$$

□

例 2.1.6　求从 $L[a,b]$ 到 $L[a,b]$ 的积分算子

$$(T\varphi)(t) = \int_a^t \varphi(s)ds, \quad \varphi \in L[a,b]$$

的范数 $\|T\|$.

证明　对任意 $\varphi \in L[a,b]$, 因为

$$|(T\varphi)(t)| \leqslant \int_a^t |\varphi(s)|ds \leqslant \int_a^b |\varphi(s)|ds = \|\varphi\|_1,$$

所以

$$\|T\varphi\|_1 = \int_a^b |(T\varphi)(t)|dt \leqslant (b-a)\|\varphi\|_1,$$

因此, $\|T\| \leqslant b-a$. 让 n 充分大, 使得

$$a + \frac{1}{n} < b.$$

作 φ_n 如下:

$$\varphi_n(t) = \begin{cases} n, & t \in \left[a, a+\dfrac{1}{n}\right], \\ 0, & t \in \left(a+\dfrac{1}{n}, b\right]. \end{cases}$$

则 $\varphi_n \in L[a,b]$ 且 $\|\varphi_n\|_1 = 1$.

$$\begin{aligned} \|T\varphi_n\|_1 &= \int_a^b |(T\varphi_n)(t)|dt \\ &= \int_a^b \left| \int_a^t \varphi_n(s)ds \right| dt \\ &= \int_a^{a+\frac{1}{n}} n(t-a)dt + \int_{a+\frac{1}{n}}^b 1dt \\ &= \frac{1}{2n} + b - a - \frac{1}{n} = b - a - \frac{1}{2n}. \end{aligned}$$

所以

$$\|T\| \geqslant \|T\varphi_n\|_1 = b - a - \frac{1}{2n}.$$

上式中让 $n \to \infty$ 得 $\|T\| \geqslant b-a$. 因此, $\|T\| = b-a$. □

T 也可视为从 $L[a,b]$ 映到 $C[a,b]$, $L^p[a,b]$ 映到 $L^p[a,b]$ 以及 $L^p[a,b]$ 映到 $C[a,b]$ 的算子. 作为不同空间的算子, 其范数也不同.

下面我们举一个无界算子的例子.

例 2.1.7 微分算子

$$(T\varphi)(t) = \frac{d}{dt}\varphi(t), \quad \varphi \in C^1[a,b]$$

是从 $C^1[a,b] \subset C[a,b]$ 到 $C[a,b]$ 中的无界算子.

证明　令

$$\varphi_n(t) = \left(\frac{t-a}{b-a}\right)^n, \quad t \in [a,b],$$

则 $\|\varphi_n\|_C = 1$. 因为

$$T\varphi_n(t) = \frac{n}{b-a}\left(\frac{t-a}{b-a}\right)^{n-1},$$

所以

$$\|T\varphi_n\|_C = \frac{n}{b-a} \to \infty \quad (n \to \infty).$$

所以算子 $T: C^1[a,b] \subset C[a,b] \to C[a,b]$ 无界. □

2.2　有界线性算子空间与共轭空间

2.2.1　有界线性算子空间

有界线性算子也可以看作一个元素, 使其构成一个新的线性空间, 即由全体有界线性算子所构成的空间. 从而从赋范空间的角度来研究线性算子的相关性质.

定义 2.2.1　设 X, Y 为赋范线性空间. 记 $\mathcal{B}(X,Y)$ 为 X 到 Y 有界线性算子的全体. 当 $Y = X$ 时, 简记 $\mathcal{B}(X) = \mathcal{B}(X,Y)$. 在 $\mathcal{B}(X,Y)$ 中定义线性运算, 对任意 $A, B \in \mathcal{B}(X,Y)$, $\alpha \in \mathbb{K}$, 令

$$(A+B)x = Ax + Bx, \quad \forall x \in X,$$

$$(\alpha A)x = \alpha(Ax), \quad \forall x \in X.$$

则容易验证 $A+B, \alpha A \in \mathcal{B}(X,Y)$, 分别称之为 A 与 B 的和及 α 与 A 的数积, 且 $\mathcal{B}(X,Y)$ 按这样的加法和数乘运算构成线性空间.

下面证明 $\mathcal{B}(X,Y)$ 按有界线性算子的范数 $\|\cdot\|$ 构成赋范线性空间. 设 $A, B \in \mathcal{B}(X,Y)$, $\alpha \in \mathbb{K}$, 对 $\forall x \in X$, 有

$$\|(A+B)x\| = \|Ax + Bx\| \leqslant (\|A\| + \|B\|)\|x\|.$$

所以, $A+B \in \mathcal{B}(X,Y)$, 且 $\|A+B\| \leqslant \|A\| + \|B\|$. 显然, $\alpha A \in \mathcal{B}(X,Y)$, 且

$$\|\alpha A\| = \sup_{\|x\|=1} \|\alpha Ax\| = |\alpha| \sup_{\|x\|=1} \|Ax\| = |\alpha|\|A\|.$$

易证 $\|A\| \geqslant 0$. 当 $\|A\| = 0$ 时, 对任意 $x \in X$, $\|Ax\| = 0$. 从而 $A = \theta$. 因此, $\mathcal{B}(X,Y)$ 中算子范数满足范数公理: (i) 正定性; (ii) 正齐性; (iii) 三角不等式. 故有如下定理.

定理 2.2.1 设 X, Y 为赋范线性空间, 则 $\mathcal{B}(X,Y)$ 按通常线性算子的运算及有界线性算子的范数构成赋范线性空间.

以后, 总是把 $\mathcal{B}(X,Y)$ 看作上述赋范线性空间. 当 Y 为 Banach 空间时, $\mathcal{B}(X,Y)$ 也为 Banach 空间.

定理 2.2.2 设 X 为赋范线性空间, Y 为 Banach 空间, 则 $\mathcal{B}(X,Y)$ 为 Banach 空间.

证明 设 $\{T_n\} \subset \mathcal{B}(X,Y)$ 为 Cauchy 列. 由 Cauchy 列的定义, 对任意 $\epsilon > 0$, 存在正整数 $N = N(\epsilon)$, 当 $m > n \geqslant N$ 时, 有

$$\|T_m - T_n\| < \epsilon.$$

因此, 对任意 $x \in X$, 当 $m > n \geqslant N$ 时, 有

$$\|T_m x - T_n x\| = \|(T_m - T_n)x\| \leqslant \|T_m - T_n\|\|x\| < \epsilon\|x\|. \tag{2.2.1}$$

所以 $\{T_n x\}$ 为 Y 中的 Cauchy 列, 则其必收敛. 设

$$\lim_{n\to\infty} T_n x = Tx.$$

则由线性运算的连续性可知 $T : X \to Y$ 为线性算子. 在 (2.2.1) 式中让 $m \to \infty$, 则当 $n \geqslant N$ 时, 有

$$\|(T_n - T)x\| < \epsilon\|x\|. \tag{2.2.2}$$

所以 $T_n - T \in \mathcal{B}(X,Y)$. 从而 $T = T_n - (T_n - T) \in \mathcal{B}(X,Y)$, 且由 (2.2.2) 式知当 $n \geqslant N$ 时,

$$\|T_n - T\| < \epsilon.$$

因此在 $\mathcal{B}(X,Y)$ 中 $T_n \to T$ $(n \to \infty)$, 即 $\mathcal{B}(X,Y)$ 中任意 Cauchy 列收敛. 故 $\mathcal{B}(X,Y)$ 完备, 为 Banach 空间. □

设 X, Y, Z 为赋范线性空间, $A \in \mathcal{B}(X,Y)$, $B \in \mathcal{B}(Y,Z)$. 定义 BA 为 B 与 A 的复合:

$$(BA)x = B(Ax), \quad \forall x \in X,$$

则 BA 为 X 到 Z 的线性算子. 对任意 $x \in X$, 有

$$\|(BA)x\| = \|B(Ax)\| \leqslant \|B\|\|Ax\| \leqslant \|B\|\|A\|\|x\|.$$

所以 $BA \in \mathcal{B}(X,Z)$ 且 $\|BA\| \leqslant \|B\|\|A\|$.

特别地, 当 $A, B \in \mathcal{B}(X)$ 时, $AB \in \mathcal{B}(X), BA \in \mathcal{B}(X)$ 且 $\|BA\| \leqslant \|B\|\|A\|$. 因此赋范线性空间 $\mathcal{B}(X)$ 中不仅有加法和数乘的线性运算, 还有乘法运算. 乘法

运算与加法及数乘运算满足结合律和分配律且 $\|BA\| \leqslant \|B\|\|A\|$. 更一般地, 有如下定义.

定义 2.2.2　设 X 为赋范线性空间. 若定义了 X 中元素之间的乘法运算, 使之与加法及数乘运算满足结合律和分配律, 且

$$\|x \cdot y\| \leqslant \|x\|\|y\|, \quad \forall x, y \in X,$$

则称 X 为赋范代数. 完备的赋范代数称为 Banach 代数.

定理 2.2.3　设 X 为赋范线性空间, 则 $\mathcal{B}(X)$ 按算子的线性运算及乘积运算构成赋范代数. 当 X 为 Banach 空间时, $\mathcal{B}(X)$ 为 Banach 代数.

2.2.2　共轭空间及其表示

定义 2.2.3　设 X 为赋范线性空间, X^* 表示 X 上的连续线性泛函全体所成的集合, 即

$$X^* = \mathcal{B}(X, \mathbb{K}).$$

则 X^* 按通常的线性运算与范数构成赋范线性空间, 称为 X 的共轭空间.

由定理 2.2.2, 有如下定理.

定理　2.2.4　任意赋范线性空间 X 的共轭空间 X^* 总是完备的, 即为 Banach 空间.

把一些具体空间上的连续线性泛函的一般形式表示出来, 在泛函分析理论的应用中是非常有用的. 下面给出一些常用空间上连续线性泛函的一般形式. 先引入两个赋范线性空间同构的概念.

定义 2.2.4　设 X, Y 为赋范线性空间. 若存在 1-1 的有界线性算子 $T : X \to Y$, 使得

$$\|Tx\| = \|x\|, \quad \forall x \in X,$$

则称 X 与 Y 线性保范同构, 记为 $X \cong Y$.

线性保范同构映射保持线性运算与范数不变. 故若 X 与 Y 同构, 则它们有完全相同的线性结构与范数结构. 因此就可以把 X 与 Y 看成同一个空间而不加区别 (除了元素与记号不同外, 其他属性均相同). 在泛函分析中, 常常把两个同构的空间同一化, 这是泛函分析中的一个基本手段. 一般地, 一个抽象空间 X, 若能与一个我们熟知的空间 Y 同构, 则称这个熟知的 Y 为 X 的表示. X 上连续线性泛函的表示, 就是研究 X^* 如何与具体空间实现同构. 以下给出一些常见空间的共轭空间.

例 2.2.1　$\mathbb{R}^n$ 的共轭空间 $(\mathbb{R}^n)^*$ 是 $\mathbb{R}^n$.

证明 设 $f \in (\mathbb{R}^n)^*$, $\{e_1, e_2, \cdots, e_n\}$ 为 $\mathbb{R}^n$ 中的标准正交基, 其中 $e_k = (0, 0, \cdots, 0, 1, 0, \cdots, 0)$, $k = 1, 2, \cdots, n$. 对任意 $x = (x_1, \cdots, x_n) \in \mathbb{R}^n$ 且

$$x = \sum_{k=1}^{n} x_k e_k,$$

有

$$f(x) = \sum_{k=1}^{n} x_k f(e_k).$$

令 $\alpha_f = (f(e_1), f(e_2), \cdots, f(e_n)) \in \mathbb{R}^n$, 则

$$f(x) = x\alpha_f, \tag{2.2.3}$$

且有

$$|f(x)| \leqslant \|\alpha_f\| \|x\|.$$

所以 $\|f\| \leqslant \|\alpha_f\|$. 又因为

$$f(\alpha_f) = \alpha_f \alpha_f = \|\alpha_f\|^2,$$

所以

$$\|f\| \geqslant \frac{|f(\alpha_f)|}{\|\alpha_f\|} = \|\alpha_f\| \quad (\alpha_f \neq \theta).$$

于是 $\|f\| = \|\alpha_f\|$.

作 $(\mathbb{R}^n)^*$ 到 $\mathbb{R}^n$ 的映射 T 如下:

$$T : f \mapsto \alpha_f,$$

则 T 是线性保范映射. 对任意 $x \in \mathbb{R}^n$, 由 (2.2.3) 式定义了 $\mathbb{R}^n$ 上的连续线性泛函 f. 所以, $T : (\mathbb{R}^n)^* \to \mathbb{R}^n$ 为线性保范同构. □

例 2.2.2 l^1 的共轭空间 $(l^1)^*$ 是 l^∞.

证明 记 $e_n = (0, \cdots, 0, 1, 0, \cdots)$, $n = 1, 2, \cdots$. 设 $f \in (l^1)^*$. 对任意 $x = (x_1, \cdots, x_n, \cdots) \in l^1$, 则

$$\sum_{k=1}^{n} x_k e_k \to x, \quad n \to \infty.$$

由 f 的连续性和线性性可知

$$f(x) = \lim_{n\to\infty} f\left(\sum_{k=1}^{n} x_k e_k\right)$$

$$= \lim_{n\to\infty}\sum_{k=1}^{n} x_k f(e_k) = \sum_{n=1}^{\infty} x_n f(e_n). \tag{2.2.4}$$

令 $\eta_n = f(e_n)$, $n = 1, 2, \cdots$, 则

$$|\eta_n| \leqslant \|f\|\|e_n\|_1 = \|f\|.$$

所以 $\eta = (\eta_1, \eta_2, \cdots, \eta_n, \cdots) \in l^\infty$ 且

$$\|\eta\|_\infty \leqslant \|f\|. \tag{2.2.5}$$

由 (2.2.4) 式, f 可表示为

$$f(x) = \sum_{n=1}^{\infty} \eta_n x_n. \tag{2.2.6}$$

所以, 对任意 $x = (x_1, \cdots, x_n, \cdots) \in l^1$, 有

$$|f(x)| \leqslant \|\eta\|_\infty \sum_{n=1}^{\infty} |x_n| = \|\eta\|_\infty \|x\|_1.$$

因此

$$\|f\| \leqslant \|\eta\|_\infty. \tag{2.2.7}$$

由 (2.2.5) 式及 (2.2.7) 式可得

$$\|f\| = \|\eta\|_\infty.$$

反之, 对任意 $\eta = (\eta_1, \eta_2, \cdots, \eta_n, \cdots) \in l^\infty$, 由 (2.2.6) 式定义了 l^1 上的连续线性泛函. 若将 l^1 上的每个连续线性泛函 f, 通过 (2.2.6) 式与 $\eta = (\eta_1, \eta_2, \cdots, \eta_n, \cdots) \in l^\infty$ 对应, 即 $U : f \to \eta = (f(e_1), f(e_2), \cdots, f(e_n), \cdots)$, 则 U 为 $(l^1)^*$ 到 l^∞ 的同构映射. 因此把 $(l^1)^*$ 与 l^∞ 同一化, 说 l^1 的共轭空间 $(l^1)^*$ 是 l^∞. □

一般地, 有如下定理.

定理 2.2.5　l^1 的共轭空间 $(l^1)^*$ 是 l^∞. 即对任意 $f \in (l^1)^*$, 存在唯一 $\eta = (\eta_1, \eta_2, \cdots, \eta_n, \cdots) \in l^\infty$, 使得 f 可表示为 (2.2.6) 的形式, 且 $\|f\| = \|\eta\|_\infty$.

定理 2.2.6　设 $1 < p < +\infty$, 则 l^p 的共轭空间 $(l^p)^*$ 是 l^q, 其中 $\dfrac{1}{p} + \dfrac{1}{q} = 1$. 即对任意 $f \in (l^p)^*$, 存在唯一 $\eta = (\eta_1, \eta_2, \cdots, \eta_n, \cdots) \in l^q$, 使得

$$f(x) = \sum_{k=1}^{\infty} \eta_k x_k, \quad x = (x_1, x_2, \cdots, x_k, \cdots) \in l^p, \tag{2.2.8}$$

且 $\|f\| = \|\eta\|_q$.

证明 设 $f \in (l^p)^*$. 令 $\eta_k = f(e_k), k = 1, 2, \cdots$. 先证 $\eta = (\eta_1, \eta_2, \cdots \eta_k, \cdots) \in l^q$. 考察

$$\begin{aligned} x^{(n)} &= (|\eta_1|^{q-1}\text{sgn } \eta_1, |\eta_2|^{q-1}\text{sgn } \eta_2, \cdots, |\eta_n|^{q-1}\text{sgn } \eta_n, 0, \cdots) \\ &= \sum_{k=1}^{n} (|\eta_k|^{q-1}\text{sgn } \eta_k)e_k \in l^p. \end{aligned}$$

由 f 的线性性, 有

$$f(x^{(n)}) = f\left(\sum_{k=1}^{n} (|\eta_k|^{q-1}\text{sgn } \eta_k)e_k\right) = \sum_{k=1}^{n} |\eta_k|^q.$$

从而

$$|f(x^{(n)})| \leqslant \|f\|\|x^{(n)}\|_p = \|f\| \left(\sum_{k=1}^{n} |\eta_k|^{(q-1)p}\right)^{\frac{1}{p}} = \|f\| \left(\sum_{k=1}^{n} |\eta_k|^q\right)^{\frac{1}{p}}.$$

所以

$$\left(\sum_{k=1}^{n} |\eta_k|^q\right)^{\frac{1}{q}} \leqslant \|f\|.$$

因此, $\eta \in l^q$ 且 $\|\eta\|_q \leqslant \|f\|$.

此时, 对任意的 $x = (x_1, x_2, \cdots x_n, \cdots) \in l^p$, 由 Hölder 不等式可得

$$\sum_{k=1}^{\infty} |\eta_k x_k| \leqslant \left(\sum_{k=1}^{\infty} |\eta_k|^q\right)^{\frac{1}{q}} \left(\sum_{k=1}^{\infty} |x_k|^p\right)^{\frac{1}{p}} = \|\eta\|_q \|x\|_p.$$

因此, $\sum\limits_{k=1}^{\infty} \eta_k x_k$ 是绝对收敛的, 从而由 f 的线性性及

$$x = \lim_{n \to \infty} \sum_{k=1}^{n} x_k e_k$$

可得

$$f(x) = \lim_{n \to \infty} f\left(\sum_{k=1}^{n} x_k e_k\right) = \sum_{k=1}^{\infty} \eta_k x_k.$$

因此

$$|f(x)| \leqslant \sum_{k=1}^{\infty}|\eta_k x_k| \leqslant \left(\sum_{k=1}^{\infty}|\eta_k|^q\right)^{\frac{1}{q}}\left(\sum_{k=1}^{\infty}|x_k|^p\right)^{\frac{1}{p}} = \|\eta\|_q\|x\|_p.$$

所以 $\|f\| \leqslant \|\eta\|_q$. 综上可得 $\|f\| = \|\eta\|_q$. 因此, 对任意 $f \in (l^p)^*$, 存在唯一 $\eta = (\eta_1, \eta_2, \cdots, \eta_k, \cdots) \in l^q$, 使得 (2.2.8) 式成立且 $\|f\| = \|\eta\|_q$. 反之, 对任意 $\eta \in l^q$, (2.2.8) 式确定了 l^p 上的一个连续线性泛函. 所以, $(l^p)^*$ 与 l^q 通过 (2.2.8) 式同构. □

定理 2.2.7 设 $1 \leqslant p < +\infty$, $\dfrac{1}{p} + \dfrac{1}{q} = 1$, 则

$$L^p[a,b]^* = L^q[a,b],$$

即对任意 $f \in L^p[a,b]^*$, 存在唯一 $\psi \in L^q[a,b]$, 使得

$$f(\varphi) = \int_a^b \varphi(t)\psi(t)dt, \quad \forall \varphi \in L^p[a,b], \tag{2.2.9}$$

且 $\|f\| = \|\psi\|_q$.

证明 要证 $L^p[a,b]$ 上任一连续线性泛函都可表示成 (2.2.9) 式的形式, 即要找到 $\psi \in L^q[a,b]$ 使得 (2.2.9) 成立. 为此取

$$A = \left\{ \chi_{[a,t]} \mid \chi_{[a,t]} \text{ 为 } [a,t] \text{ 上的特征函数, } a \leqslant t \leqslant b \right\} \subset L^p[a,b].$$

将 $\chi_{[a,t]}$ 代入 (2.2.9) 式, 有

$$f(\chi_{[a,t]}) = \int_a^t \psi(s)ds. \tag{2.2.10}$$

令 $g(t) = f(\chi_{[a,t]})$, 则 $g(t)$ 在 $[a,b]$ 上有定义. 若能证明 $g(t)$ 绝对连续, 则 $\psi(t) = g'(t)$ 且 (2.2.10) 式成立. 设

$$g(t) = f(\chi_{[a,t]}), \quad t \in [a,b], \quad f \in L^p[a,b]^*.$$

(1) 先证 $g(t)$ 在 $[a,b]$ 上绝对连续. 对任意 $\epsilon > 0$, 设 $\{(a_i,b_i) \mid 1 \leqslant i \leqslant n\}$ 为 $[a,b]$ 中的一组互不相交的开区间. 令

$$\eta_i = \operatorname{sgn}\big(g(b_i) - g(a_i)\big),$$

则

$$\sum_{i=1}^{n}|(g(b_i) - g(a_i))| = \sum_{i=1}^{n}\eta_i\big(g(b_i) - g(a_i)\big) = \sum_{i=1}^{n}\eta_i f\big(\chi_{[a,b_i]} - \chi_{[a,a_i]}\big)$$

$$= f\left(\sum_{i=1}^{n} \eta_i \chi_{[a_i,b_i]}\right) \leqslant \|f\| \left\|\sum_{i=1}^{n} \eta_i \chi_{[a_i,b_i]}\right\|_p$$

$$\leqslant \|f\| \left(\int_{\cup_{i=1}^{n}[a_i,b_i]} 1^p ds\right)^{\frac{1}{p}} = \|f\| \left(\sum_{i=1}^{n}(b_i - a_i)\right)^{\frac{1}{p}} < \epsilon.$$

所以 $g(t)$ 在 $[a,b]$ 上绝对连续. 故 $g(t)$ 在 $[a,b]$ 上几乎处处可导, $g'(t)$ 在 $[a,b]$ 上可积, 且由 Newton-Leibniz (牛顿-莱布尼茨) 公式

$$\int_{t_1}^{t_2} g'(s)ds = g(t_2) - g(t_1), \tag{2.2.11}$$

令 $\psi(t) = g'(t)$ ($g'(t)$ 不存在时, 取 0 值), 则 $\psi \in L[a,b]$, 且由 (2.2.11) 式有

$$f(\chi_{[a,t]}) = \int_a^b \chi_{[a,t]}(s)\psi(s)ds. \tag{2.2.12}$$

记 $A' = \text{span}\{\ \chi_{[a,t]} \mid a \leqslant t \leqslant b\}$. 则由 (2.2.12) 式及 f 的线性性, 对任意 $\varphi \in A'$, (2.2.9) 式成立.

(2) 下面证明对 $[a,b]$ 上的有界可测函数 φ, (2.2.9) 式成立. 设 $|\varphi(t)| \leqslant M$, $M > 0$ 是常数. 用 A' 中的点列逼近 φ. 对任意正整数 n, 由 Lusin 定理, 存在 $V_n \in C[a,b]$ 及闭集 $F_n \subset [a,b]$, 使得

$$m([a,b]\backslash F_n) < \frac{1}{n}.$$

当 $t \in F_n$ 时, 有 $\varphi(t) = V_n(t)$. 则 $|V_n(t)| \leqslant M$, $t \in [a,b]$. 对 $V_n \in C[a,b]$, 可用 $[a,b]$ 上的阶梯函数逼近. 存在 $[a,b]$ 的分划

$$\Delta\colon a = t_0 < t_1 < \cdots < t_n = b.$$

V_n 关于 Δ 对应的阶梯函数为

$$\varphi_n(t) = V_n(t_1)\chi_{[t_0,t_1]} + \sum_{k=2}^{n} V_n(t_k)(\chi_{[a,t_k]} - \chi_{[a,t_{k-1}]}),$$

使得

$$|\varphi_n(t) - V_n(t)| < \frac{1}{n}.$$

下证 φ_n 依测度收敛到 φ. 对 $\sigma>0$, 当 n 充分大使得 $\frac{1}{n}<\sigma$ 时, 有

$$\begin{aligned}|\varphi_n(t)-\varphi(t)|&\leqslant|\varphi_n(t)-V_n(t)|+|V_n(t)-\varphi(t)|\\&<\frac{1}{n}+|V_n(t)-\varphi(t)|<\sigma,\quad\forall t\in F_n.\end{aligned}$$

所以

$$E[|\varphi_n-\varphi|\geqslant\sigma]\subset[a,b]\backslash F_n.$$

从而

$$mE[|\varphi_n-\varphi|\geqslant\sigma]\leqslant m([a,b]\backslash F_n)<\frac{1}{n}\to 0\quad(n\to\infty).$$

因此 φ_n 依测度收敛到 φ. 又因为

$$|\varphi_n(t)|\leqslant\|V_n\|_C\leqslant M,$$

所以

$$f(\varphi_n)=\int_a^b\varphi_n(t)\psi(t)dt.\tag{2.2.13}$$

由 Lebesgue 有界收敛定理, φ_n 在 $L^p[a,b]$ 上收敛于 φ. 所以

$$\int_a^b\varphi_n(t)\psi(t)dt\to\int_a^b\varphi(t)\psi(t)dt\quad(n\to\infty).$$

在 (2.2.13) 式中, 让 $n\to\infty$, 由 f 的连续性, 有

$$f(\varphi)=\int_a^b\varphi(t)\psi(t)dt.$$

(3) 现在证明 $\psi\in L^q[a,b]$. 当 $p=1$ 时, $q=+\infty$. 此时对任意 $a\leqslant t_1<t_2\leqslant b$, 有

$$|g(t_2)-g(t_1)|=|f(\chi_{[t_1,t_2]})|\leqslant\|f\|\|\chi_{[t_1,t_2]}\|_1=\|f\|(t_2-t_1).$$

当 g 在 t_1 点可导时,

$$|g'(t_1)|\leqslant\|f\|.$$

所以

$$|\psi(t)|\leqslant\|f\|.$$

故 $\psi \in L^{\infty}[a,b]$. 当 $p>1$ 时, 对任意的正整数 n, 作有界可测函数

$$h_n(t)=\begin{cases} |\psi(t)|^{q-1}\text{sgn }\psi(t), & |\psi(t)|^q<n, \\ n|\psi(t)|^{-1}\text{sgn }\psi(t), & |\psi(t)|^q \geqslant n. \end{cases}$$

则 $h_n(t)$ 为有界可测函数, 由情形 (2) 有

$$f(h_n)=\int_a^b h_n(t)\psi(t)dt=\int_a^b [|\psi(t)|^q]_n dt,$$

其中 $[|\psi(t)|^q]_n=\begin{cases} |\psi(t)|^q, & |\psi(t)|^q<n, \\ n, & |\psi(t)|^q\geqslant n. \end{cases}$

从而

$$|f(h_n)|\leqslant \|f\|\|h_n\|_p\leqslant \|f\|\left(\int_a^b [|\psi(t)|^q]_n dt\right)^{\frac{1}{p}}.$$

所以

$$\int_a^b [|\psi(t)|^q]_n dt\leqslant \|f\|^q$$

且

$$\int_a^b |\psi(t)|^q dt\leqslant \|f\|^q.$$

所以 $\psi \in L^q[a,b]$ 且

$$\|\psi\|_q\leqslant \|f\|. \tag{2.2.14}$$

(4) 最后证明对任意 $\varphi\in L^p[a,b]$, (2.2.9) 式成立. 由 $B_p[a,b]$ 在 $L^p[a,b]$ 中的稠密性, 存在 $[a,b]$ 上一列有界可测函数 $\{\varphi_n(t)\}$, 使得 $\varphi_n \xrightarrow{\|\cdot\|_p} \varphi\ (n\to\infty)$. 因此, 当 $n\to\infty$ 时, 有

$$\left|\int_a^b \varphi_n(t)\psi(t)dt-\int_a^b \varphi(t)\psi(t)dt\right|$$
$$\leqslant \int_a^b |\varphi_n-\varphi||\psi|dt\leqslant \|\varphi_n-\varphi\|_p\|\psi\|_q\to 0.$$

在

$$f(\varphi_n)=\int_a^b \varphi_n(t)\psi(t)dt$$

中令 $n \to \infty$, 结合 f 的连续性可得

$$f(\varphi) = \int_a^b \varphi(t)\psi(t)dt.$$

由 Hölder 不等式, 有

$$|f(\varphi)| = \left|\int_a^b \varphi(t)\psi(t)dt\right| \leqslant \|\varphi\|_p\|\psi\|_q.$$

所以 $\|f\| \leqslant \|\psi\|_q$, 结合 (2.2.14) 式可得

$$\|f\| = \|\psi\|_q.$$

综合上述 (1), (2), (3), (4), 证得此定理成立. □

推论 2.2.1　当 $p = +\infty$ 时, 定理 2.2.7 的结论不成立, 即 $L^\infty[a,b]$ 的共轭空间不是 $L^1[a,b]$.

推论 2.2.2　对可测的 $E \subset \mathbb{R}^n$, 有与定理 2.2.7 对应的结论. 设 $1 \leqslant p < +\infty$, $\dfrac{1}{p} + \dfrac{1}{q} = 1$. 则 $L^p(E)$ 的共轭空间 $L^p(E)^*$ 是 $L^q(E)$. 即对任意 $f \in L^p(E)^*$, 存在唯一 $\psi \in L^q(E)$, 使得

$$f(\varphi) = \int_E \varphi(x)\psi(x)dx.$$

2.3　连续线性泛函的延拓

设 X 为赋范线性空间, G 为 X 的线性子空间. f 为定义于 G 上的连续线性泛函, 那么是否有定义于整个空间 X 上的连续线性泛函 F 满足

(1) 当 $x \in G$ 时, $F(x) = f(x)$;

(2) $\|F\| = \|f\|_G$.

满足这样条件的泛函称为 f 的保范延拓. 下面的定理说明这样的泛函 F 的确存在.

定理 2.3.1 (Hahn-Banach (哈恩-巴拿赫) 延拓定理, 1927)　设 X 为赋范线性空间, G 为 X 的线性子空间, f 为 G 上的连续线性泛函. 则存在 X 上的线性连续泛函 F, 使得

(i) 当 $x \in G$ 时, $F(x) = f(x)$;

(ii) $\|F\| = \|f\|_G$.

我们先证明一个简单情形, 即 X 比 G 高一维的情形.

引理 2.3.1 设 X 为实赋范线性空间, A 为 X 的线性子空间, f 为定义于 A 上的实连续线性泛函. 对任意 $x_0 \in X \setminus A$, 令 $A_1 = \mathrm{span}\{A, x_0\} = \{tx_0 + x \mid x \in A, t \in \mathbb{R}\}$. 则 f 可保范地延拓为 A_1 上的实连续线性泛函 g, 即

(i) 当 $x \in A$ 时, $g(x) = f(x)$;

(ii) $\|g\|_{A_1} = \|f\|_A$.

证明 A_1 中的元素 y 可唯一地表示为 $y = x + tx_0$, 其中, $x \in A$, $t \in \mathbb{R}$. 若 y 又可表示为 $y = x' + t'x_0$, 其中 $x' \in A$, $t' \in \mathbb{R}$. 如果 $t \neq t'$, 则由 $x + tx_0 = x' + t'x_0$, 得 $x_0 = \dfrac{1}{t - t'}(x' - x) \in A$. 这与 $x_0 \notin A$ 矛盾. 故 $t = t'$, $x = x'$, 即表示唯一.

现在我们分析 f 在 A_1 上延拓的形成. 若线性泛函 g 是 f 在 A_1 上的延拓, 则当 $x \in A$ 时,

$$g(x + tx_0) = f(x) + tg(x_0).$$

取 $c \in \mathbb{R}$, 定义 A_1 上的泛函 g:

$$g(x + tx_0) = f(x) + tc, \quad x \in A, \quad t \in \mathbb{R}. \tag{2.3.1}$$

由 A_1 中的元素分解的唯一性可知 g 在 A_1 上有定义. 易验证这样定义的 g 为 A_1 上的线性泛函且 (i) 成立. 现在我们选适当的 c, 使得

$$|f(x) + tc| \leqslant \|f\|_A \|x + tx_0\|, \quad x \in A, \quad t \in \mathbb{R}. \tag{2.3.2}$$

这只需证明

$$f(x) + tc \leqslant \|f\|_A \|x + tx_0\|, \quad x \in A, \quad t \in \mathbb{R}. \tag{2.3.3}$$

因为在 (2.3.3) 式中用 $-x$, $-t$ 代替 x, t 得

$$f(x) + tc \geqslant -\|f\|_A \|x + tx_0\|, \tag{2.3.4}$$

所以由 (2.3.3) 式和 (2.3.4) 式可得 (2.3.2) 式.

下面讨论如何通过选取恰当的 c, 使得 (2.3.3) 式成立. 当 $t = 0$ 时, (2.3.3) 式对一切 c 都成立. 当 $t > 0$ 时, 令 $u = \dfrac{1}{t}x$, 由 (2.3.3) 式得

$$c \leqslant \|f\|_A \|u + x_0\| - f(u), \quad u \in A. \tag{2.3.5}$$

当 $t < 0$ 时, 令 $u' = -\dfrac{1}{t}x$, 由 (2.3.3) 式得

$$c \geqslant f(u') - \|f\|_A \|u' - x_0\|, \quad u' \in A. \tag{2.3.6}$$

因此只要选 c, 使得 (2.3.5) 式与 (2.3.6) 式同时成立, 则 (2.3.3) 式成立.

下面证明可以取到使 (2.3.5) 式与 (2.3.6) 式同时成立的 c. 对任意 u, $u' \in A$, 有

$$\begin{aligned}f(u)+f(u') = f(u+u') &\leqslant |f(u+u')| \\ &\leqslant \|f\|_A\|u+u'\| \\ &\leqslant \|f\|_A(\|u+x_0\|+\|u'-x_0\|).\end{aligned}$$

所以

$$f(u') - \|f\|_A\|u'-x_0\| \leqslant \|f\|_A\|u+x_0\| - f(u). \tag{2.3.7}$$

令

$$m(x_0) = \sup_{u'\in A}\left\{f(u') - \|f\|_A\|u'-x_0\|\right\},$$

$$M(x_0) = \inf_{u\in A}\left\{\|f\|_A\|u+x_0\| - f(u)\right\}.$$

则由 (2.3.7) 式得 $m(x_0) \leqslant M(x_0)$. 故可取 c, 使得

$$m(x_0) \leqslant c \leqslant M(x_0).$$

对这样的 c, (2.3.5) 式与 (2.3.6) 式均成立, 从而 (2.3.3) 式成立. 故 g 为 A_1 上的连续线性泛函, 且 $\|g\|_{A_1} \leqslant \|f\|_A$. 又因为线性泛函延拓时范数不会减少, 即 $\|g\|_{A_1} \geqslant \|f\|_A$. 综合得 $\|g\|_{A_1} = \|f\|_A$. □

注 2.3.1 当 $m(x_0) = M(x_0)$ 时, c 仅可取一个值, 此时保范延拓唯一; 当 $m(x_0) < M(x_0)$ 时, c 可取无穷多个值, 此时保范延拓 g 有无穷多个. 因此一般来说, f 的延拓不唯一.

定理 2.3.1 的严格论证要用超限归纳法, 即 Zorn 引理. 为此我们先介绍半序集的概念.

定义 2.3.1 设 $M \neq \varnothing$. 若 M 中有二元关系 "$\leqslant$" 满足

(1) **自反性** 对任意 $x \in M$, 有 $x \leqslant x$;

(2) **传递性** 对任意 $x, y, z \in M$, 若 $x \leqslant y$, $y \leqslant z$, 则 $x \leqslant z$;

(3) **反对称性** 对任意 $x, y \in M$, 若 $x \leqslant y$, $y \leqslant x$, 则 $x = y$,

则称 "$\leqslant$" 为 M 的半序, 称 M 按二元关系 "$\leqslant$" 构成半序集.

M 的极大元 a 是指在 M 中没有比 a 更大的元素; M 的极小元 b 是指在 M 中没有比 b 更小的元素.

例 2.3.1 基本集 S 的一些子集作成的集合记为 M, 按集合的包含关系构成半序集. 令半序集 M 如下:

$$M = \{\{1\}, \{2\}, \{3\}, \{1,3\}, \{2,3\}\}.$$

则 $\{1,3\}, \{2,3\}$ 为 M 中的极大元, $\{1\}, \{2\}, \{3\}$ 为 M 中的极小元.

设 A 为 M 中的非空子集, $x \in M$ 称为 A 中的上 (下) 界, 是指 x 比 A 中的每个元素都大 (小). M 的全序子集 A 是指 A 中的任意两个元素均有序关系.

引理 2.3.2 (Zorn 引理) 设 M 为半序集. 若 M 的每个全序子集均有上界, 则 M 必有极大元.

引理 2.3.3 (Zermelo (策梅洛) 选择公理) 设 $S = \{M\}$ 为一族互不相交的非空集. 则存在集 L, 满足

(1) $L \subset \bigcup\limits_{M \in S} M$;

(2) L 与 S 中的每个 M 有唯一公共元素.

对任意 $M \in S$, 取 $x_M \in M$, 让 $L = \{x_M \mid M \in S\}$ 即可.

下面我们证明定理 2.3.1.

定理 2.3.1 的证明 首先考虑 X 为实线性空间的情形. 设

$$\mathscr{F} = \{g \mid g : D(g) \subset X \to X\}$$

为 f 保范延拓的连续线性泛函的全体. 则 $\mathscr{F} \neq \varnothing$ 且满足

(i) $D(g)$ 为 X 的线性子空间;

(ii) g 为 f 的延拓, 即 $D(g) \supset G$, 且当 $x \in G$ 时 $g(x) = f(x)$;

(iii) g 连续, 且 $\|g\|_{D(g)} = \|f\|_G$.

在 $\mathscr{F}$ 中定义序关系如下:

$$g_1 < g_2 \Longleftrightarrow D(g_1) \subset D(g_2), \quad g_2 \text{ 为 } g_1 \text{ 的延拓}.$$

则 $\mathscr{F}$ 按 “ $<$ ” 成半序集. 下面用 Zorn 引理证明 $\mathscr{F}$ 有极大元.

设 $\mathscr{A}$ 为 $\mathscr{F}$ 的非空全序子集, 我们证明 $\mathscr{A}$ 有上界. 构造 $h \in \mathscr{F}$ 如下:

$$D(h) = \bigcup_{g \in \mathscr{A}} D(g).$$

对任意 $x \in D(h)$, 存在 $g \in \mathscr{A}$, 使得 $x \in D(g)$. 令 $h(x) = g(x)$. 下证 h 为 $\mathscr{A}$ 的上界.

(1) 首先说明 h 有定义. 对任意 $x \in D(h)$, 若有两个 g_1, $g_2 \in \mathscr{A}$, 使得 $x \in D(g_i)$, $g_i \in \mathscr{A} (i = 1, 2)$, 则 g_1 与 g_2 有序关系, 不妨设 $g_1 < g_2$, 那么有 $x \in$

$D(g_1) \subset D(g_2)$. 所以, $g_1(x) = g_2(x)$. 故 $h(x)$ 与定义域含 x 的 $g \in \mathscr{A}$ 的选择无关.

(2) 证明 h 为线性泛函. 对任意 $x_1, x_2 \in D(h)$, 存在 $g_1 \in \mathscr{A}$, 使得 $x_1 \in D(g_1)$; 存在 $g_2 \in \mathscr{A}$, 使得 $x_2 \in D(g_2)$. 不妨设 $g_1 < g_2$, 则

$$D(g_1) \subset D(g_2),$$

这时 $x_1, x_2 \in D(g_2)$, 故对任意 $\alpha,\ \beta \in \mathbb{R}$, 有

$$\alpha x_1 + \beta x_2 \in D(g_2) \subset D(h).$$

所以, $D(h)$ 为线性空间. 按 h 的定义, 有

$$h(\alpha x_1 + \beta x_2) = g_2(\alpha x_1 + \beta x_2) = \alpha g_2(x_1) + \beta g_2(x_2) = \alpha h(x_1) + \beta h(x_2).$$

所以, h 为 $D(h)$ 上的线性泛函.

(3) 证明 $h \in \mathscr{F}$. 当 $x \in G$ 时, 对任意 $g \in \mathscr{A}$, 有 $g(x) = f(x)$, 自然 $h(x) = f(x)$. 又若 $x \in D(h)$, 则存在 $g \in \mathscr{A}$, 使得 $x \in D(g)$. 所以

$$|h(x)| = |g(x)| \leqslant \|g\|_{D(g)}\|x\| = \|f\|_G\|x\|.$$

所以 h 有界, 且 $\|h\| \leqslant \|f\|_G$. 又因延拓范数不减, 即 $\|h\| \geqslant \|f\|_G$. 因此, $\|h\| = \|f\|_G$, 从而 $h \in \mathscr{F}$. 由 h 的定义, 对任意 $g \in \mathscr{A}$, 当 $x \in D(g)$ 时, $h(x) = g(x)$. 因此 $g < h$. 所以, $h \in \mathscr{F}$ 为 $\mathscr{A}$ 的上界.

由 Zorn 引理, $\mathscr{F}$ 有极大元 F, 下证 $D(F) = X$. 反设不然, 可设 $x_0 \in X \backslash D(F)$. 由引理 2.3.1, F 可延拓为 $G_1 = \operatorname{span}\{D(F), x_0\}$ 上的连续线性泛函 F_1 且有

$$F_1 \neq F, \quad F < F_1.$$

这与 F 极大元的定义矛盾! 故 $D(F) = X$. 因此 F 为 f 在 X 上的保范延拓.

再证 X 为复空间的情形. 设 f 为 G 上的复线性泛函. 则

$$f_1(x) = \mathrm{Re} f(x) = \frac{f(x) + \bar{f}(x)}{2}, \quad f_2(x) = \mathrm{Im} f(x) = \frac{f(x) - \bar{f}(x)}{2\mathrm{i}}$$

分别为 f 的实部与虚部, 且 $f(x) = f_1(x) + \mathrm{i} f_2(x)$, 其中 f_1 与 f_2 皆为 G 上的实线性泛函. 因为

$$\mathrm{i}(f_1(x) + \mathrm{i} f_2(x)) = \mathrm{i} f(x) = f(\mathrm{i}x) = f_1(\mathrm{i}x) + \mathrm{i} f_2(\mathrm{i}x) = -f_2(x) + \mathrm{i} f_1(x),$$

比较实部有

$$f_2(x) = -f_1(\mathrm{i}x),$$

于是

$$f(x) = f_1(x) - \mathrm{i}f_1(\mathrm{i}x), \quad x \in G.$$

因此 f 完全由其实部确立, 而 $f_1(x)$ 为 G 上的实线性泛函. 又因为

$$|f_1(x)| = |\mathrm{Re}f(x)| \leqslant |f(x)| \leqslant \|f\|_G\|x\|, \quad x \in G,$$

所以 $f_1(x)$ 为 G 上的实连续线性泛函, 且 $\|f_1\|_G \leqslant \|f\|_G$. 由前面的结论, f_1 可保范地延拓为 X 上的实连续线性泛函 $F_1(x)$ 且

$$\|F_1\| = \|f_1\|_G \leqslant \|f\|_G.$$

定义 X 上的复泛函:

$$F(x) = F_1(x) - \mathrm{i}F_1(\mathrm{i}x), \quad x \in X.$$

则当 $x \in G$ 时, 有

$$F(x) = F_1(x) - \mathrm{i}F_1(\mathrm{i}x) = f_1(x) - \mathrm{i}f_1(\mathrm{i}x),$$

故 F 为 f 的延拓. 下面验证 $F(x)$ 为 X 上的线性泛函. 显然, F 具有可加性和实齐次性. 对任意 $\alpha = a + b\mathrm{i} \in \mathbb{C}$ $(a, b \in \mathbb{R})$, 有

$$\begin{aligned} F(\alpha x) &= F(ax + \mathrm{i}bx) \\ &= F(ax) + F(\mathrm{i}bx) = aF(x) + bF(\mathrm{i}x) \\ &= aF(x) + \mathrm{i}bF(x) = (a + \mathrm{i}b)F(x) = \alpha F(x). \end{aligned}$$

所以 F 是 X 上的复线性泛函. 对任意 $x \in X$, 令

$$F(x) = |F(x)|\mathrm{e}^{\mathrm{i}\theta}, \quad \theta = \arg F(x).$$

所以

$$\begin{aligned} |F(x)| &= F(x)e^{-\mathrm{i}\theta} = F(xe^{-\mathrm{i}\theta}) \\ &= F_1(xe^{-\mathrm{i}\theta}) = |F_1(xe^{-\mathrm{i}\theta})| \\ &\leqslant \|F_1\|\|e^{-\mathrm{i}\theta}x\| \\ &\leqslant \|f\|_G\|x\|. \end{aligned}$$

所以 $\|F\| \leqslant \|f\|_G$. 又因为泛函延拓时范数不减, 即 $\|f\|_G \leqslant \|F\|$. 因此 $\|F\| = \|f\|_G$. □

注意, G 上的连续线性泛函的保范延拓不一定唯一, 有如下反例.

例 2.3.2　$X=\mathbb{R}^2$ 对任意 $x=(x_1,x_2)$ 按 $\|x\|=|x_1|+|x_2|$ 构成赋范线性空间. 令

$$G=\{(x_1,0)\mid x_1\in\mathbb{R}\}.$$

定义 G 上的泛函 f 如下:

$$f(x)=x_1.$$

则对任意 $x\in G$, 有 $|f(x)|=\|x\|$. 所以 $\|f\|=1$. 令

$$F_\alpha(x)=x_1+\alpha x_2.$$

则 F_α 为 f 在 X 上的延拓. 当 $0\leqslant|\alpha|\leqslant 1$ 时, 有

$$|F_\alpha(x)|\leqslant|x_1|+|\alpha||x_2|\leqslant\|x\|.$$

因此 $\|F_\alpha\|\leqslant 1$. 故 F_α 为 f 的保范延拓. 可见, 这样的保范延拓可以有很多.

定理 2.3.1 有重要的应用, 在其基础上发展起了一门新的泛函分支——凸分析与非光滑分析. 下面, 我们给出定理 2.3.1 的几个便于应用的结论.

定理 2.3.2　设 X 是赋范空间, G 为 X 上的线性子空间. 若

$$d_0=d(x_0,G)>0,\quad x_0\in X,$$

则存在 X 上的连续线性泛函 f, 满足

(1) 当 $x\in G$ 时, $f(x)=0$;

(2) $f(x_0)=d(x_0,G)$;

(3) $\|f\|=1$.

证明　令 $G_1=\mathrm{span}\{G,x_0\}$, 则 G_1 中元素 y 可唯一地表示成

$$y=x+tx_0,\quad x\in G,\quad t\in\mathbb{R}.$$

定义 G_1 上的泛函

$$f_1(x+tx_0)=td_0,$$

则 f_1 为 G_1 上的线性泛函, 且满足条件 (1) 和 (2). 当 $t\neq 0$ 时, 有

$$\|x+tx_0\|=|t|\left\|x_0-\left(-\frac{1}{t}x\right)\right\|\geqslant|t|d_0.$$

因此有

$$|f_1(x+tx_0)|=|t|d_0\leqslant\|x+tx_0\|.$$

所以 $\|f_1\|_G \leqslant 1$. 另外, 由 $d_0 = d(x_0, G)$ 的定义, 存在 $\{x_n\} \subset G$, 使得

$$\|x_n - x_0\| \to d_0, \quad n \to \infty.$$

从而

$$\begin{aligned} d_0 &= f_1(x_0) = f_1(x_0) - f_1(x_n) = f_1(x_0 - x_n) \\ &= |f_1(x_n - x_0)| \leqslant \|f_1\|_G \|x_n - x_0\|. \end{aligned}$$

所以 $\|f_1\|_G \geqslant 1$. 故 f_1 满足条件 (3). 由定理 2.3.1 知 f_1 可保范地延拓为 X 上的连续线性泛函 f, 且 f 满足条件 (1), (2) 及 (3). □

定理 2.3.3 (泛函存在定理) 设 X 是赋范线性空间, $x_0 \in X$, $x_0 \neq \theta$, 则存在 $f \in X^*$, 使得

(1) $f(x_0) = \|x_0\|$;

(2) $\|f\| = 1$.

证明 在定理 2.3.2 中取 $G = \{\theta\}$ 即可得证. □

定理 2.3.4 设 X 是赋范线性空间, G 是 X 上的线性子空间, 则 $x_0 \in \overline{G}$ 的充分必要条件是对 $f \in X^*$, 当 $G \subset N(f)$ 时, 有 $f(x_0) = 0$.

证明 $\Rightarrow$) 设存在 $x_n \subset G$, 使得 $x_n \to x_0$ $(n \to \infty)$, 则 $0 = f(x_n) \to f(x_0)$ $(n \to \infty)$.

$\Leftarrow$) 反设 $x_0 \notin \overline{G}$, 则 $d(x_0, G) > 0$. 再由定理 2.3.2, 存在 $f \in X^*$, $\|f\| = 1$, $G \subset N(f)$, 使得

$$f(x_0) = d(x_0, G) > 0,$$

矛盾! 因此 $x_0 \in \overline{G}$. □

定理 2.3.5 设 X 是赋范线性空间, $\varnothing \neq A \subset X$, $x_0 \in X$. 则 x_0 可用 A 中元素的线性组合逼近的充分必要条件是对 $f \in X^*$, 当 $A \subset N(f)$ 时, $f(x_0) = 0$.

证明 在定理 2.3.4 中, 取 $G = \operatorname{span} A$ 即可. □

定理 2.3.6 设 X 是赋范线性空间, $x_0 \in X$, 则

$$\|x_0\| = \sup_{f \in X^*, \|f\| = 1} |f(x_0)|. \tag{2.3.8}$$

证明 不妨设 $x_0 \neq \theta$. 当 $f \in X^*$ 且 $\|f\| = 1$ 时, 显然

$$|f(x_0)| \leqslant \|f\| \|x_0\| = \|x_0\|,$$

所以

$$\|x_0\| \geqslant \sup_{f \in X^*, \|f\| = 1} |f(x_0)|.$$

又由定理 2.3.3, 必有 $f \in X^*$ 且 $\|f\| = 1$, 使得

$$f(x_0) = \|x_0\|.$$

所以

$$\|x_0\| \leqslant \sup_{f \in X^*, \|f\|=1} |f(x_0)|.$$

因此 (2.3.8) 式成立. □

2.4 $C[a,b]$ 上连续线性泛函的表示

记 $V[a,b]$ 为 $[a,b]$ 上的有界变差函数之集, 则 $V[a,b]$ 按

$$\|g\| = |g(a)| + \bigvee_a^b (g), \quad g \in V[a,b]$$

构成赋范线性空间. 设 $g \in V[a,b]$. 对 $x = x(t) \in C[a,b]$, 可用分割求和的方式定义 $x(t)$ 关于 $g(t)$ 的 Riemann-Stieltjes (黎曼-斯蒂尔切斯) 积分. 作分割

$$\triangle : a = t_0 < t_1 < \cdots < t_n = b$$

及

$$S(\triangle) = \sum_{i=1}^{n} x(\xi_i)(g(t_i) - g(t_{i-1})),$$

其中 $\xi_i \in [t_{i-1}, t_i], i = 1, 2, \cdots, n$. 则易证极限 $\lim\limits_{\|\triangle\| \to 0} \sum\limits_{i=1}^{n} x(\xi_i)(g(t_i) - g(t_{i-1}))$ 存在, 该极限称为 $x(t)$ 关于 $g(t)$ 的 Riemann-Stieltjes 积分, 记为 $\int_a^b x(t)dg(t)$ 且

$$\int_a^b x(t)dg(t) = \lim_{\|\triangle\| \to 0} \sum_{i=1}^{n} x(\xi_i)(g(t_i) - g(t_{i-1})).$$

定义 $C[a,b]$ 上的连续线性泛函:

$$f(x) = \int_a^b x(t)dg(t), \quad x = x(t) \in C[a,b]. \tag{2.4.1}$$

因为

$$\left| \sum_{i=1}^{n} x(\xi_i)(g(t_i) - g(t_{i-1})) \right| \leqslant \sum_{i=1}^{n} |x(\xi_i)||g(t_i) - g(t_{i-1})|$$

$$
\begin{aligned}
&\leqslant \|x\| \sum_{i=1}^{n} |g(t_i) - g(t_{i-1})| \\
&\leqslant \|x\| \overset{b}{\underset{a}{V}}(g),
\end{aligned}
$$

所以令 $\|\triangle\| \to 0$, 可得

$$
|f(x)| = \left| \int_a^b x(t) dg(t) \right| \leqslant \|x\| \overset{b}{\underset{a}{V}}(g),
$$

因此, $f \in C[a,b]^*$, 且

$$
\|f\| \leqslant \overset{b}{\underset{a}{V}}(g). \tag{2.4.2}
$$

这说明 $[a,b]$ 上的有界变差函数通过 (2.4.1) 式定义了 $C[a,b]$ 上的连续线性泛函. 反过来问: 对 $f \in C[a,b]^*$, 是否有 $g \in V[a,b]$ 使得 f 可表示为 (2.4.1) 的形式呢? 我们有如下结果.

定理 2.4.1 设 $f \in C[a,b]^*$, 则存在 $g \in V[a,b]$, 使得

$$
f(x) = \int_a^b x(t) dg(t), \quad x \in C[a,b], \tag{2.4.3}
$$

且 $\|f\| = \overset{b}{\underset{a}{V}}(g)$.

证明 记 $B[a,b]$ 为 $[a,b]$ 上的有界函数按范数 $\|x\| = \sup\limits_{a \leqslant t \leqslant b} |x(t)|$ 构成的 Banach 空间, 则 $C[a,b]$ 为 $B[a,b]$ 的子空间. 设 $f \in C[a,b]^*$, 那么 f 可保范地延拓为 $B[a,b]$ 上的连续线性泛函 F. 对 $t \in [a,b]$, 令 $\varphi_t = \chi_{[a,t]}$, $\varphi_a = 0$. 作 $[a,b]$ 上的函数

$$
g(t) = F(\varphi_t), \quad a \leqslant t \leqslant b.
$$

下证 $g(t) \in V[a,b]$. 对 $[a,b]$ 的任一分割 $\triangle : a = t_0 < t_1 < \cdots < t_n = b$, 令 $\eta_i = \operatorname{sgn}(g(t_i) - g(t_{i-1}))$, $i = 1, 2, \cdots, n$, 则

$$
\begin{aligned}
\sum_{i=1}^{n} |(g(t_i) - g(t_{i-1}))| &= \sum_{i=1}^{n} \eta_i (g(t_i) - g(t_{i-1})) \\
&= \sum_{i=1}^{n} \eta_i \left(F(\varphi_{t_i}) - F(\varphi_{t_{i-1}}) \right) = F\left(\sum_{i=1}^{n} \eta_i (\varphi_{t_i} - \varphi_{t_{i-1}}) \right) \\
&\leqslant \|F\| \left\| \sum_{i=1}^{n} \eta_i (\varphi_{t_i} - \varphi_{t_{i-1}}) \right\| \leqslant \|F\| = \|f\|.
\end{aligned}
$$

因此, $g \in V[a,b]$ 且

$$\bigvee_a^b(g) \leqslant \|f\|. \tag{2.4.4}$$

下证对 $\forall x = x(t) \in C[a,b]$, 有

$$f(x) = \int_a^b x(t)dg(t).$$

把 $[a,b]$ 进行 n 等分:

$$\triangle_n : a = t_0 < t_1 < \cdots < t_n = b.$$

作阶梯函数

$$\varphi_n(t) = \sum_{i=1}^n x(t_{i-1})(\varphi_{t_i}(t) - \varphi_{t_{i-1}}(t)),$$

由 $x(t)$ 的一致连续性, 当 $n \to \infty$ 时, $\varphi_n \to x$ 于 $B[a,b]$. 那么,

$$\begin{aligned} F(\varphi_n) &= F\left(\sum_{i=1}^n x(t_{i-1})(\varphi_{t_i}(t) - \varphi_{t_{i-1}}(t))\right) \\ &= \sum_{i=1}^n x(t_{i-1})\big(F(\varphi_{t_i}) - F(\varphi_{t_{i-1}})\big) \\ &= \sum_{i=1}^n x(t_{i-1})(g(t_i) - g(t_{i-1})) \to \int_a^b x(t)dg(t) \quad (n \to \infty). \end{aligned}$$

而 $F(\varphi_n) \to F(x) = f(x)$ $(n \to \infty)$. 故 $f(x) = \displaystyle\int_a^b x(t)dg(t)$. 则由 (2.4.2) 式与 (2.4.4) 式可得 $\|f\| = \bigvee_a^b(g)$. □

注 2.4.1 定理 2.4.1 中的 g 不唯一. 例如对 $c \in (a,b)$, 令

$$g_1(t) = \chi_{(c,b]}(t), \quad g_2(t) = \chi_{[c,b]}(t),$$

则 $g_1 \neq g_2$. 对 $\forall\, x = x(t) \in C[a,b]$, 定义

$$f_1(x) = \int_a^b x(t)dg_1(t) = x(c), \quad f_2(x) = \int_a^b x(t)dg_2(t) = x(c).$$

因此, $f_1(x) = f_2(x)$.

为了求 $C[a,b]$ 的共轭空间 $C[a,b]^*$, 定理 2.4.1 中的 g 需唯一确定. 注意到当 g 右连续时, 定理 2.4.1 中的 g 唯一确定. 为此, 我们引入新的空间 $V_0[a,b]$:

$$V_0[a,b] = \{\ g \in V[a,b] | g(t) \text{ 在 } [a,b) \text{ 上右连续},\ g(a) = 0\ \}.$$

则 $V_0[a,b]$ 为 $V[a,b]$ 的子空间, 其按范数

$$\|g\|_{V_0} = \bigvee_a^b(g), \quad g \in V_0[a,b]$$

构成 Banach 空间. 由定理 2.4.1, 易得如下结果.

定理 2.4.2 $C[a,b]$ 的共轭空间 $C[a,b]^* = V_0[a,b]$, 即对任意 $f \in C[a,b]^*$, 存在唯一 $g \in V_0[a,b]$, 使得 (2.4.3) 式成立, 且

$$\|f\| = \|g\|_{V_0} = \bigvee_a^b(g).$$

此外, 若 $g(t)$ 绝对连续, $x \in C[a,b]$, 则 Riemann-Stieltjes 积分可化为 Lebesgue 积分

$$\int_a^b x(t)dg(t) = \int_a^b x(t)g'(t)dt. \tag{2.4.5}$$

当 $g(t)$ 连续可微时, (2.4.5) 式容易证明. 对 $\beta \in L[a,b]$, 定义积分泛函:

$$f_\beta(x) = \int_a^b x(t)\beta(t)dt. \tag{2.4.6}$$

易证 (2.4.6) 式定义了 $[a,b]$ 上的连续线性泛函. 令 $g(t) = \int_a^t \beta(s)ds$, 则由 (2.4.5) 式, (2.4.6) 式可化为 (2.4.1) 式的形式. 故

$$\|f_\beta\| = \bigvee_a^b(g) = \int_a^b |g'(t)|dt = \int_a^b |\beta(t)|dt = \|\beta\|_1. \tag{2.4.7}$$

因此, 由 (2.4.7) 式可知 $L[a,b]$ 为 $C[a,b]^*$ 的子空间. 但 $C[a,b]$ 上的连续线性泛函不只是 (2.4.6) 式的形式. 例如

$$f_c(x) = x(c), \quad a \leqslant c \leqslant b.$$

f_c 不能表示为 (2.4.6) 式的形式. 但 f_c 可表示为 (2.4.1) 式的形式, 其对应的 $g_c = \chi_{(c,b]}(t)$.

2.5　自反空间与共轭算子

2.5.1　二次共轭空间与自反空间

设 X 为赋范空间, X^* 为 X 上的连续线性泛函 f 按泛函的范数构成的赋范线性空间. 不管 X 是否完备, X^* 总是完备的, X^* 称为 X 的共轭空间. X^* 作为 Banach 空间也有共轭空间 $(X^*)^*$, 其具体定义如下.

定义 2.5.1　X^* 的共轭空间 $(X^*)^*$ 称为 X 的二次共轭空间, 记作 X^{**}. $X^{***}=(X^{**})^*$ 称为 X 的三次共轭空间. 一般地, 可定义 X 的 n 次共轭空间 $X^{*n}=\left(X^{*(n-1)}\right)^*$.

下面讨论 X^{**} 与 X 之间的关系. 对 $x\in X$, 作 X^* 上的泛函 x^{**} 如下:

$$x^{**}(f)=f(x),\quad \forall f\in X^*.$$

显然, x^{**} 为 X^* 上的连续线性泛函. 又由于

$$|x^{**}(f)|=|f(x)|\leqslant\|f\|\|x\|,$$

故 x^{**} 连续且 $\|x^{**}\|\leqslant\|x\|$.

另外, 当 $x\neq\theta$ 时, 由泛函存在定理 (定理 2.3.3), 存在 $f_0\in X^*$, 使得 $\|f_0\|=1$ 且 $f_0(x)=\|x\|$. 所以, $\|x^{**}\|\geqslant|x^{**}(f_0)|=|f_0(x)|=\|x\|$. 故 $\|x^{**}\|=\|x\|$. 从而称 x^{**} 为由 x 生成的泛函. 作 X 到 X^{**} 的算子 $i:x\to x^{**}$, 称之为 X 到 X^{**} 自然嵌入映射.

定理 2.5.1　设 X 为赋范空间, 则自然嵌入映射 $i:X\to X^{**}$ 是线性保范算子, 即

(1) $(\alpha x+\beta y)^{**}=\alpha x^{**}+\beta y^{**}$, $\alpha,\beta\in\mathbb{K}$;

(2) $\|x^{**}\|=\|x\|$.

证明　由上段论述知 (2) 成立. 因此只需证线性性, 即证 (1) 成立. 对 $\forall x,y\in X,\alpha,\beta\in\mathbb{K}$ 及 $\forall f\in X^*$, 有

$$\begin{aligned}(\alpha x+\beta y)^{**}(f)&=f(\alpha x+\beta y)=\alpha f(x)+\beta f(y)\\&=\alpha x^{**}(f)+\beta y^{**}(f)=(\alpha x^{**}+\beta y^{**})(f).\end{aligned}$$

所以 $(\alpha x+\beta y)^{**}=\alpha x^{**}+\beta y^{**}$. □

记 $\widetilde{X}=i(X)\subset X^{**}$, 则 X 与 $\widetilde{X}$ 保范同构. 将 X 中的元素 x 与 $\widetilde{X}$ 中对应的元素 x^{**} 同一化, 即通过嵌入映射 $i(x)=x^{**}$, 把 x 嵌到 X^{**} 中. 今后把 X 与 $\widetilde{X}$ 看成同一空间, 故 x 与 x^{**} 不加区别, 认为 X 为 X^{**} 的子空间, 即 $X\subset X^{**}$.

定义 2.5.2 设 X 为赋范空间. 若 $X = X^{**}$, 则称 X 为自反空间.

定义 2.5.2 说明 X^* 上的连续线性泛函全为 x^{**} 的形式. 由定义 2.5.2 可知自反空间必完备, 即为 Banach 空间; 此外, 若 X 自反, 则 $X^* = (X^{**})^* = (X^*)^{**}$, 故 X^* 亦自反.

例 2.5.1 设 $1 < p < +\infty$ 且 $\dfrac{1}{q} + \dfrac{1}{p} = 1$, 则 $L^p[a,b]^* = L^q[a,b]$, $L^q[a,b]^* = L^p[a,b]$. 从而 $L^p[a,b]$ 是自反的. 同理, l^p 也自反.

但 $L[a,b]$, $C[a,b]$ 不自反. 为了证明这个事实, 我们先证明如下结果.

定理 2.5.2 设 X 为赋范空间. 若 X^* 可分, 则 X 可分.

证明 记 $S^* = \{f \in X^* | \|f\| = 1\}$ 为 X^* 中的单位球面, 则 S^* 可分, 有可数稠密子集 $\{f_n\} \subset S^*$. 对每个 f_n, 由范数的定义:

$$\|f_n\| = \sup_{\|x\|=1} |f_n(x)| = 1.$$

那么存在 $x_n \in X$, $\|x_n\| = 1$, 使得 $|f_n(x_n)| > \dfrac{1}{2}$. 记 $X_0 = \mathrm{span}\{x_n\}$, 则 X_0 可分. 反设 X 不可分, 那么 $X \neq X_0$. 取 $x_0 \in X \backslash X_0$, 则 $d = d(x_0, X_0) > 0$. 由泛函存在定理 (定理 2.3.2), 存在 $f \in X^*$, $\|f\| = 1$, 使得 $x_n \in N(f)$, $f(x_0) = d$. 故有

$$\|f_n - f\| \geqslant |f_n(x_n) - f(x_n)| = |f_n(x_n)| > \frac{1}{2},$$

这与 $\{f_n\}$ 在 S^* 中稠密矛盾! 因此, 反设不成立, 即 X 必可分. □

推论 2.5.1 $L^1[a,b]$, $C[a,b]$ 不自反.

证明 因为 $L^1[a,b]^* = L^\infty[a,b]$, 若 $L^1[a,b]$ 自反, 则 $L^\infty[a,b]^* = L^1[a,b]$. 由于 $L^1[a,b]$ 可分, 由定理 2.5.2 知 $L^\infty[a,b]$ 也可分, 矛盾!

同理, 因为 $C[a,b]^* = V_0[a,b]$ 不可分, 故 $C[a,b]$ 不自反. □

定理 2.5.2 说明可用赋范空间 X 的共轭空间 X^* 的性质来反映 X 的性质. 这一方向进一步的发展是局部凸线性拓扑空间的对偶理论, 其几何原型是高等几何中的对偶定理. 自反 Banach 空间中有非常好的对偶性质.

2.5.2 共轭算子

设 X, Y 为赋范空间, $T \in \mathcal{B}(X,Y)$. 对 $\forall f \in Y^*$, T 与 f 的乘积 $f^*(x) = f(T(x))$, 即 $f^* = f \circ T \in X^*$ 为 X 上的连续线性泛函.

定义 2.5.3 定义算子 $T^*: Y^* \to X^*$, 使得 $T^*f = f \circ T$, 即

$$(T^*f)(x) = f(Tx), \quad \forall x \in X,$$

则 $T^*: Y^* \to X^*$ 称为 T 的共轭算子.

定理 2.5.3 设 $T\in\mathcal{B}(X,Y)$, 则 T 的共轭算子 T^* 为从 Y^* 到 X^* 的有界线性算子, 即 $T^*\in\mathcal{B}(Y^*,X^*)$, 且 $\|T^*\|=\|T\|$.

证明 先证线性性. 对 $\forall\, g_1,\ g_2\in Y^*,\ \alpha,\ \beta\ \in\mathbb{K}$ 及 $\forall x\in X$, 有

$$\begin{aligned}T^*(\alpha g_1+\beta g_2)(x)&=(\alpha g_1+\beta g_2)(Tx)\\&=\alpha g_1(Tx)+\beta g_2(Tx)\\&=\alpha(T^*g_1)(x)+\beta(T^*g_2)(x)\\&=\big(\alpha T^*g_1+\beta T^*g_2\big)(x).\end{aligned}$$

由 x 的任意性, 有

$$T^*(\alpha g_1+\beta g_2)=\alpha T^*g_1+\beta T^*g_2.$$

因此, T^* 为线性算子.

再证有界性. 由于

$$|T^*g(x)|=|g(Tx)|\leqslant\|g\|\|Tx\|\leqslant\|g\|\|T\|\|x\|,$$

所以, $\|T^*g\|\leqslant\|g\|\|T\|$. 故 $T^*\in\mathcal{B}(Y^*,X^*)$ 且 $\|T^*\|\leqslant\|T\|$. 另外, 对 $\forall x\in X$, 若 $Tx\neq\theta$, 由泛函存在定理 (定理 2.3.3) 可知, 存在 $g\in Y^*$, $\|g\|=1$, 使得 $g(Tx)=\|Tx\|$. 所以,

$$\|Tx\|=g(Tx)=T^*g(x)\leqslant\|T^*g\|\|x\|\leqslant\|T^*\|\|x\|. \tag{2.5.1}$$

当 $Tx=\theta$ 时, (2.5.1) 式自然成立. 故 $\|T\|\leqslant\|T^*\|$. 综合得 $T^*\in\mathcal{B}(Y^*,X^*)$ 且 $\|T^*\|=\|T\|$. □

定理 2.5.4 共轭算子有如下性质:

(1) $A,B\in\mathcal{B}(X,Y)$, $(\alpha A+\beta B)^*=\alpha A^*+\beta B^*$, 其中 $\alpha,\ \beta\in\mathbb{K}$;

(2) $I_X^*=I_{X^*}$;

(3) $A\in\mathcal{B}(X,Y)$, $B\in\mathcal{B}(Y,Z)$, 则 $(BA)^*=A^*B^*$.

证明 (1) 对 $\forall g\in Y^*$ 及 $x\in X$, 有

$$\begin{aligned}[(\alpha A+\beta B)^*g](x)&=g((\alpha A+\beta B)x)=\alpha g(Ax)+\beta g(Bx)\\&=(\alpha A^*g+\beta B^*g)(x)=((\alpha A^*+\beta B^*)g)(x).\end{aligned}$$

所以, 由 x 的任意性可得

$$(\alpha A+\beta B)^*g=(\alpha A^*+\beta B^*)g,\quad\forall g\in Y^*.$$

因此, 由 g 的任意性可得

$$(\alpha A+\beta B)^*=\alpha A^*+\beta B^*.$$

(2) 由于 $I_X^*(g)(x)=g(I_X(x))=g(x)$, 故对 $\forall g\in X^*$, 有 $I_X^*(g)=I_{X^*}(g)$. 从而可得 $I_X^*=I_{X^*}$.

(3) 对 $\forall h\in Z^*$, $x\in X, BA\in\mathcal{B}(X,Z)$, 有

$$((BA)^*h)(x)=(h(BA))(x)=h(B(Ax))=(B^*h)(Ax)=(A^*(B^*h))(x).$$

故 $(BA)^*h=A^*(B^*h)$, 从而由 h 的任意性可得 $(BA)^*=A^*B^*$. □

例 2.5.2 设 E 为 n 维赋范空间, $e_1,e_2,\cdots,e_n$ 为 E 的一组基. 定义 e_i 相应的线性泛函 f_k 如下:

$$f_k(e_i)=\delta_{ki}\quad (若\ k=i,\ \delta_{ki}=1;\ 若\ k\neq i,\ \delta_{ki}=0).$$

对 $\forall x=\sum\limits_{i=1}^n x_ie_i$, 有

$$f_n(x)=\sum_{i=1}^n x_if_n(e_i)=x_n.$$

对 $\forall f\in E^*$, 有

$$f(x)=\sum_{i=1}^n x_if(e_i)=\sum_{i=1}^n f(e_i)f_i(x).$$

于是 $f=f(e_1)f_1+f(e_2)f_2+\cdots+f(e_n)f_n$. 故 $f_1,f_2,\cdots,f_n$ 为 E 的共轭空间 E^* 的一组基, 称为 $e_1,e_2,\cdots,e_n$ 的对偶基.

设 $T\in\mathcal{B}(E)$. 若令

$$T(e_i)=\sum_{j=1}^n a_{ij}e_j,$$

那么对 $\forall x=\sum\limits_{i=1}^n x_ie_i$, 有

$$Tx=\sum_{i=1}^n x_iT(e_i)=\sum_{i=1}^n\sum_{j=1}^n a_{ij}x_ie_j.$$

T 在基 $e_1,e_2,\cdots,e_n$ 下相应的矩阵为 (a_{ij}), T 把以 $(x_1,x_2,\cdots,x_n)^{\mathrm{T}}$ 为坐标的向量映为以 $(a_{ij})^{\mathrm{T}}(x_1,x_2,\cdots,x_n)^{\mathrm{T}}$ 为坐标的向量.

对 $\forall g \in E^*$, 设 $g = \alpha_1 f_1 + \alpha_2 f_2 + \cdots + \alpha_n f_n$, 则对 $\forall x = \sum\limits_{i=1}^n x_i e_i$, 有

$$
\begin{aligned}
(T^*g)(x) = g(Tx) &= g\left(\sum_{j=1}^n \left(\sum_{i=1}^n a_{ij}x_i\right) e_j\right) = \sum_{j=1}^n \left(\sum_{i=1}^n a_{ij}x_i\right) g(e_j) \\
&= \sum_{j=1}^n \left(\sum_{i=1}^n a_{ij}x_i\right) \alpha_j = \sum_{i=1}^n \left(\sum_{j=1}^n a_{ij}\alpha_j\right) x_i \\
&= \sum_{i=1}^n \left(\sum_{j=1}^n a_{ij}\alpha_j\right) f_i(x) = \sum_{j=1}^n \left(\sum_{i=1}^n a_{ji}\alpha_i\right) f_j(x).
\end{aligned}
$$

于是 $T^*g = \sum\limits_{j=1}^n \left(\sum\limits_{i=1}^n a_{ji}\alpha_i\right) f_j$. 故 T^* 在 $f_1, f_2, \cdots, f_n$ 下对应的矩阵正好是 $(a_{ji}) = (a_{ij})^{\mathrm{T}}$.

若 $A \in \mathcal{B}(X,Y)$, 则 $A^* \in \mathcal{B}(Y^*, X^*)$. 因此, $A^{**} = (A^*)^* \in \mathcal{B}(X^{**}, Y^{**})$. $i(x) = x^{**}$ 把 $x \in X$ 嵌入到 X^{**} 中时, 自然地把算子 A 也嵌入到二次共轭空间中. 那么 A 与 A^{**} 之间有何关系?

对 $\forall x \in X, f \in Y^*$, 有

$$
(A^{**}x^{**})(f) = x^{**}(A^*f) = (A^*f)(x) = f(Ax) = (Ax)^{**}(f).
$$

于是 $(Ax)^{**} = A^{**}x^{**}$. 若把 X 嵌入 X^{**}, Y 嵌入 Y^{**}, 则

$$
Ax = A^{**}x, \quad \forall x \in X.
$$

因此, A^{**} 为 $A: X \to Y$ 从 X^{**} 到 Y^{**} 的保范延拓.

定理 2.5.5 设 X, Y 为赋范线性空间, $A \in \mathcal{B}(X,Y)$, 则当 X, Y 分别嵌入 X^{**}, Y^{**} 时, A^{**} 在 X^{**} 上为 A 的延拓且 $\|A^{**}\| = \|A\|$.

2.6 一致有界原理及应用

2.6.1 一致有界原理

一致有界原理是指: 设 X 为 Banach 空间, Y 为赋范线性空间, $\{T_\alpha \mid \alpha \in \Lambda\}$ 为 X 到 Y 的一族有界线性算子. 若 $\{T_\alpha \mid \alpha \in \Lambda\}$ 按点有界, 即对 $\forall x \in X$,

$$
\sup_{\alpha \in \Lambda} \|T_\alpha x\| < +\infty,
$$

则 $\{T_\alpha \mid \alpha \in \Lambda\}$ 一致有界, 即

$$\sup_{\alpha\in\Lambda} \|T_\alpha\| < +\infty.$$

该命题的逆否命题为: 若 $\sup\limits_{\alpha\in\Lambda} \|T_\alpha\| = +\infty$, 则存在 $x_0 \in X$, 使得 $\sup\limits_{\alpha\in\Lambda} \|T_\alpha x_0\| = +\infty$, 即 T_α 在 x_0 点共鸣. 因此, 一致有界原理也称为共鸣定理. 一致有界原理是泛函分析的四大基本定理之一, 是线性泛函分析中极重要、极深刻的一个结果. 这个结果最早在级数求和及机械积分公式等特殊情形中发现, 1927 年由 Banach 与 Steinhaus (施坦豪斯) 概括提炼出一般的抽象定理, 其具体表述如下.

定理 2.6.1 (一致有界原理, Banach-Steinhaus 定理, 1927) 设 X 为 Banach 空间, Y 为赋范线性空间, $\{T_\alpha|\alpha \in \Lambda\}$ 为 X 到 Y 的一族有界线性算子. 若对 $\forall x \in X$,

$$\sup_{\alpha\in\Lambda} \|T_\alpha x\| < +\infty, \tag{2.6.1}$$

则 $\sup\limits_{\alpha\in\Lambda} \|T_\alpha\| < +\infty$, 即 $\{T_\alpha \mid \alpha \in \Lambda\}$ 一致有界.

证明 该定理的证明要用到 1.7 节讲到的 Baire 纲定理: 完备度量空间为第二纲集. 对 $\forall n \in \mathbb{N}, x \in X$, 令

$$A_n = \{x \in X | \|T_\alpha x\| \leqslant n, \alpha \in \Lambda\}, \tag{2.6.2}$$

则 $A_n \subset X$ 为闭集. 那么, 对每个 $x \in X$, 由条件 (2.6.1) 得

$$\sup_{\alpha\in\Lambda} \|T_\alpha x\| := M_x < +\infty.$$

取 $n \geqslant M_x$, 则 $x \in A_n$. 因此

$$X = \bigcup_{n=1}^{\infty} A_n. \tag{2.6.3}$$

则由 Baire 纲定理, 至少有一个 A_{n_0} 非疏朗, 即 $\overline{A}_{n_0} = A_{n_0}$ 有内点. 不妨取 $x_0 \in A_{n_0}$ 为其内点. 因此, 存在 $r > 0$, 使得 $B(x_0, r) \subset A_{n_0}$. 于是, 对 $\forall x \in \overline{B}(\theta, 1)$ (即 $\|x\| \leqslant 1$), 有 $x_0 \pm \dfrac{r}{2}x \in B(x_0, r) \subset A_{n_0}$. 故对每个 $\alpha \in \Lambda$, 由 T_α 的线性性可得

$$\begin{aligned}\|T_\alpha x\| &= \frac{1}{r}\|T_\alpha(rx)\| = \frac{1}{r}\left\|T_\alpha\left[\left(x_0 + \frac{r}{2}x\right) - \left(x_0 - \frac{r}{2}x\right)\right]\right\| \\ &= \frac{1}{r}\left\|T_\alpha\left(x_0 + \frac{r}{2}x\right) - T_\alpha\left(x_0 - \frac{r}{2}x\right)\right\|.\end{aligned}$$

再由三角不等式可得

$$\|T_\alpha x\| \leqslant \frac{1}{r}\left\|T_\alpha\left(x_0+\frac{r}{2}x\right)\right\| + \frac{1}{r}\left\|T_\alpha\left(x_0-\frac{r}{2}x\right)\right\| \leqslant \frac{n_0}{r}+\frac{n_0}{r}=\frac{2n_0}{r}.$$

即当 $\|x\| \leqslant 1$ 时, $\|T_\alpha x\| \leqslant \frac{2n_0}{r}$. 故 $\|T_\alpha\| \leqslant \frac{2n_0}{r}$. 因此,

$$\sup_{\alpha\in\Lambda}\|T_\alpha\| \leqslant \frac{2n_0}{r}. \qquad \square$$

由定理 2.6.1 可得下述推论.

推论 2.6.1　设 X 为 Banach 空间, $\{f_\alpha \mid \alpha\in\Lambda\}$ 为 X 上的一族连续线性泛函. 若对 $\forall x\in X$, 数集 $\{f_\alpha(x) \mid \alpha\in\Lambda\}$ 有界, 则 $\{\|f_\alpha\| \mid \alpha\in\Lambda\}$ 有界.

推论 2.6.2　设 X 为赋范空间, $A\subset X$ 非空. 若对 $\forall f\in X^*$, $f(A)$ 有界, 则 A 有界.

推论 2.6.3　设 X 为 Banach 空间, Y 为赋范空间, $\{T_\alpha|\alpha\in\Lambda\}\subset\mathcal{B}(X,Y)$. 若对 $\forall f\in Y^*$, $\{f(T_\alpha x) \mid \alpha\in\Lambda\}$ 有界, 则 $\{\|T_\alpha\| \mid \alpha\in\Lambda\}$ 有界.

2.6.2　一致有界原理的应用

例 2.6.1　连续函数 Fourier 级数发散问题.

在数学分析中我们知道, 对 $[0,2\pi]$ 上的任一连续函数 $x=x(t)$, 有 Fourier 级数:

$$x(t)\sim\frac{a_0}{2}+\sum_{n=1}^{\infty}(a_n\cos nt+b_n\sin nt), \tag{2.6.4}$$

其中

$$a_n=\frac{1}{\pi}\int_0^{2\pi}x(t)\cos nt dt, \quad n=0,1,2,\cdots,$$

$$b_n=\frac{1}{\pi}\int_0^{2\pi}x(t)\sin nt dt, \quad n=1,2,\cdots.$$

若 $x(t)$ 在 $[0,2\pi]$ 上按段光滑, 则 (2.6.4) 式中的级数处处收敛于 $x(t)$. 对连续函数 $x(t)$, 多年来人们一直希望并尝试证明有类似结论, 即连续函数的 Fourier 级数处处收敛. 但在 1876 年, Reymond (雷蒙) 证明了如下相反的事实.

定理 2.6.2　对 $\forall\, t_0\in[0,2\pi]$, 有 $x=x(t)\in C[0,2\pi]$, 使得 $x(t)$ 的 Fourier 级数在 t_0 点发散.

证明　因为 $x(t)$ 在 $t=0$ 点的 Fourier 级数与 $x(t-t_0)$ 在 t_0 点的 Fourier 级数相同, 所以不妨设 $t_0=0$. 把 $x(t)$ 延拓成以 2π 为周期的函数, 则 $x(t)$ 在 $t=0$ 点的 Fourier 级数为

$$\frac{a_0}{2}+\sum_{k=1}^{\infty}a_k. \tag{2.6.5}$$

要找 $x\in C_{2\pi}$ (以 2π 为周期的连续函数), 使得级数 (2.6.5) 发散. 为此考察 (2.6.5) 式的前 n 项部分和

$$\begin{aligned}S_n(x)&=\frac{a_0}{2}+\sum_{k=1}^{n}a_k\\&=\frac{1}{2\pi}\int_0^{2\pi}x(t)dt+\sum_{k=1}^{n}\frac{1}{\pi}\int_0^{2\pi}x(t)\cos(kt)dt\\&=\frac{1}{\pi}\int_0^{2\pi}x(t)\left(\frac{1}{2}+\sum_{k=1}^{n}\cos(kt)\right)dt.\end{aligned}$$

因为

$$2\cos(kt)\sin\frac{t}{2}=\sin\left(k+\frac{1}{2}\right)t-\sin\left(k-\frac{1}{2}\right)t,$$

所以

$$\frac{1}{2}+\sum_{k=1}^{n}\cos kt=\frac{\sin\left(n+\frac{1}{2}\right)t}{2\sin\frac{t}{2}}.$$

故

$$S_n(x)=\frac{1}{2\pi}\int_0^{2\pi}x(t)\frac{\sin\left(n+\frac{1}{2}\right)t}{\sin\frac{t}{2}}dt. \tag{2.6.6}$$

对固定的 n, (2.6.6) 式定义了 $C_{2\pi}$ 上的连续线性泛函 S_n, 其范数为

$$\begin{aligned}\|S_n\|&=\frac{1}{2\pi}\int_0^{2\pi}\left|\frac{\sin\left(n+\frac{1}{2}\right)t}{\sin\frac{t}{2}}\right|dt\\&=\frac{1}{\pi}\int_0^{\pi}\frac{|\sin(2n+1)t|}{\sin t}dt\\&\geqslant\frac{1}{\pi}\int_0^{\pi}\frac{|\sin(2n+1)t|}{t}dt\end{aligned}$$

$$= \frac{1}{\pi} \int_0^{(2n+1)\pi} \frac{|\sin u|}{u} du \to +\infty \quad (n \to \infty).$$

因此 $\{\|S_n\| | n = 0,1,2,\cdots\}$ 无界. 由一致有界原理 (定理 2.6.1), 存在 $x_0 \in C_{2\pi}$, 使得 $\{S_n(x_0) | n = 0,1,2,\cdots\}$ 无界. 故 $x_0(t)$ 的 Fourier 级数在 $t = 0$ 点发散. □

定理 2.6.2 说明, 要使 $[0,2\pi]$ 上连续函数的三角级数处处收敛是办不到的. 这一事实最早由 Reymond 给出, 应用一致有界原理就轻而易举地证明了在 t_0 点不收敛的 $x \in C[0,2\pi]$ 的存在性, 但是要构造出这样一个函数是比较困难的. 1910 年, Fejér (费耶) 给出了一个这样的例子. 关于连续函数的三角级数, 由定理 2.6.2 知道尽管有不收敛的点, 但不收敛的点不是很多. 1966 年, Carleson (卡勒松) 证明了对 $x \in C[0,2\pi]$, 其 Fourier 级数在 $[0,2\pi]$ 上几乎处处收敛于 $x(t)$, 这个结果是三角级数理论中一个非常重要的突破.

例 2.6.2 机械求积公式的收敛性.

设 $x(t) \in C[a,b]$, 采用内插求积公式近似地计算积分 $\int_a^b x(t)dt$, 其方法是用 $x(t)$ 的内插多项式 $P_n(t)$ 逼近 $x(t)$. 即在 $[a,b]$ 上任选 n 个不同的节点 $a \leqslant t_0 < t_1 < t_2 < \cdots < t_n \leqslant b$, 则相应的 Lagrange 插值多项式为

$$P_n(t) = \sum_{k=0}^{n} \frac{\omega_n(t)}{(t-t_k)\omega_n'(t_k)} x(t_k),$$

其中 $\omega_n(t) = (t-t_0)(t-t_1)\cdots(t-t_n)$. 于是 $x(t) = P_n(t) + R_n(t) \approx P_n(t)$, $R_n(t)$ 为相应的插值余项,

$$\begin{aligned}\int_a^b x(t)dt &= \int_a^b P_n(t)dt + \int_a^b R_n(t)dt \approx \int_a^b P_n(t)dt \\ &= \sum_{k=0}^{n} \left(\int_a^b \frac{\omega_n(t)}{(t-t_k)\omega_n'(t_k)} x(t_k)dt \right) = \sum_{k=0}^{n} A_k x(t_k),\end{aligned}$$

其中 $A_k = \int_a^b \frac{\omega_n(t)}{(t-t_k)\omega_n'(t_k)} dt$. 故得积分的近似计算公式

$$\int_a^b x(t)dt \approx \sum_{k=0}^{n} A_k x(t_k). \tag{2.6.7}$$

(2.6.7) 式称为内插求积公式. 当 $x(t)$ 为次数低于 n 的多项式时, $x(t) = P_n(t)$. 那么 (2.6.7) 式精确成立.

一般地, 对 $[a,b]$ 的一组分点 $(t_0^{(n)},t_1^{(n)},\cdots,t_{k_n}^{(n)})$ 及给定的一组常数 $(A_0^{(n)},A_1^{(n)},\cdots,A_{k_n}^{(n)})$, 对 $\forall x=x(t)\in C[a,b]$, 以

$$f_n(x)=\sum_{k=0}^{k_n}A_k^{(n)}x(t_k^{(n)}) \tag{2.6.8}$$

作为 $\int_a^b x(t)dt$ 的近似公式, 称为机械求积公式. 我们关心的问题是: 当 $n\to\infty$ 时, 在何种条件下 (2.6.8) 式收敛于 $\int_a^b x(t)dt$. 对这个问题有如下一般结论.

定理 2.6.3 机械求积公式

$$f_n(x)=\sum_{k=0}^{k_n}A_k^{(n)}x(t_k^{(n)}) \tag{2.6.9}$$

对 $\forall x(t)\in C[a,b]$ 收敛于 $\int_a^b x(t)dt$ 的充分必要条件是:

(1) 存在 $M>0$, 使得 $\sum\limits_{k=0}^{k_n}|A_k^{(n)}|\leqslant M,\ n=1,2,\cdots$;

(2) 对任意多项式 $P(t)$, 有 $f_n(P)\to\int_a^b P(t)dt\ (n\to\infty)$.

证明 $\Rightarrow$) (2.6.9) 式定义了 $C[a,b]$ 上的连续线性泛函 $f_n(x)$. 因为

$$|f_n(x)|=\left|\sum_{k=0}^{k_n}A_k^{(n)}x(t_k^{(n)})\right|\leqslant\left(\sum_{k=0}^{k_n}\left|A_k^{(n)}\right|\right)\|x\|,$$

所以 $\|f_n\|\leqslant\sum\limits_{k=0}^{k_n}\left|A_k^{(n)}\right|$. 另外, 对以 $(A_0^{(n)},A_1^{(n)},\cdots,A_{k_n}^{(n)})$ 为顶点的折线函数 $\varphi_n(t)$, 有 $\varphi_n(t_k^{(n)})=\operatorname{sgn}A_k^{(n)}$ 且 $\|\varphi_n\|=1$. 因此 $f_n(\varphi_n)=\sum\limits_{k=0}^{k_n}|A_k^{(n)}|$. 故 $\|f_n\|=\sum\limits_{k=0}^{k_n}|A_k^{(n)}|$. 若对 $\forall x\in C[a,b]$, $f_n(x)$ 收敛于 $\int_a^b x(t)dt$. 则 $\{f_n(x)\}$ 有界, 因此由一致有界原理 (定理 2.6.1) 知 (1) 成立. 显然 (2) 成立.

$\Leftarrow$) 由于多项式全体 P 在 $C[a,b]$ 中稠密且 $f_n(x)$ 在 P 上收敛, 则存在 $f\in C[a,b]^*$, 使得 $f_n(x)\to f(x)\ (n\to\infty)$. 故对多项式 $P(t)$ 由 (2) 有

$$f(P)=\lim_{n\to\infty}f_n(P)=\int_a^b P(t)dt.$$

因此, 由 f 的连续性及积分运算的连续性可知, 对 $\forall x \in C[a,b]$, 有 $f(x) = \int_a^b x(t)dt$. □

2.7 逆算子定理与闭图像定理

2.7.1 有界线性算子的逆

设 X,Y 为线性空间, T 为从 X 到 Y 的线性算子. 若 T 为从 X 到 Y 上的 1-1 映射, 则 T 有逆映射.

引理 2.7.1 设 X,Y 为赋范空间, T 为从 X 到 Y 上的 1-1 线性算子, 则 $T^{-1}: Y \to X$ 为线性算子.

证明 对 $\forall y_1, y_2 \in Y$, $\alpha, \beta \in \mathbb{K}$, 由于 $T: X \to Y$ 为 1-1 线性算子, 则存在唯一 $x_1, x_2 \in X$, 使得 $Tx_1 = y_1$, $Tx_2 = y_2$. 因此

$$T(\alpha x_1 + \beta x_2) = \alpha T x_1 + \beta T x_2 = \alpha y_1 + \beta y_2.$$

所以

$$T^{-1}(\alpha y_1 + \beta y_2) = \alpha x_1 + \beta x_2 = \alpha T^{-1} y_1 + \beta T^{-1} y_2.$$

故 $T^{-1}: Y \to X$ 为线性算子. □

若 $T: X \to Y$ 有逆算子 $T^{-1}: Y \to X$, 则

$$TT^{-1} = I_Y, \quad T^{-1}T = I_X.$$

反之若有 $T_1: Y \to X$, 使得 $TT_1 = I_Y$, 则 T 为满射; 若有 $T_2: Y \to X$, 使得 $T_2 T = I_X$, 则 T 为单射, 此时 $T_1 = T_2 = T^{-1}$.

定义 2.7.1 设 X,Y 为赋范线性空间, T 为从 X 到 Y 的线性算子 (不必有界). 若 T^{-1} 存在, $R(T) = Y$, 且 $T^{-1} \in \mathcal{B}(Y,X)$, 则称 T 为正则算子.

由定义 2.7.1 及前面的讨论易得如下结果.

引理 2.7.2 设 $T: X \to Y$ 为线性算子, 则 T 正则的充分必要条件是存在 $S \in \mathcal{B}(Y,X)$, 使得 $ST = I_X$, $TS = I_Y$.

引理 2.7.3 设 $T \in \mathcal{B}(X,Y)$ 正则, 则 $T^* \in \mathcal{B}(Y^*, X^*)$ 亦正则, 且 $(T^*)^{-1} = (T^{-1})^*$.

证明 由于 $T^{-1} \in \mathcal{B}(Y,X)$, 且

$$T^{-1}T = I_X, \quad TT^{-1} = I_Y.$$

因此, 由共轭算子的性质可得

$$T^*(T^{-1})^* = I_{X^*}, \quad (T^{-1})^*T^* = I_{Y^*}.$$

再由引理 2.7.2 可知 T^* 正则, 且 $(T^*)^{-1} = (T^{-1})^*$. □

引理 2.7.4 设 X, Y, Z 为赋范空间. 若 $T: X \to Y$ 正则, $S: Y \to Z$ 正则. 则 $ST: X \to Z$ 正则, 且 $(ST)^{-1} = T^{-1}S^{-1}$.

证明 由引理条件可知 $S^{-1} \in \mathcal{B}(Z, Y)$, $T^{-1} \in \mathcal{B}(Y, X)$. 而

$$(T^{-1}S^{-1})(ST) = I_X, \quad (ST)(T^{-1}S^{-1}) = I_Z.$$

于是由引理 2.7.2 可知 ST 正则, 且 $(ST)^{-1} = T^{-1}S^{-1}$. □

2.7.2 逆算子定理与开映像原理

我们最关心的问题是: 当 $T \in \mathcal{B}(X, Y)$ 为从 X 到 Y 上的 1-1 算子时, T^{-1} 是否有界? 当 X, Y 都完备时, 问题的答案是肯定的.

定理 2.7.1 (逆算子定理) 设 X, Y 为 Banach 空间, $T \in \mathcal{B}(X, Y)$ 且 T 为从 X 到 Y 上的 1-1 算子, 则 $T^{-1} \in \mathcal{B}(Y, X)$.

为了证明定理 2.7.1, 先证如下引理.

引理 2.7.5 设 X, Y 为 Banach 空间, $T \in \mathcal{B}(X, Y)$. 若 $TX = Y$ (T 为满射), 则 $\exists\, \delta > 0$, 使得 $B(\theta, \delta) \subset TB(\theta, 1)$.

证明 因为 $X = \bigcup\limits_{n=1}^{\infty} B(\theta, n)$, 所以 $Y = TX = \bigcup\limits_{n=1}^{\infty} TB(\theta, n)$. 由于 Y 完备, 故为第二纲集. 因此存在 n_0, 使得 $TB(\theta, n_0)$ 非疏朗. 因此存在 Y 中的开球 $B(y_0, \eta)$, 使得

$$B(y_0, \eta) \subset \overline{TB(\theta, n_0)}. \tag{2.7.1}$$

则存在 $x_0 \in X$, 使得 $Tx_0 = y_0$. 由 (2.7.1) 式可得

$$B(\theta, \eta) \subset \overline{TB(\theta, n_0)} - Tx_0 = \overline{TB(-x_0, n_0)}. \tag{2.7.2}$$

令 $R_0 = \|x_0\| + n_0$. 则 $B(-x_0, n_0) \subset B(\theta, R_0)$. 因此, 由 (2.7.2) 式得 $B(\theta, \eta) \subset \overline{TB(\theta, R_0)}$. 取 $\delta = \dfrac{\eta}{2R_0}$, 上式两边同乘 $\dfrac{1}{R_0}$, 则

$$B(\theta, 2\delta) \subset \overline{TB(\theta, 1)}. \tag{2.7.3}$$

下证 $B(\theta, \delta) \subset TB(\theta, 1)$. (2.7.3) 式两边同乘以 $\dfrac{1}{2^n}$, 得

$$B\left(\theta, \frac{\delta}{2^{n-1}}\right) \subset \overline{TB\left(\theta, \frac{1}{2^n}\right)}. \tag{2.7.4}$$

对任意 $y_0 \in B(\theta,\delta)$, 在 (2.7.4) 式中取 $n=1$ 得 $B(\theta,\delta) \subset \overline{TB\left(\theta,\frac{1}{2}\right)}$. 所以存在 $x_1 \in B\left(\theta,\frac{1}{2}\right)$, 使得 $\|y_0 - Tx_1\| < \frac{\delta}{2}$. 因此, $y_1 := y_0 - Tx_1 \in B\left(\theta,\frac{\delta}{2}\right) \subset \overline{TB\left(\theta,\frac{1}{2^2}\right)}$. 所以存在 $x_2 \in B\left(\theta,\frac{1}{2^2}\right)$, 使得 $\|y_1 - Tx_2\| < \frac{\delta}{2^2}$, 即

$$\|y_0 - T(x_1+x_2)\| < \frac{\delta}{2^2}.$$

如此继续下去, 可得到一列 $x_n \in B\left(\theta,\frac{1}{2^n}\right)$, $n=1,2,\cdots$, 使得

$$\|y_0 - T(x_1+x_2+\cdots+x_n)\| < \frac{\delta}{2^n}. \tag{2.7.5}$$

因为 $\|x_n\| < \frac{1}{2^n}$, 所以 $\sum\limits_{n=1}^{\infty}\|x_n\| < \sum\limits_{n=1}^{\infty}\frac{1}{2^n} = 1$. 由 X 的完备性可知 $\sum\limits_{n=1}^{\infty}x_n$ 收敛于 $x_0 \in X$, 且 $\|x_0\| \leqslant \sum\limits_{n=1}^{\infty}\|x_n\| < 1$, 即 $x_0 \in B(\theta,1)$. 在 (2.7.5) 式中, 由 T 的连续性可得

$$y_0 = \lim_{n\to\infty} T(x_1+x_2+\cdots+x_n) = Tx_0.$$

所以 $y_0 \in TB(\theta,1)$. 因此由 y_0 的任意性可知 $B(\theta,\delta) \subset TB(\theta,1)$. □

定理 2.7.1 的证明　由引理 2.7.5 可知存在 $\delta > 0$, 使得 $B(\theta,\delta) \subset TB(\theta,1)$. 因此当 $y \in B(\theta,\delta)$ 时, $T^{-1}y \in B(\theta,1)$, 即当 $\|y\| < \delta$ 时, $\|T^{-1}y\| < 1$. 因此对任意 $u \in Y$, $\frac{\delta u}{2\|u\|} \in B(\theta,\delta)$. 所以,

$$\left\|T^{-1}\left(\frac{\delta u}{2\|u\|}\right)\right\| < 1.$$

从而 $\|T^{-1}u\| < \frac{2}{\delta}\|u\|$, 即 T^{-1} 有界. 结合引理 2.7.1 可知 $T^{-1} \in \mathcal{B}(Y,X)$. □

定理 2.7.2 (开映像原理)　设 X, Y 为 Banach 空间, $T \in \mathcal{B}(X,Y)$. 若 $TX = Y$, 则 T 是开映射, 即 T 把开集映为开集.

证明　设 $G \subset X$ 为开集, 要证 TG 为开集. 对 $\forall y_0 \in TG$, $\exists x_0 \in G$, 使得 $Tx_0 = y_0$. 由于 G 为开集, 因此 $\exists B(x_0,\epsilon) \subset G$. 所以 $TB(x_0,\epsilon) \subset TG$. 又由引理 2.7.5 可知存在 $\delta > 0$, 使得 $B(\theta,\delta) \subset TB(\theta,1)$. 两边同加 y_0 得 $B(y_0,\delta) \subset TB(x_0,1)$. 两边也同乘 ϵ, 可得

$$B(y_0,\delta\epsilon) \subset TB(x_0,\epsilon) \subset TG.$$

所以, y_0 为 TG 的内点. 再由 y_0 的任意性, TG 中的每一点都为内点. 因此, TG 为开集. □

注 2.7.1 由开映像原理 (定理 2.7.2) 可得定理 2.7.1 的另外一种简单证明. 因为 T 为开映射, 故在 T^{-1} 下开集的原像为开集. 由定理 1.3.2 可知 T^{-1} 为连续算子. 结合引理 2.7.1 可知 $T^{-1}:Y\to X$ 为线性算子. 因此 $T^{-1}:Y\to X$ 有界.

2.7.3 范数的等价性

设 X 为线性空间, $\|\cdot\|_1$, $\|\cdot\|_2$ 是 X 上的两个范数. 若存在 $C>0$, 使得

$$\|x\|_1\leqslant C\|x\|_2,\quad x\in X,$$

则称 $\|\cdot\|_2$ 为比 $\|\cdot\|_1$ 强的范数. 若存在 $C_1,C_2>0$, 使得

$$C_1\|x\|_2\leqslant\|x\|_1\leqslant C_2\|x\|_2,\quad x\in X,\tag{2.7.6}$$

则称 $\|\cdot\|_1$ 与 $\|\cdot\|_2$ 等价.

定理 2.7.3 设 $\|\cdot\|_1$, $\|\cdot\|_2$ 是 X 上的两个范数. 则 $\|\cdot\|_1$ 与 $\|\cdot\|_2$ 等价的充分必要条件是对 $\forall\,\{x_n\}\subset X$, $x_n\xrightarrow{\|\cdot\|_1}x\ (n\to\infty)$ 与 $x_n\xrightarrow{\|\cdot\|_2}x\ (n\to\infty)$ 等价.

证明 $\Rightarrow$) 由 (2.7.6) 知必要性显然.

$\Leftarrow$) 作 $I:(X,\|\cdot\|_1)\to(X,\|\cdot\|_2)$, $Ix=x$, $\forall x\in X$. 则由题设知 I 连续, 从而 I 有界. 所以, 存在 $M>0$, 使得 $\|x\|_2=\|Ix\|_2\leqslant M\|x\|_1$. 同理有 $M_1>0$, 使得 $\|x\|_1\leqslant M_1\|x\|_2$. 故 $\|\cdot\|_1$ 与 $\|\cdot\|_2$ 等价. □

定理 2.7.4 设 X 为线性空间, $\|\cdot\|_1$ 与 $\|\cdot\|_2$ 为 X 上的两个完备范数. 若 $\|\cdot\|_1$ 强于 $\|\cdot\|_2$, 则 $\|\cdot\|_1$ 与 $\|\cdot\|_2$ 等价.

证明 恒等映射 I 为 $(X,\|\cdot\|_1)$ 到 $(X,\|\cdot\|_2)$ 上的 1-1 连续线性算子. 由逆算子定理 (定理 2.7.1) 知, 逆映射 $I^{-1}:(X,\|\cdot\|_2)\to(X,\|\cdot\|_1)$ 有界. 因此

$$\|x\|_1=\|I^{-1}x\|_1\leqslant\|I^{-1}\|\|x\|_2,\quad x\in X.$$

从而可知 $\|\cdot\|_2$ 强于 $\|\cdot\|_1$. 故 $\|\cdot\|_1$ 与 $\|\cdot\|_2$ 等价. □

2.7.4 闭图像定理

设 X,Y 为赋范空间, 则

$$X\times Y=\{(x,y)\mid x\in X,y\in Y\}$$

按坐标的线性运算及范数

$$\|(x,y)\|=\sqrt{\|x\|^2+\|y\|^2},\quad x\in X,\quad y\in Y$$

构成赋范空间, 称为 X 与 Y 的乘积空间. 当 X,Y 都完备时, $X\times Y$ 也完备. 设 $T:D(T)\subset X\to Y$. 称 $X\times Y$ 中的点集 $G(T)=\{(x,Tx)\mid x\in D(T)\}$ 为 T 的图像. 当 T 为线性算子时, $G(T)$ 为 $X\times Y$ 的线性子空间. 若线性算子 $T:D(T)\subset X\to Y$ 的图像 $G(T)$ 是 $X\times Y$ 中的闭子空间, 则称线性算子 T 为闭线性算子.

引理 2.7.6 设 X,Y 为赋范空间. 线性算子 $T:D(T)\subset X\to Y$ 为闭算子的充分必要条件是对 $\forall\{x_n\}\subset D(T)$, 当 $x_n\to x_0$, $Tx_n\to y_0$ 时, 有 $x_0\in D(T)$, $y_0=Tx_0$.

证明 $\Rightarrow$) 由于 $G(T)$ 为闭的, 那么对 $\forall\ \{x_n\}\subset D(T)$, 当 $x_n\to x_0$, $Tx_n\to y_0$ 时, $(x_n,\ Tx_n)\in G(T)$ 且 $(x_n,\ Tx_n)\to(x_0,\ y_0)$ $(n\to\infty)$. 由闭集的性质有 $(x_0,\ y_0)\in G(T)$. 故 $x_0\in D(T)$, $y_0=Tx_0$.

$\Leftarrow$) 设 $(x_0,\ y_0)\in\overline{G(T)}$, 则有 $\{(x_n,Tx_n)\}\subset G(T)$ 使得 $(x_n,\ Tx_n)\to(x_0,\ y_0)$ $(n\to\infty)$. 所以可得 $\{x_n\}\subset D(T)$, $x_n\to x_0$, $Tx_n\to y_0$ $(n\to\infty)$. 由题设 $x_0\in D(T)$, $y_0=Tx_0$, 而 $(x_0,y_0)=(x_0,Tx_0)\in G(T)$. 故 $G(T)$ 是闭的. □

引理 2.7.7 设 $T:D(T)\subset X\to Y$ 为有界线性算子, $D(T)$ 为 X 的闭子空间, 则 T 为闭算子.

证明 当 $\{x_n\}\subset D(T)$, $x_n\to x_0$, $Tx_n\to y_0$ 时, 由 $D(T)$ 的闭性可知 $x_0\in D(T)$. 因为 $T:D(T)\subset X\to Y$ 为有界线性算子, 故 T 在 x_0 点连续. 因此, $y_0=\lim\limits_{n\to\infty}Tx_n=Tx_0$. 所以 $G(T)$ 是 $X\times Y$ 中的闭集. 故 T 为闭算子. □

定理 2.7.5 (闭图像定理) 设 X,Y 为 Banach 空间, T 为 $D(T)\subset X$ 到 Y 中的闭线性算子. 若 $D(T)$ 是 X 中的闭线性子空间, 则 T 是有界线性算子.

证明 因为 $D(T)$ 为 Banach 空间 X 的闭子空间, 从而也是 Banach 空间. 由 T 的线性性可知 $G(T)=\{(x,\ Tx)\mid x\in D(T)\}$ 为 $X\times Y$ 的线性子空间. 因为 X,Y 为 Banach 空间, 故 $X\times Y$ 也是 Banach 空间. 由于 $T:D(T)\to Y$ 为闭算子, 因此 $G(T)$ 作为 $X\times Y$ 中的闭子空间亦为 Banach 空间. 作 Banach 空间 $G(T)$ 到 Banach 空间 $D(T)$ 的算子 P 如下:

$$P(x,Tx)=x,\quad \forall x\in D(T),$$

则 P 为线性算子. 因为对任意的 $x\in D(T)$, 有

$$\|P(x,Tx)\|=\|x\|\leqslant\sqrt{\|x\|^2+\|Tx\|^2}=\|(x,Tx)\|.$$

从而 $P:G(T)\to D(T)$ 是有界线性算子, 且 $\|P\|\leqslant 1$. 显然 $R(P)=D(T)$, 故 P 为满值的. 若对任意 $x_1,x_2\in D(T)$ 满足 $(x_1,Tx_1)\neq(x_2,Tx_2)$, 则必有 $x_1\neq x_2$, 即 $P(x_1,Tx_1)\neq P(x_2,Tx_2)$. 因此 P 为 $G(T)$ 到 $D(T)$ 上的 1-1 线性有界算子.

因此由逆算子定理 (定理 2.7.1) 可知 P 的逆算子 $P^{-1}: D(T) \to G(T)$ 存在且为有界线性算子. 所以对任意的 $x \in D(T)$, 有

$$\|Tx\| \leqslant \|(x, Tx)\| = \|P^{-1}x\| \leqslant \|P^{-1}\|\|x\|.$$

故 T 为 $D(T)$ 到 Y 中的有界线性算子, 且 $\|T\| \leqslant \|P^{-1}\|$. □

闭图像定理在验证算子连续时非常有用. 特别是在现代偏微分方程中, 由于直接验证偏微分算子的连续性有困难, 常常先验证其为闭算子.

例 2.7.1 在 $C[a,b]$ 中, 微分算子

$$(T\varphi)(t) = \frac{d}{dt}\varphi(t), \quad \varphi \in D(T) = C^1[a,b]$$

是从 $D(T)$ 到 $C[a,b]$ 中的闭算子.

证明 当 $x_n(t) \in D(T)$, $x_n(t) \to x_0(t)$ 于 $C[a,b]$ 且 $x_n'(t) \to y_0(t)$ 于 $C[a,b]$ 时, 由数学分析中的结论可知 $x_0(t) \in C^1[a,b]$ 且 $x_0'(t) = y_0(t) \in C[a,b]$, 即 $y_0 = Tx_0$. 再由引理 2.7.6 可知 T 是闭算子. □

但例 2.1.7 中我们证明了 $T: D(T) \subset C[a,b] \to C[a,b]$ 无界. 之所以出现这种情况是因为 $C^1[a,b]$ 不是 $C[a,b]$ 的闭子空间.

由定理 2.7.5 可知, 定义于 Banach 空间 X 到 Banach 空间 Y 中的闭算子一定是有界的: 设 X, Y 为 Banach 空间, T 为 X 到 Y 中的闭线性算子, 则 T 是有界线性算子. 因此 X 上的无界闭线性算子, 其定义域最大只能是 X 的稠密子空间, 这样的算子称为稠定闭算子. 稠定闭算子是无界算子理论中极其重要的一部分, 偏微分算子大部分都是这种算子. 这类算子虽然不连续, 但如果它为满值的单射, 则其逆算子是闭算子. 此时由闭图像定理 (定理 2.7.5) 可知其逆算子有界, 这是解偏微分方程的依据.

2.8 强收敛、弱收敛与一致收敛

在数学分析中, 函数列的收敛性有处处收敛、一致收敛等不同的收敛. 根据考察问题的需要在不同的场合采用不同的收敛. 对算子序列类似于函数列的各种收敛, 常常要用到下面几种收敛.

定义 2.8.1 设 X, Y 为赋范空间, $\{T_n\} \subset \mathcal{B}(X,Y)$, $T \in \mathcal{B}(X,Y)$.

(1) 若 $\|T_n - T\| \to 0$ $(n \to \infty)$, 则称 $\{T_n\}$ 按范数收敛于 T 或一致收敛于 T, 记作 $T_n \xrightarrow{\|\cdot\|} T(n \to \infty)$;

(2) 若对 $\forall x \in X$, $\|T_n x - Tx\| \to 0$ $(n \to \infty)$, 则称 $\{T_n\}$ 强收敛于 T, 记作 $T_n \xrightarrow{强} T(n \to \infty)$ 或 (强) $\lim\limits_{n\to\infty} T_n = T$;

(3) 若对任意的 $x \in X$ 与 $f \in Y^*$, 有 $f(T_n x) \to f(Tx)$ $(n \to \infty)$, 则称 $\{T_n\}$ 弱收敛于 T, 记作 $T_n \xrightarrow{弱} T(n \to \infty)$ 或 (弱) $\lim\limits_{n\to\infty} T_n = T$.

显然对算子列有: 一致收敛 $\Longrightarrow$ 强收敛 $\Longrightarrow$ 弱收敛. 但反之不成立.

例 2.8.1　在 l^p $(1 \leqslant p < +\infty)$ 空间中定义左移算子 A_n:

$$A_n x = (x_{n+1}, x_{n+2}, \cdots), \quad \forall\, x = (x_1, x_2, \cdots) \in l^p.$$

则 $\|A_n x\|_p = \left(\sum\limits_{k=n+1}^{\infty} |x_k|^p\right)^{\frac{1}{p}} \leqslant \|x\|_p$. 故 $\|A_n\| \leqslant 1$ 且 $A_n \in \mathcal{B}(l^p)$. 因为 $\sum\limits_{k=n+1}^{\infty} |x_k|^p < +\infty$, 所以

$$\|A_n x\|_p = \left(\sum_{k=n+1}^{\infty} |x_k|^p\right)^{\frac{1}{p}} \to 0 \quad (n \to \infty).$$

因此, $A_n \xrightarrow{强} 0$ $(n \to \infty)$. 但对于 $e_{n+1} = (0, 0, \cdots, 0, 1, 0, \cdots)$, $A_n e_{n+1} = e_1$. 因此可得 $\|A_n e_{n+1}\|_p = \|e_1\|_p = 1$, 从而 $\|A_n\| \geqslant \|A_n e_{n+1}\|_p = 1$. 所以, $A_n \overset{\|\cdot\|}{\not\to} 0$ $(n \to \infty)$.

例 2.8.1 说明强收敛的算子列未必一致收敛.

例 2.8.2　在 l^p $(1 < p < +\infty)$ 空间中定义右移算子 A_n:

$$A_n x = (0, \cdots, 0, x_1, x_2, \cdots, x_n, \cdots), \quad \forall\, x = (x_1, x_2, \cdots) \in l^p.$$

则 $\|A_n x\|_p = \|x\|_p$. 故 $\|A_n\| = 1$ 且 $A_n \in \mathcal{B}(l^p)$. 对于 $\forall f = (\eta_1, \eta_2, \cdots, \eta_n, \cdots) \in (l^p)^* = l^q$, $\dfrac{1}{p} + \dfrac{1}{q} = 1, f(A_n x) = \sum\limits_{k=1}^{\infty} \eta_{n+k} x_k$. 因此由 Hölder 不等式可得

$$|f(A_n x)| \leqslant \|x\|_p \left(\sum_{k=n+1}^{\infty} |\eta_k|^q\right)^{\frac{1}{q}} \to 0 \quad (n \to \infty).$$

所以, $A_n \xrightarrow{弱} 0$ $(n \to \infty)$. 但 $\|A_n x\|_p = \|x\|_p \nrightarrow 0$ $(n \to \infty)$. 故 A_n 不强收敛于零算子.

例 2.8.2 说明弱收敛的算子列未必强收敛.

定理 2.8.1 (强收敛定理)　设 X 为赋范线性空间, Y 为 Banach 空间, $\{T_n\} \subset \mathcal{B}(X, Y)$. 若

(1) $\{\|T_n\|\}$ 有界;

(2) 存在 X 中的稠密子集 D, 使得对 $\forall x \in D$, $\{T_n x\}$ 收敛,
则存在 $T \in \mathcal{B}(X,Y)$, 使得 $\{T_n\}$ 强收敛于 T 且 $\|T\| \leqslant \varliminf\limits_{n\to\infty} \|T_n\|$.

证明 由 (1) 可知存在 $M > 0$, 使得 $\|T_n\| \leqslant M$, $n \in \mathbb{N}$. 对 $\forall x \in X$, 由 D 的稠密性, 存在 $x' \in D$, 使得对 $\forall \epsilon > 0$,

$$\|x' - x\| < \frac{\epsilon}{3M}.$$

因为 $\{T_n x'\}$ 收敛, 所以存在正整数 N, 当 $m > n \geqslant N$ 时,

$$\|T_m x' - T_n x'\| < \frac{\epsilon}{3}.$$

于是当 $m > n \geqslant N$ 时, 有

$$\begin{aligned}
\|T_m x - T_n x\| &\leqslant \|T_m x - T_m x'\| + \|T_m x' - T_n x'\| + \|T_n x' - T_n x\| \\
&\leqslant \|T_m\|\|x - x'\| + \frac{\epsilon}{3} + \|T_n\|\|x' - x\| \\
&\leqslant M\frac{\epsilon}{3M} + \frac{\epsilon}{3} + M\frac{\epsilon}{3M} = \epsilon.
\end{aligned}$$

所以 $\{T_n x\}$ 是 Y 中的 Cauchy 列, 由 Y 的完备性可知, $T_n x$ 收敛. 记

$$\lim_{n\to\infty} T_n x = Tx.$$

由 $\{T_n\}$ 的线性性及极限的线性性可知 $T: X \to Y$ 为线性算子. 当 $x \in X$ 时,

$$\|Tx\| = \lim_{n\to\infty} \|T_n x\| \leqslant \varliminf_{n\to\infty} \|T_n\|\|x\| \leqslant M\|x\|.$$

所以, $T \in \mathcal{B}(X,Y)$, 使得 $\{T_n\}$ 强收敛于 T 且 $\|T\| \leqslant \varliminf\limits_{n\to\infty} \|T_n\|$. □

对于线性泛函, 可引入如下概念.

定义 2.8.2 设 X 为赋范线性空间, $\{f_n\} \subset X^*, f \in X^*$.

(1) 若 $\|f_n - f\| \to 0\,(n \to \infty)$, 则称 $\{f_n\}$ 强收敛于 f, 记作 $f_n \to f(n \to \infty)$ 或 $\lim\limits_{n\to\infty} f_n = f$.

(2) 若对 $\forall x \in X$, $f_n(x) \to f(x)\,(n \to \infty)$, 则称 $\{f_n\}$ 弱* 收敛于 f, 记作 $f_n \xrightarrow{弱^*} f$ 或 (弱*) $\lim\limits_{n\to\infty} f_n = f$.

泛函是算子的特例. $\{f_n\} \subset X^* = \mathcal{B}(X,\mathbb{K})$ 可以看作是从 X 到 $\mathbb{K}$ 中的一列有界线性算子. 若把 $\{f_n\}$ 看成算子列, 则其强收敛相当于算子列的按范数收

敛 (一致收敛), 弱* 收敛相当于算子列的强收敛. 由于 $\mathbb{K}^* = \mathbb{K}$, 因此 $\{f_n\}$ 作为算子列弱收敛是指: 对任意的 $\alpha \in \mathbb{K}^* = \mathbb{K}$ 及 $x \in X$, $\alpha f_n(x) \to \alpha f(x)$ $(n \to \infty)$, 这相当于 $f_n(x) \to f(x)$ $(n \to \infty)$, 即算子列的强收敛. 因此泛函列的弱收敛等价于强收敛.

由定理 2.8.1 易得如下关于泛函列的结论.

定理 2.8.2　设 X 为赋范线性空间, $\{f_n\} \subset X^*$. 若

(1) $\{\|f_n\|\}$ 有界;

(2) 存在 X 中的稠密子集 D, 使得对 $\forall x \in D$, $\{f_n(x)\}$ 收敛,

则存在 $f \in X^*$, 使得 f_n 弱* 收敛于 f 且 $\|f\| \leqslant \varliminf_{n\to\infty} \|f_n\|$.

利用定理 2.8.2 可把数学分析中的 Riemann 引理从连续函数类推广到一般的 Lebesgue 可积函数类.

例 2.8.3　对 $\forall x = x(t) \in L^1[a,b]$, 有

$$\int_a^b x(t)\sin nt dt \to 0 \quad (n \to \infty).$$

证明　作 $L^1[a,b]$ 上的连续线性泛函

$$f_n(x) = \int_a^b x(t)\sin nt dt, \quad x \in L^1[a,b], \quad n = 1,2,\cdots,$$

则由 $(L^1[a,b])^* = L^\infty[a,b]$ 可知 $\|f_n\| = \max_{a\leqslant t\leqslant b} |\sin nt| = 1$, 所以 $\{f_n\}$ 不强收敛于 0. 而当 $\varphi = \varphi(t) \in C[a,b]$ 时, 由数学分析中的 Riemann 引理可知

$$f_n(\varphi) = \int_a^b \varphi(t)\sin nt dt \to 0 \quad (n \to \infty).$$

所以由 $C[a,b]$ 在 $L^1[a,b]$ 中的稠密性结合定理 2.8.2 可知, f_n 弱* 收敛于 0, 即对 $\forall x = x(t) \in L^1[a,b]$,

$$f_n(x) = \int_a^b x(t)\sin nt dt \to 0 \quad (n \to \infty).$$ □

例 2.8.3 说明弱* 收敛的泛函列未必强收敛. 例 2.8.3 也称作 Lebesgue-Riemann 引理.

例 2.8.4　若 $f(x) \in L^1[a,b]$, 则

$$\frac{\pi}{2}\int_a^b f(x)|\sin nx| dx \to \int_a^b f(x) dx \quad (n \to \infty).$$

证明 定义 $L^1[a,b]$ 上的泛函

$$f_n(f)=\int_a^b f(x)|\sin nx|dx,\quad f\in L^1[a,b],\quad n=1,2,\cdots,$$

则 $f_n\in(L^1[a,b])^*$, $\|f_n\|=\|\sin nx\|_\infty=1$. 但由数学分析中的结论可知, 对任意 $x=x(t)\in C[a,b]$,

$$f_n(x)=\int_a^b x(t)|\sin nt|dt\to\frac{2}{\pi}\int_a^b x(t)dt\quad(n\to\infty).$$

所以由 $C[a,b]$ 在 $L^1[a,b]$ 中的稠密性结合定理 2.8.2 可知, 泛函列 $\{f_n\}$ 弱* 收敛于 $f(x)=\dfrac{2}{\pi}\displaystyle\int_a^b x(t)dt$, 即对 $\forall f=f(x)\in L^1[a,b]$ 有

$$\int_a^b f(x)|\sin nx|dx\to\frac{2}{\pi}\int_a^b f(x)dx\quad(n\to\infty).$$ □

赋范线性空间 X 可通过自然嵌入 i 嵌到 X^{**} 中, 故对 X 中的点列 $\{x_n\}$, 可看作 Banach 空间 X^* 上的泛函点列 $\{x_n^{**}\}$, 故对点列可引入如下概念.

定义 2.8.3 设 X 为赋范空间, $\{x_n\}\subset X$, $x\in X$,

(1) 若 $\|x_n-x\|\to0$ $(n\to\infty)$, 则称 $\{x_n\}$ 强收敛 (按范数收敛) 于 x, 记为 $x_n\to x$ $(n\to\infty)$.

(2) 若对 $\forall f\in X^*$, $f(x_n)\to f(x)$ $(n\to\infty)$, 则称 $\{x_n\}$ 弱收敛于 x, 记为 $x_n\xrightarrow{\text{弱}}x$ $(n\to\infty)$ 或 (弱) $\lim\limits_{n\to\infty}x_n=x$.

点列弱收敛的极限是唯一的, 若有 x',x'', 使得 $x_n\xrightarrow{\text{弱}}x'$ 且 $x_n\xrightarrow{\text{弱}}x''$, 则对 $\forall f\in X^*$, 有 $f(x'-x'')=0$. 由泛函存在定理可知 $x'=x''$. 显然, 强收敛的点列必弱收敛, 但反之不然.

例 2.8.5 在 l^p $(1<p<\infty)$ 中, 考察 $\{e_n\}$, $e_n=(0,0,\cdots,0,1,0,\cdots)$. 对于 $\forall f\in(l^p)^*=l^q,\dfrac{1}{p}+\dfrac{1}{q}=1$, $f=(\eta_1,\eta_2,\cdots,\eta_n,\cdots)\in l^q$, 有

$$f(e_n)=\eta_n\to0\quad(n\to\infty).$$

故 $e_n\xrightarrow{\text{弱}}0$. 但 $\|e_n-0\|=1$, 因此 e_n 不强收敛于 0.

例 2.8.5 说明弱收敛的点列未必强收敛.

习　题　2

1. 设 $K(x,y)\in L^q(\mathbb{R}^2,\mathbb{R}), f(y)\in L^p(\mathbb{R},\mathbb{R})$ 且 $\dfrac{1}{p}+\dfrac{1}{q}=1, p>1$. 证明

$$T: f(x)\mapsto \varphi(x)=\int_{\mathbb{R}} K(x,y)f(y)dy$$

是 $L^p(\mathbb{R},\mathbb{R})\to L^q(\mathbb{R},\mathbb{R})$ 的有界线性算子.

2. 设 T 是 $L^2[0,1]$ 上的有界线性算子. 证明如果 T 把 $L^2[0,1]$ 中连续函数映成连续函数, 则 T 是 $C[0,1]$ 上的有界线性算子.

3. 对于每个 $y\in L^\infty[a,b]$, 定义线性算子 $T: L^p[a,b]\to L^p[a,b](1\leqslant p<\infty)$,

$$(Tx)(t)=y(t)x(t),\quad \forall x\in L^p[a,b].$$

求 T 的范数.

4. 对于任意有界数列 $\{\alpha_n\}$ 定义线性算子 $T: l^p\to l^p(1\leqslant p<\infty)$,

$$(x_1,x_2,\cdots)\mapsto(\alpha_1x_1,\alpha_2x_2,\cdots).$$

求 T 的范数.

5. 设 $(Tx)(t)=t^2x(t)$. 若 T 是 $L^2[0,1]\to L^1[0,1]$ 的算子, 计算 T 的范数; 若 T 是 $L^2[0,1]\to L^2[0,1]$ 的算子, 求 T 的范数.

6. 设 X 是 Banach 空间, Y 是赋范线性空间, $T\in\mathcal{B}(X,Y)$. 若有正常数 m 使得 $\|Tx\|\geqslant m\|x\|, \forall x\in X$, 证明 $R(T)$ 是 Y 中的闭集.

7. X 为线性空间, $\|\cdot\|_1, \|\cdot\|_2$ 分别是 X 上的范数. 如果凡对 $\|\cdot\|_1$ 连续的线性泛函, 也必对 $\|\cdot\|_2$ 连续, 证明必存在数 $\alpha>0$, 使对一切 $x\in X$, $\|x\|_1\leqslant\alpha\|x\|_2$.

8. 设 $X=C[a,b]$, X 上的范数定义为 $\|f\|=\max\limits_{a\leqslant t\leqslant b}|f(t)|, f\in X$. 定义 X 到 X 的线性算子 T 为

$$(Tf)(t)=\int_a^t f(x)dx,\quad \forall f\in X,\quad t\in[a,b].$$

证明 T 是有界的, 并求 T 的范数及 $\lim\limits_{n\to\infty}\sqrt[n]{\|T^n\|}$.

9. 设 X, Y 为 Banach 空间, $T\in\mathcal{B}(X,Y)$. 若 T 是满射和单射, 证明存在正常数 a, b, 使得对 $\forall x\in X$, 有

$$a\|x\|\leqslant\|Tx\|\leqslant b\|x\|.$$

10. 设 $\phi(t)\in C[0,1]$, 在 $C[0,1]$ 上定义泛函

$$\Phi(f)=\int_0^1\phi(t)f(t)dt,\quad \forall f\in C[0,1].$$

求 Φ 的范数.

11. 设 X 是 Banach 空间, Y 是赋范线性空间, $T_n\in\mathcal{B}(X,Y)$. 若对 $\forall x\in X$, $\lim\limits_{n\to\infty}T_nx$ 存在, 则 $\lim\limits_{x\to\theta}\sup\limits_n\|T_nx\|=0$.

12. 在 $C[0,1]$ 上定义

$$f(x)=\int_0^{\frac{1}{2}} x(t)dt-\int_{\frac{1}{2}}^1 x(t)dt.$$

证明下述结论:

(1) f 是连续的;

(2) $\|f\|=1$;

(3) 不存在 $x\in C[0,1]$, $\|x\|\leqslant 1$, 使得 $f(x)=1$.

13. 设 X,Y 是赋范线性空间, $X\neq\{\theta\}$. 证明若 $\mathcal{B}(X,Y)$ 是 Banach 空间, 则 Y 是 Banach 空间.

14. 设 X 是赋范线性空间, $E\subset X$ 是线性子空间, $\{f_n\}$ 是 E 上的一列线性泛函并且 $\|f_n\|\leqslant M<+\infty$. 证明算子 $T:E\to l^\infty$,

$$Tx=(f_1(x),f_2(x),\cdots)$$

可以延拓到 X 上并且 $\|T\|=\sup\limits_n\|f_n\|$.

15. 设 X,Y 是赋范线性空间, $T_n\in\mathcal{B}(X,Y)$, A 是满足 $\sup\limits_{n\geqslant 1}\|T_nx\|<+\infty$ 的点 x 的全体. 证明要么 $A=X$, 要么 A 是 X 中的第一纲集.

16. 设 $1\leqslant p<+\infty$, $\alpha(t)$ 是 $[a,b]$ 上的可测函数, 使得对 $\forall x\in L^p[a,b]$, $\displaystyle\int_a^b x(t)\alpha(t)dt$ 存在. 证明 $\alpha\in L^q[a,b]$, 其中 $\dfrac{1}{p}+\dfrac{1}{q}=1$.

17. 设 $c_0=\{x=(x_1,x_2,\cdots,x_n,\cdots)|x_n\in\mathbb{K},\ \lim\limits_{n\to\infty}x_n=0\}$. 证明 $c_0^*=l^1$, 即 $f\in c_0^*$ 时存在数列 $\{\alpha_n\}\in l^1$ 使得

$$f(x)=\sum_{n=1}^\infty \alpha_n x_n,\qquad \forall x=\{x_n\}\in c_0.$$

18. 设 $c=\{x=(x_1,x_2,\cdots,x_n,\cdots)|x_n\in\mathbb{K},\ \lim\limits_{n\to\infty}x_n\text{ 存在}\}$. 证明 $c^*=l^1$, 即 $f\in c^*$ 时存在数列 $\{\alpha_n\}\in l^1$ 和 $\alpha\in\mathbb{K}$ 使得

$$f(x)=\alpha\lim_{n\to\infty}x_n+\sum_{n=1}^\infty \alpha_n x_n,\qquad \forall x=\{x_n\}\in c.$$

19. 设 $x_1,x_2,\cdots,x_n$ 是 $(X,\|\cdot\|)$ 中线性无关元, $\{\alpha_1,\alpha_2,\cdots,\alpha_n\}\subset\mathbb{K}$. 证明在 X 上存在线性泛函 f 满足

(1) $f(x_k)=\alpha_k,\ k=1,2,\cdots,n$;

(2) $\|f\|\leqslant M$

的充分必要条件是: 对任意的数 $\beta_1,\beta_2,\cdots,\beta_n\in\mathbb{K}$, 有

$$\left|\sum_{k=1}^n\alpha_k\beta_k\right|\leqslant M\left\|\sum_{k=1}^n\beta_k x_k\right\|.$$

20. 设 X 为赋范线性空间, $x, y \in X$, 若对 $\forall f \in X^*$, 有 $f(x) = f(y)$. 证明 $x = y$.

21. 试求下列在 $L^2(-\infty, \infty)$ 上定义的线性算子的共轭算子:

(1) $(Tx)(t) = x(t+h)$ (h 是给定的实数);

(2) $(Tx)(t) = a(t)x(t+h)$, $a(t)$ 是有界可测函数, h 是给定的实数;

(3) $(Tx)(t) = \frac{1}{2}[x(t) + x(-t)]$.

22. 设 $T : l^2 \to l^2$ 为

$$T(x_1, x_2, \cdots) = \left(x_1, \frac{x_2}{2}, \cdots, \frac{x_n}{n}, \cdots\right).$$

求 T 的共轭算子 T^*.

23. 设 $T : l^p \to l^p$ $(1 < p < +\infty)$ 为

$$T(x_1, x_2, \cdots) = (0, x_1, x_2, \cdots).$$

求 T 的共轭算子 T^*.

24. 设 $T_n, T \in \mathcal{B}(X, Y)$ $(n = 1, 2, \cdots)$. 证明当 $\|T_n - T\| \to 0$ 时,

$$\|T_n^* - T^*\| \to 0 \quad (n \to \infty).$$

25. 举例说明当赋范线性空间 X 中线性无关的元素族 $\{x_k\}$ 含有可数无穷多个元素时, 则不一定存在 X 上的一致有界线性泛函族 $\{f_k\}$ 使得 $f_k(x_l) = \delta_{kl}$ $(k, l = 1, 2, 3, \cdots)$.

26. 设 X 是赋范线性空间, 并且任何线性映射 $L : X \to Y$ 是连续的. 证明 X 是有限维的.

27. 设 X 是赋范线性空间, f 是 X 上的线性泛函. 证明

(1) f 连续的充分必要条件是 f 的零空间 $N(f) = \{x \mid f(x) = 0\}$ 是 X 中的闭子空间;

(2) 当 $f \neq 0$ 时, f 不连续的充分必要条件是 $N(f)$ 在 X 中稠密.

28. 设 T_n 是 $L^p(\mathbb{R})$ $(1 \leqslant p < \infty)$ 到自身的算子,

$$(T_n f)(x) = \begin{cases} f(x), & |x| \leqslant n, \\ 0, & |x| > n, \end{cases}$$

其中 $f \in L^p(\mathbb{R})$. 证明 T_n 强收敛于恒等算子 I, 但不一致收敛于 I.

29. 设 E, E_1, E_2 都是 Banach 空间, T_n, $T \in \mathcal{B}(E, E_1)$, S_n, $S \in \mathcal{B}(E_1, E_2)$. 若 $\{T_n\}$, $\{S_n\}$ 分别强收敛于 T, S, 证明 $\{S_n T_n\}$ 强收敛于 ST.

30. 设 X 是 l^∞ 中只有有限多个零项的数列构成的子空间. 定义 $T : X \to X$, $x = (x_1, \cdots, x_n, \cdots) \mapsto y = (y_1, \cdots, y_n, \cdots)$, 其中 $y_k = \frac{1}{k} x_k$.

(1) 证明 $T \in \mathcal{B}(X)$, 并计算 T 的范数;

(2) 证明 T^{-1} 无界.

31. 设无穷矩阵 (a_{ij}) 满足条件

$$\sum_{i=1}^{\infty} |a_{ij}^2| < \infty \quad (j = 1, 2, \cdots).$$

在 l^2 上定义线性算子 T 如下:

$$y = Tx : \eta_j = \sum_{i=1}^{\infty} a_{ij}\xi_i \quad (j = 1, 2, \cdots),$$

其中 $x = (\xi_1, \xi_2, \cdots, \xi_n, \cdots)$, $y = (\eta_1, \eta_2, \cdots, \eta_n, \cdots)$. 证明 T 是从 l^2 到其自身的连续算子.

32. 设 X, Y 是赋范线性空间, $T : X \to Y$ 是闭算子. 证明

(1) $N(T) = \{x | Tx = \theta\}$ 是 X 的闭线性子空间;

(2) T 将 X 中的紧集映为 Y 中的闭集;

(3) Y 中的紧集的原像是 X 中的闭集.

33. 设 X, Y 是赋范线性空间, $T : X \to Y$ 为线性算子. 若 T 为闭算子且逆算子 $T^{-1} : Y \to X$ 存在, 证明 T^{-1} 也是闭算子.

34. 设 X, Y 是赋范线性空间, $T_1 : X \to Y$ 是闭算子且 $T_2 \in \mathcal{B}(X, Y)$. 证明 $T_1 + T_2$ 是闭算子.

35. 若 $\|\cdot\|$ 是 $C[a, b]$ 上的另一完备范数 (原范数记为 $\|\cdot\|_C$), 并且当 $\|x_n - x\| \to 0$ 时必有 $|x_n(t) - x(t)| \to 0, \forall t \in [a, b]$. 证明 $\|\cdot\|$ 与 $\|\cdot\|_C$ 等价.

36. 应用闭图像定理证明, 若 X, Y 是 Banach 空间, $T : X \to Y$ 是线性算子, 满足 $\forall f \in Y^*, f(T) \in X^*$, 则 T 一定是有界线性算子.

37. 设 T 是 $C[a, b]$ 上有界线性算子, 记 $Tt^n = f_n(t), \quad n = 0, 1, 2, \cdots$. 证明 T 完全由函数列 $\{f_n(t)\}$ 唯一确定.

38. 设 X, Y 是两个赋范线性空间. 证明下述结论:

(1) 如果在 $X \times Y$ 上规定 $\|(x, y)\| = \max\{\|x\|, \|y\|\}$, 则对任何 $F \in (X \times Y)^*$, 必存在唯一的一对 $f \in X^*, g \in Y^*$, 使得 $F\big((x, y)\big) = f(x) + g(y)$;

(2) 如果在 $X^* \times Y^*$ 上规定 $\|(f, g)\| = \|f\| + \|g\|$, 那么 $F \mapsto (f, g)$ 的映射是 $(X \times Y)^*$ 到 $X^* \times Y^*$ 的保范线性同构, 即在这个意义下, $(X \times Y)^* = X^* \times Y^*$.

39. 设 X 是赋范线性空间, M 是 X 的闭线性子空间. 证明如果 $\{x_n\} \subset M$, 而且 $x_0 = (\text{弱}) \lim\limits_{n\to\infty} x_n$, 那么 $x_0 \in M$.

40. 证明 l^1 中任何弱收敛的点列必是强收敛的.

41. 设 X 是 Banach 空间, Y 是赋范线性空间. 证明 $\mathcal{B}(X, Y)$ 弱完备的充分必要条件是 Y 是弱完备的 (这里弱完备是指弱基本序列必弱收敛).

42. 设 X, Y 都是 Banach 空间, A 是 $X \to Y$ 的线性算子 ($D(A) = X$). 证明如果对每个 $y^* \in Y^*$, $y^*(Ax)$ 作为 X 空间上的泛函是连续线性泛函, 那么 $A \in \mathcal{B}(X, Y)$.

43. 设 X, Y 是 Banach 空间, $A \in \mathcal{B}(X, Y)$, 并且 $AX = Y$. 证明存在常数 N, 对任何 Y 中收敛于 y_0 的点列 $\{y_n\}$, 必存在 $\{x_n\} \subset X$, 使得 $\|x_n\| \leqslant N\|y_n\|$, $Ax_n = y_n$ $(n = 1, 2, 3, \cdots)$ 且 $x_n \to x_0$ $(n \to \infty)$.

44. 设 X 是线性空间, $\|\cdot\|_1$, $\|\cdot\|_2$ 分别是 X 上的范数. 如果对任何关于 $\|\cdot\|_1$, $\|\cdot\|_2$ 都收敛的序列 $\{x_n\}$ 必有相同的极限点, 那么称 $\|\cdot\|_1$, $\|\cdot\|_2$ 是符合的. 证明如果 X 分别按 $\|\cdot\|_1$, $\|\cdot\|_2$ 成为 Banach 空间, 并且 $\|\cdot\|_1$, $\|\cdot\|_2$ 是符合的, 那么 $\|\cdot\|_1$ 与 $\|\cdot\|_2$ 等价.

45. 举例说明一致有界原理中空间的完备性假设是必不可少的.

46. 设 X 是 Banach 空间, $\{f_n\} \subset X^*$. 证明对任何 $x \in X$, $\sum\limits_{n=1}^{\infty} |f_n(x)| < +\infty$ 的充分必要条件是对任何 $F \in X^{**}$, $\sum\limits_{n=1}^{\infty} |F(f_n)| < +\infty$.

47. 设 X, Y 是两个赋范线性空间, $\{A_\alpha \mid \alpha \in \Lambda\}$ 是一族 $X \to Y$ 的有界线性算子. 如果对任何 $x \in X$, $y^* \in Y^*$, 数集 $\{y^*(A_\alpha x) \mid \alpha \in \Lambda\}$ 是有界集, 那么称 $\{A_\alpha | \alpha \in \Lambda\}$ 是弱有界的. 证明当 X 是 Banach 空间时, 则从 $\{A_\alpha \mid \alpha \in \Lambda\}$ 的弱有界性必可推出 $\{A_\alpha \mid \alpha \in \Lambda\}$ 按算子范数的有界性.

48. 设 $(E, \|\cdot\|)$ 是 Banach 空间, $(F, \|\cdot\|_1)$ 是赋范线性空间, $\|\cdot\|_2$ 是 F 上的第二个范数, 并且 $(F, \|\cdot\|_2)$ 成为 Banach 空间. 如果 $\|\cdot\|_2$ 强于 $\|\cdot\|_1$, 那么任何 $(E, \|\cdot\|) \to (F, \|\cdot\|_1)$ 的有界线性算子 T 必是 $(E, \|\cdot\|) \to (F, \|\cdot\|_2)$ 的有界线性算子.

49. 设 X, Y, Z 及 $E \neq \{\theta\}$ 都是赋范线性空间, 并且 $Z = X + Y$. 显然 $Z \to E$ 的任何一个线性算子 T 必可表示成 $Tz = T_X x + T_Y y$, 其中 $z = x + y$, $x \in X$, $y \in Y$, 而 T_X, T_Y 分别是 $X \to E$, $Y \to E$ 的线性算子. 证明 $T \in \mathcal{B}(Z, E)$ 等价于 $T_X \in \mathcal{B}(X, E)$ 及 $T_Y \in \mathcal{B}(Y, E)$ 同时成立的充分必要条件是存在 $\alpha > 0$, $\beta > 0$, 使得对任何 $z = x + y \in Z$,

$$\beta(\|x\| + \|y\|) \leqslant \|z\| \leqslant \alpha(\|x\| + \|y\|).$$

Chapter 第3章

Hilbert空间

在第 2 章中, 我们研究了一般的 Banach 空间理论. Banach 空间是 n 维欧氏空间 $\mathbb{R}^n$ 向无穷维的推广, 并继承了 $\mathbb{R}^n$ 中的部分性质与概念, 例如向量的范数相当于 $\mathbb{R}^n$ 中的模长. 但是, $\mathbb{R}^n$ 中还有一个非常重要的概念——两向量的夹角, 特别是两个向量的正交. 有了它们, 就有了投影定理、勾股定理的概念. 而在一般的 Banach 空间中并没有引入这些概念. 这一章我们研究一类与 n 维欧氏空间 $\mathbb{R}^n$ 更类似的特殊 Banach 空间——Hilbert 空间, 这是从 Banach 空间中分出来的向量之间有夹角的特殊空间.

3.1 内积空间的基本概念

3.1.1 内积与内积空间

在线性代数中我们学习了 n 维欧氏空间 $\mathbb{R}^n$ 中向量内积的概念, 对 $\mathbb{R}^n$ 中任意两个向量 $x=(x_1,x_2,\cdots,x_n)$, $y=(y_1,y_2,\cdots,y_n)$, 其内积定义为

$$(x,y)=x_1y_1+x_2y_2+\cdots+x_ny_n,$$

它是 $\mathbb{R}^n$ 上的二元函数. 易验证这样定义的内积 (x,y) 具有如下性质.

(i) **正定性** $(x,x)\geqslant 0, \forall x\in\mathbb{R}^n$, 且 $(x,x)=0$ 等价于 $x=\theta$;

(ii) **对第一变元的线性性** $(\alpha x+\beta y,z)=\alpha(x,z)+\beta(y,z), \forall x,y,z\in\mathbb{R}^n$, $\alpha,\beta\in\mathbb{R}$;

(iii) **对称性** $(y,x)=(x,y), \forall x,y\in\mathbb{R}^n$.

这三条是 $\mathbb{R}^n$ 中内积的本质性质, $\mathbb{R}^n$ 中的几何概念完全由内积及这三条性质确定. 因此我们把这三条性质抽象出来, 用公理化的方法在一般线性空间上给出内积的定义.

定义 3.1.1　设 $\mathbb{K}$ 为实数域或复数域, H 是 $\mathbb{K}$ 上的线性空间. 若对 H 中的任何两个向量 x, y, 都有唯一的一个数 $(x, y) \in \mathbb{K}$ 与之对应, 即有 H 上二元函数 $(\cdot, \cdot): H \times H \to \mathbb{K}$ 满足条件:

(i) **正定性**　$(x, x) \geqslant 0, \forall x \in H$, 且 $(x, x) = 0$ 等价于 $x = \theta$;

(ii) **对第一变元的线性性**　$(\alpha x + \beta y, z) = \alpha(x, z) + \beta(y, z), \forall x, y, z \in H$, $\alpha, \beta \in \mathbb{K}$;

(iii) **共轭对称性**　$(y, x) = \overline{(x, y)}, \forall x, y \in H$,

则称 (x, y) 为 H 中 x 与 y 的内积. 定义了内积的线性空间称为内积空间, 记为 $(H, (\cdot, \cdot))$, 简记为 H.

当 $\mathbb{K}$ 为复数域时, H 称为复内积空间; 当 $\mathbb{K}$ 为实数域时, H 称为实内积空间, 此时性质 (iii) 共轭对称性变为对称性: $(y, x) = (x, y)$. 若无特别说明, 内积空间一般均指复内积空间. 由条件 (ii) 和 (iii), 可得内积的第四条性质.

(iv) **内积对第二个变元是共轭线性的**　即对任意的 $x, y, z \in H$ 及任意的两个数 α, β, 有

$$(x, \alpha y + \beta z) = \overline{\alpha}(x, y) + \overline{\beta}(x, z).$$

在 n 维欧氏空间 $\mathbb{R}^n$ 中, 向量的范数可由内积引入:

$$\|x\| = \sqrt{(x, x)}. \tag{3.1.1}$$

事实上, 对于一般的内积空间也可由 (3.1.1) 式引进范数使其成为赋范线性空间. 为了证明这一结论, 我们先证明如下引理.

引理 3.1.1 (Schwarz (施瓦茨) 不等式)　设 H 为内积空间, 则对任意的 $x, y \in H$, 有

$$|(x, y)| \leqslant \|x\|\|y\|. \tag{3.1.2}$$

证明　对任意的数 $\lambda \in \mathbb{K}$, 有

$$\begin{aligned} 0 \leqslant (x + \lambda y, x + \lambda y) &= (x, x) + \lambda(y, x) + \overline{\lambda}(x, y) + |\lambda|^2(y, y) \\ &= (x, x) + 2\mathrm{Re}\overline{\lambda}(x, y) + |\lambda|^2(y, y). \end{aligned}$$

当 $y = \theta$ 时, (3.1.2) 式自然成立. 当 $y \neq \theta$ 时, $(y, y) > 0$, 在上式中取 $\lambda = -\dfrac{(x, y)}{(y, y)}$, 就有

$$\|x\|^2 - 2\frac{|(x,y)|^2}{\|y\|^2} + \frac{|(x,y)|^2}{\|y\|^2} \geqslant 0,$$

即 $|(x,y)| \leqslant \|x\|\|y\|$. □

定理 3.1.1 设 H 为内积空间, $(\cdot,\cdot)$ 为 H 上的内积, 则对任意的 $x \in H$, $\|x\| = \sqrt{(x,x)}$ 为 H 上的范数.

证明 由内积的定义可直接推出 $\|\cdot\|$ 满足正定性与正齐性. 因此, 只需验证 $\|\cdot\|$ 满足三角不等式. 对任意 $x, y \in H$, 我们有

$$\|x+y\|^2 = (x+y, x+y) = \|x\|^2 + 2\mathrm{Re}(x,y) + \|y\|^2, \tag{3.1.3}$$

由 Schwarz 不等式, 可知

$$|\mathrm{Re}(x,y)| \leqslant |(x,y)| \leqslant \|x\|\|y\|, \tag{3.1.4}$$

由 (3.1.3) 式和 (3.1.4) 式即知

$$\|x+y\|^2 \leqslant \|x\|^2 + 2\|x\|\|y\| + \|y\|^2 = (\|x\| + \|y\|)^2,$$

所以

$$\|x+y\| \leqslant \|x\| + \|y\|.$$

□

称 H 中的范数 $\|x\| = \sqrt{(x,x)}$ 是由内积 $(\cdot,\cdot)$ 导出的范数, 因此, 内积空间按内积导出的范数自然地成为赋范线性空间. 凡是在内积空间中的收敛、极限等概念, 如无特殊声明都是指按照这个范数所导出的距离 d 而言的.

引理 3.1.2 设 H 为内积空间, 则 H 的内积 $(\cdot\,,\cdot)$ 关于两个变元是连续的, 即当 $x_n \to x_0$, $y_n \to y_0$ 时, $(x_n, y_n) \to (x_0, y_0)$ $(n \to \infty)$.

证明 因为

$$\begin{aligned}
|(x_n,y_n) - (x_0,y_0)| &\leqslant |(x_n,y_n) - (x_n,y_0)| + |(x_n,y_0) - (x_0,y_0)| \\
&= |(x_n, y_n - y_0)| + |(x_n - x_0, y_0)| \\
&\leqslant \|x_n\|\|y_n - y_0\| + \|x_n - x_0\|\|y_0\|,
\end{aligned}$$

并且由 $x_n \to x_0$ 可知 $\|x_n\|$ 有界. 因此, 当 $x_n \to x_0$, $y_n \to y_0$ 时,

$$|(x_n,y_n) - (x_0,y_0)| \to 0 \quad (n \to \infty).$$

□

3.1.2 Hilbert 空间

在赋范线性空间中我们看到空间是否完备是非常重要的, 在内积空间中, 是否完备同样也是很重要的.

定义 3.1.2 完备的内积空间称为 Hilbert 空间.

例 3.1.1 平方可和数列空间 l^2 是 Hilbert 空间.

证明 对任意的 $x, y \in l^2$, $x = (\xi_1, \xi_2, \cdots, \xi_n, \cdots)$, $y = (\eta_1, \eta_2, \cdots, \eta_n, \cdots)$, 定义内积

$$(x, y) = \sum_{k=1}^{\infty} \xi_k \overline{\eta_k}. \tag{3.1.5}$$

由 Hölder 不等式得到

$$\sum_{k=1}^{\infty} \xi_k \overline{\eta_k} \leqslant \left(\sum_{k=1}^{\infty} |\xi_k|^2 \right)^{\frac{1}{2}} \left(\sum_{k=1}^{\infty} |\overline{\eta_k}|^2 \right)^{\frac{1}{2}} < +\infty,$$

故 (3.1.5) 式定义的内积有意义, 易验证其满足内积的三个条件, 且由此内积诱导的范数为 $\|x\| = \left(\sum\limits_{k=1}^{\infty} |\xi_k|^2 \right)^{\frac{1}{2}}$, 正好是 l^2 的范数. 因此 l^2 是一个 Hilbert 空间. □

例3.1.2 设 $E \subset \mathbb{R}^n$ 为可测集, 则 E 上的平方可积函数空间 $L^2(E)$ 是 Hilbert 空间.

证明 对任意的 $f, g \in L^2(E)$, 定义内积

$$(f, g) = \int_E f(x) \overline{g(x)} dx. \tag{3.1.6}$$

由积分形式的 Hölder 不等式, 有

$$\int_E f(x) \overline{g(x)} dx \leqslant \left(\int_E |f(x)|^2 dx \right)^{\frac{1}{2}} \left(\int_E |\overline{g(x)}|^2 dx \right)^{\frac{1}{2}} < +\infty.$$

故 (3.1.6) 式定义的内积有意义, 易验证其满足内积的三个条件, 且由此内积诱导的范数为 $\|f\| = \left(\int_E |f(x)|^2 dx \right)^{\frac{1}{2}}$. 已知 $L^2(E)$ 按此范数是 Banach 空间, 所以 $L^2(E)$ 是一个 Hilbert 空间. □

定理 3.1.2 设 H 为内积空间, $\|\cdot\|$ 是内积范数, 则对任意 $x, y \in H$, 有

$$\|x + y\|^2 + \|x - y\|^2 = 2 \left(\|x\|^2 + \|y\|^2 \right). \tag{3.1.7}$$

证明 由内积定义的范数可知

$$\|x+y\|^2=(x+y,x+y)=(x,x)+(x,y)+(y,x)+(y,y),$$

$$\|x-y\|^2=(x-y,x-y)=(x,x)-(x,y)-(y,x)+(y,y),$$

由上述两式, 可得

$$\|x+y\|^2+\|x-y\|^2=2\left(\|x\|^2+\|y\|^2\right). \qquad \square$$

注 3.1.1 若 $H=\mathbb{R}^2$, 则等式 (3.1.7) 的几何意义是: 平行四边形的对角线长度的平方和等于四边的长度平方和. 所以对一般的内积空间, 等式 (3.1.7) 也称为平行四边形公式.

注 3.1.2 定理 3.1.2 表明由内积决定的范数必定适应平行四边形公式, 这是内积范数的本质特征.

下面的定理说明: 适合平行四边形公式的赋范线性空间一定是内积空间.

定理 3.1.3 设 X 为赋范线性空间, $\|\cdot\|$ 为其范数. 若 $\|\cdot\|$ 满足平行四边形公式, 则可以在 X 中定义一个内积 $(\cdot,\cdot)$, 使得由这个内积产生的范数 $\|\cdot\|$ 正好是 X 中原来的范数.

证明 若 X 为内积空间, 则易验证当 X 为实空间时,

$$(x,y)=\frac{1}{4}\left(\|x+y\|^2-\|x-y\|^2\right),\quad \forall x,y\in X. \tag{3.1.8}$$

当 X 为复空间时,

$$(x,y)=\frac{1}{4}\left(\|x+y\|^2-\|x-y\|^2+\mathrm{i}\|x+\mathrm{i}y\|^2-\mathrm{i}\|x-\mathrm{i}y\|^2\right),\quad \forall x,y\in X. \tag{3.1.9}$$

(3.1.8) 式和 (3.1.9) 式表明, 内积空间中的内积也可由范数表示. (3.1.8) 式和 (3.1.9) 式分别称为实内积空间和复内积空间的极化恒等式. 这启发我们当 X 为实空间时, 对任意的 $x,y\in X$, 作

$$(x,y)_1=\frac{1}{4}\left(\|x+y\|^2-\|x-y\|^2\right). \tag{3.1.10}$$

下证 $(\cdot,\cdot)_1$ 确实是内积. 事实上, 显然 $(x,y)_1=(y,x)_1$, 即内积的条件 (iii) 成立. 由 (3.1.10) 式及平行四边形公式得到, 对任意的 $x,y,z\in X$,

$$\begin{aligned}(x,z)_1+(y,z)_1&=\frac{1}{4}\left(\|x+z\|^2-\|x-z\|^2+\|y+z\|^2-\|y-z\|^2\right)\\&=\frac{1}{4}\left(2\left\|\frac{x+y}{2}+z\right\|^2+2\left\|\frac{x-y}{2}\right\|^2-2\left\|\frac{x+y}{2}-z\right\|^2-2\left\|\frac{x-y}{2}\right\|^2\right)\\&=\frac{1}{2}\left(\left\|\frac{x+y}{2}+z\right\|^2-\left\|\frac{x+y}{2}-z\right\|^2\right)\\&=2\left(\frac{x+y}{2},z\right)_1.\end{aligned}\tag{3.1.11}$$

在 (3.1.11) 式中取 $y=\theta$ 得到

$$(x,z)_1=2\left(\frac{x}{2},z\right)_1,\tag{3.1.12}$$

再在 (3.1.12) 式中把 x 换作 $x+y$, 并利用 (3.1.11) 式得

$$(x,z)_1+(y,z)_1=(x+y,z)_1.\tag{3.1.13}$$

对任意的 $x,z\in X$, 我们作函数

$$f(t)=(tx,z)_1,\quad -\infty<t<+\infty.\tag{3.1.14}$$

则由 (3.1.13) 式得到

$$f(t_1+t_2)=f(t_1)+f(t_2),\quad -\infty<t_1,t_2<+\infty.\tag{3.1.15}$$

从而对任意的正整数 n, 有 $f(nt)=nf(t)$. 取 $t=\dfrac{1}{n}$ 得到 $f\left(\dfrac{1}{n}\right)=\dfrac{1}{n}f(1)$. 于是对任意的 $m\in\mathbb{N}^+$, 有 $f\left(\dfrac{m}{n}\right)=mf\left(\dfrac{1}{n}\right)=\dfrac{m}{n}f(1)$, 从而对任意的 $r\in\mathbb{Q}$, $f(r)=f(1)r$. 又由于当 $t_n\to t$ 时, $\|t_nx\pm z\|\to\|tx\pm z\|$, 再利用 (3.1.10) 式得到函数 $f(t)$ 连续. 因此对任意的 $t\in(-\infty,+\infty)$, $f(t)=f(1)t$, 从而

$$(tx,z)_1=t(x,z)_1.\tag{3.1.16}$$

结合 (3.1.13) 式和 (3.1.16) 式说明 $(\cdot,\cdot)_1$ 满足内积条件 (ii).

在 (3.1.10) 式中, 令 $y=x$ 就得到 $\|x\|^2=(x,x)_1$, 所以 $(\cdot,\cdot)_1$ 满足内积条件 (i). 因此, 当 X 为实空间时, $(\cdot,\cdot)_1$ 确实是内积, 且其导出的范数就是原先给定的范数.

当 X 为复的赋范线性空间时, 受复内积空间的极化恒等式 (3.1.9) 启发, 对任意的 $x,y\in X$, 作

$$(x,y)=\frac{1}{4}\left(\|x+y\|^2-\|x-y\|^2+\mathrm{i}\|x+\mathrm{i}y\|^2-\mathrm{i}\|x-\mathrm{i}y\|^2\right),$$

于是由 (3.1.10) 式得到

$$(x,y)=(x,y)_1+\mathrm{i}(x,\mathrm{i}y)_1. \tag{3.1.17}$$

下面证明 $(\cdot,\cdot)$ 是 X 中的内积. 事实上, 由等式 (3.1.13) 可知

$$(x,z)+(y,z)=(x+y,z).$$

又由等式 (3.1.16) 知道对任意的实数 α, 有

$$(\alpha x,y)=\alpha(x,y). \tag{3.1.18}$$

又由 (3.1.17) 式易验证 $(\mathrm{i}x,y)=\mathrm{i}(x,y)$. 因此对任意的复数 α, (3.1.18) 式仍成立. 所以 $(\cdot,\cdot)$ 满足内积条件 (ii). 再由 (3.1.17) 式易验证 $(\cdot,\cdot)$ 满足内积条件 (i) 和 (iii). 因此 $(\cdot,\cdot)$ 确是复赋范线性空间的内积, 且其导出的范数就是原先给定的范数. □

注 3.1.3 在赋范线性空间中, 若平行四边形公式不成立, 则该空间不是内积空间.

例 3.1.3 当 $p\geqslant 1, p\neq 2$ 时, l^p 和 $L^p(E)$ $(mE>0)$ 均不是内积空间.

证明 取 $x=(1,1,0,\cdots)$, $y=(1,-1,0,\cdots)\in l^p$, 则

$$\|x\|_p=2^{\frac{1}{p}},\quad \|y\|_p=2^{\frac{1}{p}},\quad \|x+y\|_p=2,\quad \|x-y\|_p=2.$$

于是 $\|x+y\|_p^2+\|x-y\|_p^2=4+4=8$. 而

$$2\left(\|x\|_p^2+\|y\|_p^2\right)=2\left(2^{\frac{2}{p}}+2^{\frac{2}{p}}\right)=4\left(2^{\frac{2}{p}}\right).$$

显然, 当 $p\neq 2$ 时, $\|x+y\|_p^2+\|x-y\|_p^2\neq 2\left(\|x\|_p^2+\|y\|_p^2\right)$. 故 $\|\cdot\|_p$ 不满足平行四边形公式, 从而 l^p 不是内积空间.

当 $p\neq 2$ 时, $L^p(E)$ $(mE>0)$ 也不是内积空间. 因为容易验证常数函数 c 和一个适当的非常数函数在 $L^p(E)$ 中就不满足平行四边形公式. □

例 3.1.4 $C[a,b]$ 按 $\|x\|=\max\limits_{a\leqslant t\leqslant b}|x(t)|$ 构成赋范线性空间, 但不是内积空间.

证明 取 $x(t) \equiv 1$, $y(t) = \dfrac{t-a}{b-a}$, 则有

$$x(t) + y(t) = 1 + \frac{t-a}{b-a}, \quad x(t) - y(t) = 1 - \frac{t-a}{b-a}.$$

从而 $\|x\| = 1$, $\|y\| = 1$, $\|x+y\| = 2$, $\|x-y\| = 1$. 因此

$$\|x+y\|^2 + \|x-y\|^2 = 5, \quad 2\left(\|x\|^2 + \|y\|^2\right) = 4.$$

故 $\|\cdot\|$ 不满足平行四边形公式, 从而 $C[a,b]$ 不是内积空间. □

3.2 投 影 定 理

3.2.1 正交向量

在内积空间中, 向量之间定义了内积, 因此我们就可以仿照欧氏空间引入正交、投影等几何概念.

定义 3.2.1 设 H 是内积空间, $(\cdot,\cdot)$ 是其中的内积.

(i) 若 $x, y \in H$, 使 $(x,y) = 0$, 则称 x 与 y 正交或直交, 记为 $x \perp y$;

(ii) 若 $x \in H$, M 是 H 的非空子集, 且 x 与 M 中的每个向量都正交, 则称 x 与 M 正交, 记为 $x \perp M$;

(iii) 若 M, N 是 H 的两个非空子集, 且对任意的 $x \in M$ 及 $y \in N$ 都有 $x \perp y$, 则称 M 与 N 正交, 记为 $M \perp N$.

定理 3.2.1 (勾股定理) 设 H 是内积空间. 若 $x, y \in H$, 且 $x \perp y$, 则

$$\|x+y\|^2 = \|x\|^2 + \|y\|^2. \tag{3.2.1}$$

证明 因为

$$\|x+y\|^2 = (x+y, x+y) = \|x\|^2 + (x,y) + (y,x) + \|y\|^2,$$

且当 $x \perp y$ 时, $(y,x) = \overline{(x,y)} = 0$, 所以 $\|x+y\|^2 = \|x\|^2 + \|y\|^2$. □

由正交的定义, 易得如下推论.

推论 3.2.1 设 H 是内积空间. 若 $x_1, x_2, \cdots, x_n \in H$ 两两相互正交, 则

$$\|x_1 + x_2 + \cdots + x_n\|^2 = \|x_1\|^2 + \|x_2\|^2 + \cdots + \|x_n\|^2.$$

定义 3.2.2 设 H 是内积空间, $(\cdot,\cdot)$ 是其中的内积, M 是 H 的子集. 称 H 中一切与 M 正交的向量构成的集合为 M 的正交补, 记为 $M^\perp$, 即

$$M^\perp = \{y \in H \mid (x,y) = 0,\ \forall x \in M\}. \tag{3.2.2}$$

注 3.2.1 由正交的定义, 易知有如下性质:

(i) 正交是相互的, 即当 $x \perp y$ 时, $y \perp x$;

(ii) $x \perp H$ 的充要条件是 $x = \theta$;

(iii) 当 $M \subset N \subset H$ 时, $M^{\perp} \supset N^{\perp}$;

(iv) 对任何 $M \subset H$, $M \cap M^{\perp} = \{\theta\}$.

引理3.2.1 设 H 是内积空间, $(\cdot,\cdot)$ 是其中的内积, M 是 H 的子集, 则 $M^{\perp}$ 是 H 的闭线性子空间.

证明 若 $x, y \in M^{\perp}$, 则对任何 $z \in M$, 有 $(x,z) = (y,z) = 0$, 因此对任意的 $\alpha, \beta \in \mathbb{K}$, 由内积的性质 (ii) 得到

$$(\alpha x + \beta y, z) = \alpha(x,z) + \beta(y,z) = 0,$$

所以 $\alpha x + \beta y$ 与任何 $z \in M$ 正交, 即 $\alpha x + \beta y \in M^{\perp}$, 这说明 $M^{\perp}$ 为线性子空间.

另外, 对 $\{x_n\} \subset M^{\perp}$, 若 $x_n \to x$ $(n \to \infty)$, 则由内积的连续性, 对任意 $y \in M$, 有

$$(x,y) = \lim_{n\to\infty} (x_n, y) = 0,$$

所以 $x \in M^{\perp}$. 因此 $M^{\perp}$ 是闭线性子空间. □

引理 3.2.2 设 H 是内积空间, M 是 H 的子集, $\overline{\mathrm{span}}M$ 是 M 张成的闭线性子空间, 则 $(\overline{\mathrm{span}}M)^{\perp} = M^{\perp}$.

证明 因为 $\overline{\mathrm{span}}M \supset M$, 所以 $(\overline{\mathrm{span}}M)^{\perp} \subset M^{\perp}$. 反过来, 若 $x \in M^{\perp}$, 则 $M \subset \{x\}^{\perp}$, 由引理 3.2.1 可知, $\{x\}^{\perp}$ 是闭线性子空间, 所以 $\overline{\mathrm{span}}M \subset \{x\}^{\perp}$, 因此 $x \perp \overline{\mathrm{span}}M$, 这就表明 $x \in (\overline{\mathrm{span}}M)^{\perp}$, 从而 $M^{\perp} \subset (\overline{\mathrm{span}}M)^{\perp}$, 因此 $M^{\perp} = (\overline{\mathrm{span}}M)^{\perp}$. □

定义 3.2.3 设 H 为内积空间, M_1 和 M_2 是 H 的两个线性子空间. 若 $M_1 \perp M_2$, 则称

$$M = \{x_1 + x_2 \mid x_1 \in M_1, x_2 \in M_2\}$$

为 M_1 与 M_2 的正交和, 记为 $M_1 \oplus M_2$.

类似地, 可定义有限个线性子空间的正交和.

定义 3.2.4 设 H 为内积空间, M 为 H 的线性子空间, $x \in H$. 若有 $x_0 \in M$, $x_1 \perp M$, 使得

$$x = x_0 + x_1, \tag{3.2.3}$$

则称 x_0 为 x 在 M 上的投影.

注 3.2.2 一般地, 对内积空间 H 中的任意向量 x 及任意线性子空间 M, x 在 M 上的投影不一定存在. 但如果 x 在 M 上有投影的话, 那么投影必唯一, 因为若 x_0 及 x_0' 均为 x 在 M 上的投影, 则 $x-x_0 \perp M$, $x-x_0' \perp M$, 因此 $x_0'-x_0$ 既属于 M, 又与 M 正交, 故 $x_0'-x_0 \perp x_0'-x_0$. 所以 $x_0'-x_0=\theta$, 即 $x_0'=x_0$.

投影有下列重要性质:

定理 3.2.2 设 H 是内积空间, M 是 H 的线性子空间, $x \in H$. 若 x_0 是 x 在 M 上的投影, 则

$$\|x-x_0\| = \inf_{y\in M}\|x-y\| = d(x,M), \tag{3.2.4}$$

而且 x_0 是 M 中使得 (3.2.4) 式成立的唯一向量.

证明 因为 x_0 是 x 在 M 上的投影, 故 $x_0 \in M$, $x-x_0 \perp M$. 对任何 $y \in M$, 由于 $x-y=x-x_0+(x_0-y)$, 而 $x_0-y \in M$, 因此 $x-x_0 \perp x_0-y$. 故由勾股定理 3.2.1 得到

$$\|x-y\|^2 = \|x-x_0\|^2 + \|x_0-y\|^2 \geqslant \|x-x_0\|^2. \tag{3.2.5}$$

显然, 不等式 (3.2.5) 中只有当 $x_0=y$ 时等号才成立. 由 (3.2.5) 式即知 (3.2.4) 式成立, 且 (3.2.4) 式中右端的下确界只有在 $y=x_0$ 时达到. □

注 3.2.3 定理 3.2.2 说明: 用 M 中的元素 y 来逼近 x 时, 当且仅当 y 为 x 在 M 上的投影 x_0 时, 逼近的程度最好. 因此在逼近论中常用投影的这个性质来研究最佳逼近.

若全空间 H 可分解为两个子空间 M_1 和 M_2 的正交和, 即 $H=M_1\oplus M_2$, 则 $M_2=M_1^{\perp}$. 我们感兴趣的是: 对子空间 M, 是否有 $H=M\oplus M^{\perp}$ 成立, 即对任意 $x\in H$, x 能否分解为 M 中的向量 x_0 及与 M 垂直的向量 x_1 的和.

下面我们要证明当 M 是 H 的完备子空间时, H 中的任何元素 x 在 M 上的投影必存在. 因此 H 可以分解成 M 与 $M^{\perp}$ 的正交和.

3.2.2 投影定理

由定理 3.2.2 可知, 若 H 中的元素 x 在 M 上有投影, 则 M 中必有 x 的最佳逼近. 反之, 我们要证明定理 3.2.2 的逆也成立, 也就是说, 若 M 中有 x 的最佳逼近, 即下确界

$$\inf_{y\in M}\|x-y\| \tag{3.2.6}$$

可以在 M 中的某一点达到, 则 x 在 M 上有投影. 因此要知道投影是否存在, 只需要验证下确界 (3.2.6) 式是否可达. 现在我们先给出一个较一般的最佳逼近结果.

引理3.2.3(变分引理) 设 M 为内积空间 H 中完备的凸集, $x \in H$, 则 x 到 M 的距离

$$d = d(x, M) = \inf_{y \in M} \|x - y\|$$

可以在 M 上达到, 并且是唯一的, 即必存在唯一的 $x_0 \in M$, 使得 $\|x - x_0\| = d$.

证明 由下确界的定义, 必有 M 中的点列 $\{x_n\}$ 使得 $\|x_n - x\| \to d$ $(n \to \infty)$. 这样选取的点列 $\{x_n\}$ 称为“极小化”序列. 下面证明 $\{x_n\}$ 为 Cauchy 点列.

由平行四边形公式 (3.1.7), 有

$$\|x_m - x\|^2 + \|x_n - x\|^2 = 2\left\|\frac{x_m + x_n}{2} - x\right\|^2 + 2\left\|\frac{x_m - x_n}{2}\right\|^2, \tag{3.2.7}$$

又由于 M 为凸集, $\dfrac{x_m + x_n}{2} \in M$, 从而 $\left\|\dfrac{x_m + x_n}{2} - x\right\| \geqslant d$. 因此由 (3.2.7) 式得

$$0 \leqslant \frac{1}{2}\|x_m - x_n\|^2 \leqslant \|x_m - x\|^2 + \|x_n - x\|^2 - 2d^2.$$

在上式中令 $m, n \to \infty$ 就有 $\|x_m - x_n\| \to 0$, 所以 $\{x_n\}$ 为 Cauchy 点列.

由 M 的完备性可知, 有 $x_0 \in M$ 使 $x_n \to x_0$ $(n \to \infty)$, 此时

$$\|x - x_0\| = \lim_{n \to \infty} \|x - x_n\| = d.$$

若又有 $y \in M$, 使 $\|x - y\| = d$, 则由平行四边形公式得到

$$\begin{aligned} 2d^2 = \|x - y\|^2 + \|x - x_0\|^2 &= 2\left\|\frac{x_0 + y}{2} - x\right\|^2 + 2\left\|\frac{x_0 - y}{2}\right\|^2 \\ &\geqslant 2d^2 + 2\left\|\frac{x_0 - y}{2}\right\|^2. \end{aligned}$$

因此 $\dfrac{1}{2}\|x_0 - y\|^2 = 0$, 从而 $x_0 = y$. □

变分引理是内积空间的一种极值可达的基本结果, 其在微分方程、控制论中都有重要的作用. 由于线性子空间是一个凸集, 所以在本书后面用到此引理时, M 常是完备子空间这种特殊情形.

引理 3.2.4 设 H 为内积空间, M 是 H 的线性子空间, $x \in H$, $x_0 \in M$. 若

$$\|x - x_0\| = d(x, M) = \inf_{y \in M} \|x - y\|,$$

则 $(x - x_0) \perp M$, 即 x_0 为 x 在 M 上的投影.

证明 任取 $z \in M$, $z \neq \theta$, 对任意 $\lambda \in \mathbb{K}$, 因为 $x_0 + \lambda z \in M$, 所以

$$d^2 \leqslant \|x - x_0 - \lambda z\|^2 = \|x - x_0\|^2 - 2\mathrm{Re}\overline{\lambda}(x - x_0, z) + |\lambda|^2\|z\|^2.$$

在上式中取 $\lambda = \dfrac{(x - x_0, z)}{\|z\|^2}$, 得到

$$\begin{aligned} d^2 &\leqslant \|x - x_0\|^2 - 2\frac{|(x - x_0, z)|^2}{\|z\|^2} + \frac{|(x - x_0, z)|^2}{\|z\|^2} \\ &= \|x - x_0\|^2 - \frac{|(x - x_0, z)|^2}{\|z\|^2} \\ &= d^2 - \frac{|(x - x_0, z)|^2}{\|z\|^2}. \end{aligned}$$

所以 $(x - x_0, z) = 0$, 结合 z 在 M 中的任意性可知 $(x - x_0) \perp M$. □

由引理 3.2.3 和引理 3.2.4 可得下面的投影定理.

定理 3.2.3 (投影定理) 设 H 为内积空间, $M \subset H$ 为完备线性子空间, 则对任意的 $x \in H$, x 在 M 上的投影唯一地存在, 即有 $x_0 \in M$, $x_1 \perp M$ 使 $x = x_0 + x_1$, 且这种分解唯一.

证明 由变分引理 (引理 3.2.3) 可知, 存在唯一 $x_0 \in M$ 使得 $\|x - x_0\| = \inf\limits_{y \in M} \|x - y\|$. 又由引理 3.2.4 可知 $(x - x_0) \perp M$. 因此 $x_1 = x - x_0$ 与 x_0 满足定理的要求, x_0 就是 x 在 M 上的投影. □

注 3.2.4 投影定理是 Hilbert 空间理论中极其重要的一个基本定理. 这个定理一般在 Banach 空间中并不成立, 因为在一般情况下并没有正交的概念. Hilbert 空间理论都是建立在这个定理的基础之上.

推论 3.2.2 设 H 为内积空间, $M \subset H$ 为完备线性子空间. 若 $M \neq H$, 则 $M^{\perp}$ 中有非零元素.

证明 由于 $M \neq H$, 取 $x \in H \backslash M$, 记 x 在 M 上的投影为 x_0, 则 $(x - x_0) \perp M$, 但因 $x \notin M$, $x_0 \in M$, 故 $x - x_0 \neq \theta$. □

注 3.2.5 注意到完备空间的闭子空间是完备的, 故当 H 为 Hilbert 空间, M 为 H 的闭线性子空间时, 引理 3.2.3 和引理 3.2.4、定理 3.2.3 及推论 3.2.2 均成立.

推论 3.2.3 设 H 为 Hilbert 空间, $M \subset H$ 为线性子空间, 则 $\overline{M} = (M^{\perp})^{\perp}$. 特别地, M 在 H 中稠密的充分必要条件是 $M^{\perp} = \{\theta\}$.

证明 因为 $(M^{\perp})^{\perp}$ 为 H 的闭线性子空间, 它也是一个 Hilbert 空间, 并且 $M \subset (M^{\perp})^{\perp}$, 所以 $\overline{M} \subset (M^{\perp})^{\perp}$. 另外, $\overline{M}$ 也是 Hilbert 空间 $(M^{\perp})^{\perp}$ 的一个

闭线性子空间, 若 $\overline{M} \neq (M^{\perp})^{\perp}$, 则由推论 3.2.2 可知, 有非零向量 $x \in (M^{\perp})^{\perp}$, 且 $x \in (\overline{M})^{\perp}$, 因此 $x \perp M$, 即 $x \in M^{\perp}$, 但 $x \in (M^{\perp})^{\perp}$, 故 $x \perp x$, 这与 $x \neq \theta$ 矛盾! 因此 $\overline{M} = (M^{\perp})^{\perp}$. 显然, M 在 H 中稠密的充分必要条件是 $M^{\perp} = \{\theta\}$. □

3.2.3 投影算子

前面我们证明了投影定理. 下面我们只考察空间 H 为 Hilbert 空间的情况. 这时投影定理可以叙述为: 若 H 为 Hilbert 空间, $M \subset H$ 为闭线性子空间, 则对任意的 $x \in H$, 必有相应的 $x_1 \in M$, $x_2 \perp M$, 使得 $x = x_1 + x_2$. 这时我们称 x_1 为 x 在 M 上的投影, x 在 M 上的投影由 x 唯一决定.

定义 3.2.5 设 H 为 Hilbert 空间, M 为 H 的闭线性子空间. 作 H 中的算子 P 为: 对 H 中的元素 x, 令 Px 是 x 在 M 上的投影. 这样定义的算子 P 称为 (从 H 到) M 上的投影算子. 有时为了标出 P 与 M 的关系, 也记 P 为 P_M.

定理 3.2.4 设 P 是从 Hilbert 空间 H 到闭线性子空间 M 的投影算子. 则投影算子 P 具有下列性质:

(1) P 必是有界线性算子;

(2) $M = PH = \{x \mid Px = x,\ x \in H\}$;

(3) P 的范数或是 0 或是 1;

(4) P 是幂等的算子, 即 $P^2 = P$.

证明 (1) 因为 P 是从 Hilbert 空间 H 到闭线性子空间 M 的投影算子, 所以对任意 $x_1, x_2 \in H$, $\alpha_1, \alpha_2 \in \mathbb{K}$, 有 $(x_1 - Px_1) \perp M$, $(x_2 - Px_2) \perp M$, 从而

$$(\alpha_1 x_1 + \alpha_2 x_2) - (\alpha_1 Px_1 + \alpha_2 Px_2) \perp M.$$

又因为 $(\alpha_1 Px_1 + \alpha_2 Px_2) \in M$, 故 $\alpha_1 Px_1 + \alpha_2 Px_2$ 为 $\alpha_1 x_1 + \alpha_2 x_2$ 在 M 上的投影, 即

$$P(\alpha_1 x_1 + \alpha_2 x_2) = \alpha_1 Px_1 + \alpha_2 Px_2.$$

可见 P 为线性算子.

另外, 对任意 $x \in H$, 有 $Px \in M$, $(x - Px) \perp M$, 所以 $Px \perp (x - Px)$. 于是由勾股定理得到

$$\|x\|^2 = \|Px\|^2 + \|x - Px\|^2,$$

故 $\|Px\| \leqslant \|x\|$, 从而 P 为有界算子, 并且 $\|P\| \leqslant 1$.

(2) 因为对任何 $x \in PH = \{x \mid Px = x,\ x \in H\}$, 必有 $Px = x$, 而 P 是从 H 到 M 的映射, 所以 $x \in M$, 即 $PH \subset M$. 反之, 对任意的 $x \in M$, x 在 M 上的投影就是 x 本身, 所以 $Px = x$, 即 $M \subset PH$. 因此 $PH = M$.

(3) 因为 P 是从 H 到 M 的映射, 所以当 $M=\{\theta\}$ 时, 对任何 $x\in H$ 都有 $Px=\theta$, 故 $\|P\|=0$; 当 $M\neq\{\theta\}$ 时, 必有 $x\in M$ 且 $x\neq\theta$, 这时 $Px=x$, 结合 (1) 中结论可知 $\|P\|=1$.

(4) 因为 P 是从 H 到 M 的映射, 所以对任何 $x\in H, Px\in M$, 从而 Px 在 M 上的投影仍为 Px, 可见 $P(Px)=Px$. 因此 $P^2=P$. □

投影算子是一类比较简单的有界线性算子, 它是有限维空间中投影算子的推广, 投影算子的进一步的性质我们在研究自伴算子时再进行讨论.

3.3 规范正交系与 Fourier 展开式

我们在欧氏空间中学习过正交坐标系的概念, 在数学分析中学习过正交函数系的概念. 事实上, 这些概念可以统一于内积空间.

3.3.1 规范正交系

定义 3.3.1 设 $\mathscr{F}$ 是内积空间 H 中的一族非零向量. 若 $\mathscr{F}$ 中任意两个不同的向量都正交, 则称 $\mathscr{F}$ 为 H 中的一个正交系, 也称直交系. 若正交系 $\mathscr{F}$ 中的向量均为单位向量, 则称 $\mathscr{F}$ 为规范正交系.

例 3.3.1 在 n 维欧氏空间 $\mathbb{R}^n$ 中,

$$e_1=(1,0,\cdots,0),\ e_2=(0,1,\cdots,0),\cdots,e_n=(0,0,\cdots,1)$$

组成规范正交系.

例 3.3.2 在 Hilbert 空间 $L^2[0,2\pi]$ 中, 其内积定义为

$$(f,g)=\frac{1}{\pi}\int_0^{2\pi}f(x)\overline{g(x)}dx,\quad \forall f,g\in L^2[0,2\pi].$$

则由 Fourier 级数理论知, 三角函数系

$$\left\{\frac{1}{\sqrt{2}},\cos x,\sin x,\cos 2x,\sin 2x,\cdots,\cos nx,\sin nx,\cdots\right\}$$

就是 $L^2[0,2\pi]$ 中的规范正交系.

注 3.3.1 由定义 3.3.1 可知, 若 $\mathscr{F}$ 为内积空间 H 中的正交系, 则 $\mathscr{F}$ 的任何非空子集也为 H 中的正交系.

定义 3.3.2 设 $\mathscr{F}=\{e_\lambda\mid\lambda\in\Lambda\}$ 为内积空间 H 中的规范正交系, $x\in H$. 若 x 可表示为 $\mathscr{F}$ 中可数个向量 $e_1,e_2,\cdots,e_n,\cdots$ 的线性组合, 即

$$x=\sum_{k=1}^{\infty}\alpha_k e_k,\quad \alpha_k\in\mathbb{K},\quad k=1,2,\cdots,$$

则称 x 可按 $\mathscr{F}$ 展开.

此时, $(x,e_k)=\left(\sum\limits_{i=1}^{\infty}\alpha_ie_i,e_k\right)=\sum\limits_{i=1}^{\infty}\alpha_i(e_i,e_k)=\alpha_k$, 即 $\alpha_k=(x,e_k)$.

定义 3.3.3 设 $\mathscr{F}=\{e_\lambda\mid\lambda\in\Lambda\}$ 为内积空间 H 中的规范正交系, $x\in H$. 数集

$$\{(x,e_\lambda)\mid\lambda\in\Lambda\}$$

称为向量 x 关于规范正交系 $\mathscr{F}$ 的 Fourier 系数集, 而数 (x,e_λ) 称为 x 关于 $e_\lambda\in\mathscr{F}$ 的 Fourier 系数.

例 3.3.3 在 $L^2[0,2\pi]$ 中, $f\in L^2[0,2\pi]$ 关于三角函数系

$$\left\{\frac{1}{\sqrt{2}},\cos x,\sin x,\cos 2x,\sin 2x,\cdots,\cos nx,\sin nx,\cdots\right\}$$

的 Fourier 系数为

$$\left(f,\frac{1}{\sqrt{2}}\right)=\frac{1}{\sqrt{2}\pi}\int_0^{2\pi}f(x)dx=\frac{1}{\sqrt{2}}a_0,$$

$$(f,\cos nx)=\frac{1}{\pi}\int_0^{2\pi}f(x)\cos nxdx=a_n,\quad n=1,2,\cdots,$$

$$(f,\sin nx)=\frac{1}{\pi}\int_0^{2\pi}f(x)\sin nxdx=b_n,\quad n=1,2,\cdots,$$

其正好是数学分析中的 Fourier 系数. 因此, 内积空间 H 中向量关于规范正交系 $\mathscr{F}$ 的 Fourier 系数就是数学分析中 Fourier 系数概念的推广.

引理 3.3.1 设 $\{e_1,e_2,\cdots,e_n\}$ 是内积空间 H 中的规范正交系, $x\in H$, $M=\operatorname{span}\{e_1,e_2,\cdots,e_n\}$. 则 $x_0=\sum\limits_{i=1}^{n}(x,e_i)e_i$ 是 x 在 M 上的投影, 并且

$$\|x_0\|^2=\sum_{i=1}^{n}|(x,e_i)|^2,\quad \|x-x_0\|^2=\|x\|^2-\|x_0\|^2.$$

证明 显然 $x_0=\sum\limits_{i=1}^{n}(x,e_i)e_i\in M$, 并且

$$(x_0,e_i)=(x,e_i),\quad i=1,2,\cdots,n,$$

可见 $(x-x_0,e_i)=0\ (i=1,2,\cdots,n)$, 这表明 $x-x_0$ 与 $\{e_1,e_2,\cdots,e_n\}$ 正交, 所以 $(x-x_0)\perp M$. 故 x_0 是 x 在 M 上的投影. 又因为 $e_1,e_2,\cdots,e_n,x-x_0$ 是两两正交的, 所以由勾股定理可得

$$\|x_0\|^2 = \sum_{i=1}^{n} \|(x, e_i)e_i\|^2 = \sum_{i=1}^{n} |(x, e_i)|^2,$$

$$\|x\|^2 = \|x_0\|^2 + \|x - x_0\|^2 = \sum_{i=1}^{n} |(x, e_i)|^2 + \|x - x_0\|^2.$$

因此 $\|x - x_0\|^2 = \|x\|^2 - \|x_0\|^2 = \|x\|^2 - \sum\limits_{i=1}^{n} |(x, e_i)|^2$. □

注 3.3.2 引理 3.3.1 表明, 若 M 为内积空间 H 中的有限维子空间, 就可在 M 中选取个数为 $\dim M$ 的规范正交向量 $\{e_1, \cdots, e_n\}$ $(n = \dim M)$, 使得对任意的 $x \in H$, 其在 M 上的投影 x_0 就为 $\sum\limits_{i=1}^{n} (x, e_i)e_i$.

推论 3.3.1 设 $\{e_1, e_2, \cdots, e_n\}$ 是内积空间 H 中的规范正交系, 则对任意的 $x \in H$,

$$\sum_{i=1}^{n} |(x, e_i)|^2 \leqslant \|x\|^2. \tag{3.3.1}$$

推论 3.3.2 设 $\{e_1, e_2, \cdots, e_n\}$ 是内积空间 H 中的规范正交系, $x \in H$, 则对任意的 n 个数 $\alpha_1, \alpha_2, \cdots, \alpha_n$, 有

$$\left\| x - \sum_{i=1}^{n} \alpha_i e_i \right\| \geqslant \left\| x - \sum_{i=1}^{n} (x, e_i)e_i \right\|, \tag{3.3.2}$$

且仅当 $\alpha_i = (x, e_i)$ $(i = 1, 2, \cdots, n)$ 时等号成立.

证明 因为 $\sum\limits_{i=1}^{n} (x, e_i)e_i$ 是 x 在 M 上的投影, 故由定理 3.2.2 即得推论 3.3.2. □

定理 3.3.1 (Bessel (贝塞尔) 不等式) 设 $\mathscr{F} = \{e_\lambda \mid \lambda \in \Lambda\}$ 是内积空间 H 中的规范正交系. 则对任意 $x \in H$, x 的 Fourier 系数集 $\{(x, e_\lambda) \mid \lambda \in \Lambda\}$ 中最多只有可列个不为零且满足如下 Bessel 不等式:

$$\sum_{\lambda \in \Lambda} |(x, e_\lambda)|^2 \leqslant \|x\|^2, \tag{3.3.3}$$

其中 $\sum\limits_{\lambda \in \Lambda} |(x, e_\lambda)|^2$ 表示 $|(x, e_\lambda)|^2 > 0$ 的可列项的和.

证明 若 Λ 为有限集, 则推论 3.3.1 中的不等式 (3.3.1) 即为 Bessel 不等式. 若 Λ 为可数集, 则 $\mathscr{F}$ 是由一列元 $e_1, e_2, \cdots, e_n, \cdots$ 构成的规范正交系. 这时

由推论 3.3.1 可知, 对任意的 $n \in \mathbb{N}$, 有

$$\sum_{i=1}^{n} |(x, e_i)|^2 \leqslant \|x\|^2.$$

在上式中令 $n \to \infty$ 就得到 (3.3.3) 式.

当 Λ 为不可数集时, 可由不等式 (3.3.1) 得到, 对任意的正整数 n, $\mathscr{F}$ 中使 $|(x, e_\lambda)| \geqslant \dfrac{1}{n}$ 的向量 e_λ 只能有有限个. 记 $\mathscr{F}_n = \left\{e_\lambda \mid \lambda \in \Lambda,\ |(x, e_\lambda)| \geqslant \dfrac{1}{n}\right\}$, 并记 $\mathscr{F}_0 = \bigcup\limits_{n=1}^{\infty} \mathscr{F}_n$, 则 $\mathscr{F}_0$ 至多为可数集, 而当 $e_\lambda \in \mathscr{F} \backslash \mathscr{F}_0$ 时, $(x, e_\lambda) = 0$. 因此

$$\sum_{\lambda \in \Lambda} |(x, e_\lambda)|^2 = \sum_{e_\lambda \in \mathscr{F}_0} |(x, e_\lambda)|^2 \leqslant \|x\|^2. \qquad \square$$

推论 3.3.3 设 $\{e_1, e_2, \cdots, e_n, \cdots\}$ 是内积空间 H 中的规范正交系, 则对任意的 $x \in H$, 必有

$$\lim_{n \to \infty} (x, e_n) = 0.$$

证明 由定理 3.3.1 可知, 级数 $\sum\limits_{n=1}^{\infty} |(x, e_n)|^2$ 收敛, 故一般项 $|(x, e_n)|^2 \to 0\ (n \to \infty)$. $\square$

注 3.3.3 推论 3.3.3 在 $L^2[0, 2\pi]$ 中应用于三角函数系时, 即为数学分析中的 Riemann-Lebesgue 引理.

3.3.2 正交系的完备性和完全性

定义 3.3.4 设 H 为内积空间, $\mathscr{F} = \{e_\lambda \mid \lambda \in \Lambda\}$ 为 H 中的规范正交系. 对任意的 $x \in H$, 形式级数 $\sum\limits_{\lambda \in \Lambda} (x, e_\lambda) e_\lambda$ (不管它是否收敛) 称为 x 关于 $\mathscr{F}$ 的 Fourier 级数, 或 Fourier 展开式. 当 $x = \sum\limits_{\lambda \in \Lambda} (x, e_\lambda) e_\lambda$ 时, 就称 x 关于 $\mathscr{F}$ 可展成 Fourier 级数. 若对任意的 $x \in H$, x 都可展成关于 $\mathscr{F}$ 的 Fourier 级数, 即

$$x = \sum_{\lambda \in \Lambda} (x, e_\lambda) e_\lambda,$$

则称规范正交系 $\mathscr{F}$ 是 H 中的完备正交系.

注 3.3.4 当 x 关于 $\mathscr{F}$ 可展成 Fourier 级数时, 展开式 $x = \sum\limits_{\lambda \in \Lambda} (x, e_\lambda) e_\lambda$ 的几何意义就是向量 x 等于它在 $\mathscr{F}$ 的每个 e_λ 方向的分量 $(x, e_\lambda) e_\lambda$ (根据 Bessel 不等式 (3.3.3), 最多只有可数个分量不是零) 的和.

Bessel 不等式 (3.3.3) 中取等号时, 即

$$\|x\|^2=\sum_{\lambda\in\Lambda}|(x,e_\lambda)|^2,$$

称为 Parseval (帕赛瓦尔) 等式. 下面证明对 $x\in H$, Parseval 等式成立是 x 可以展成 Fourier 级数的充分必要条件.

定理 3.3.2 (展开式定理) 设 H 是内积空间, $\mathscr{F}=\{e_\lambda\mid\lambda\in\Lambda\}$ 是 H 中的规范正交系, E 是 $\mathscr{F}$ 张成的闭线性子空间. 则对任意 $x\in H$, 下面的三个条件等价:

(i) $x\in E$;

(ii) Parseval 等式成立, 即 $\|x\|^2=\sum\limits_{\lambda\in\Lambda}|(x,e_\lambda)|^2$;

(iii) x 可展成关于 $\mathscr{F}$ 的 Fourier 级数, 即 $x=\sum\limits_{\lambda\in\Lambda}(x,e_\lambda)e_\lambda$.

证明 (i) $\Rightarrow$ (ii) 对 $x\in E$, 由定理 3.3.1 可知 x 的 Fourier 系数中最多只有可数个不为零, 故设 $\mathscr{F}$ 中 x 的 Fourier 系数不为零的向量为

$$e_1,e_2,\cdots,e_n,\cdots.$$

由 Bessel 不等式有 $\sum\limits_{k=1}^{\infty}|(x,e_k)|^2\leqslant\|x\|^2$, 若 Parseval 等式不成立, 则必有 $x\in E$, 使得

$$\|x\|^2-\sum_{k=1}^{\infty}|(x,e_k)|^2=a^2>0\quad(a>0).$$

故对任意的正整数 n, 都有

$$\left\|x-\sum_{k=1}^{n}(x,e_k)e_k\right\|^2=\|x\|^2-\sum_{k=1}^{n}|(x,e_k)|^2\geqslant a^2.$$

于是由推论 3.3.2 可知, 对 $e_1,e_2,\cdots,e_n$ 的任意线性组合 $\sum\limits_{k=1}^{n}\alpha_ke_k$, 有

$$\left\|x-\sum_{k=1}^{n}\alpha_ke_k\right\|^2\geqslant\left\|x-\sum_{k=1}^{n}(x,e_k)e_k\right\|\geqslant a^2.$$

可见 x 与 $\mathscr{F}$ 中任意向量的线性组合之间的距离均大于等于 a, 这与 $x\in E$ 矛盾!

(ii) $\Rightarrow$ (iii) 设 $x\in H$, e_k $(k=1,2,\cdots)$ 为 (i) $\Rightarrow$ (ii) 中所定义的向量, 因为 Parseval 等式成立, 所以 $\|x\|^2=\sum\limits_{k=1}^{\infty}|(x,e_k)|^2$. 由引理 3.3.1 可知, 对任意的正整数 n, 有

$$\left\|x-\sum_{k=1}^{n}(x,e_k)e_k\right\|^2=\|x\|^2-\sum_{k=1}^{n}|(x,e_k)|^2\to 0\quad(n\to\infty).$$

因此 $\lim\limits_{n\to\infty}\left\|x-\sum\limits_{k=1}^{n}(x,e_k)e_k\right\|=0$, 从而

$$x=\sum_{k=1}^{\infty}(x,e_k)e_k=\sum_{\lambda\in\Lambda}(x,e_\lambda)e_\lambda.$$

(iii) $\Rightarrow$ (i) 由于 $x=\sum\limits_{\lambda\in\Lambda}(x,e_k)e_\lambda=\sum\limits_{k=1}^{\infty}(x,e_k)e_k,\ e_k\ (k=1,2,\cdots)$ 为 (i) $\Rightarrow$ (ii) 中所定义的向量, 故 x 为 $\mathscr{F}$ 中有限个向量线性组合的极限, 从而 $x\in E$. □

由定理 3.3.2 可立即推出如下推论.

推论 3.3.4 内积空间 H 中的规范正交系 $\mathscr{F}=\{e_\lambda\mid\lambda\in\Lambda\}$ 完备的充分必要条件是 $\mathscr{F}$ 张成的闭线性子空间 $E=H$, 或者是对任何 $x\in H$, x 都可展成关于 $\mathscr{F}$ 的 Fourier 级数, 即

$$x=\sum_{\lambda\in\Lambda}(x,e_\lambda)e_\lambda.$$

若 $\mathscr{F}$ 为完备正交系, 则由定理 3.3.2 可知 $E=H$, 从而 $\mathscr{F}^\perp=E^\perp=\{\theta\}$. 这说明, $\mathscr{F}$ 已经不能再扩大了, 即 $\mathscr{F}$ 为极大的规范正交系. 反之, 若 H 为 Hilbert 空间, 且 $\mathscr{F}^\perp=\{\theta\}$, 从而 $E^\perp=\{\theta\}$, 故由推论 3.2.3 得到 $\overline{E}=(E^\perp)^\perp=H$, 再由定理 3.3.2 可知 $\mathscr{F}$ 为完备正交系. 于是就有如下的推论.

推论 3.3.5 设 $\mathscr{F}$ 为 Hilbert 空间 H 中的规范正交系, 则 $\mathscr{F}$ 完备的充分必要条件是 $\mathscr{F}^\perp=\{\theta\}$.

推论 3.3.6 设 $\mathscr{F}=\{e_\lambda\mid\lambda\in\Lambda\}$ 是内积空间 H 中的规范正交系. 若有 H 的稠密子集 D, 使得对任何 $x\in D$, Parseval 等式 $\|x\|^2=\sum\limits_{\lambda\in\Lambda}|(x,e_\lambda)|^2$ 成立, 则 $\mathscr{F}$ 是完备的.

证明 令 E 是 $\mathscr{F}$ 张成的闭线性子空间, 则由定理 3.3.2 可知 $D\subset E$, 又因为 E 是闭的, 所以 $\overline{D}\subset E$. 由假设知 $\overline{D}=H$, 故 $E=H$. 再由推论 3.3.4 得到 $\mathscr{F}$ 是完备的. □

例 3.3.4 $L^2[0,2\pi]$ 中的规范正交系

$$\left\{\frac{1}{\sqrt{2}},\cos x,\sin x,\cdots,\cos nx,\sin nx,\cdots\right\}$$

是完备正交系.

证明　令 $\mathscr{T}$ 为 $L^2[0,2\pi]$ 中三角多项式

$$T_n(x) = \frac{a_0}{\sqrt{2}} + \sum_{k=1}^{n}(a_k \cos kx + b_k \sin kx)$$

的全体, 由定理 3.3.2 得到, 对任意的 $T_n \in \mathscr{T}$, Parseval 等式都成立. 根据推论 3.3.6, 我们只需证明 $\mathscr{T}$ 在 $L^2[0,2\pi]$ 中稠密就可以了.

对任意的 $f \in L^2[0,2\pi]$, 由 $C[0,2\pi]$ 在 $L^2[0,2\pi]$ 中的稠密性可知, 对任意的 $\epsilon > 0$, 都有 $\varphi \in C[0,2\pi]$, 使 $\|f-\varphi\|_2 < \frac{\epsilon}{2}$. 对于这个连续函数及 $\epsilon > 0$, 根据数学分析结论知, 存在三角多项式 $T_n(x)$, 使得 $\|\varphi - T_n\|_2 < \frac{\epsilon}{2}$. 于是

$$\|f - T_n\|_2 \leqslant \|f-\varphi\|_2 + \|\varphi - T_n\|_2 < \epsilon.$$

可见全体三角多项式 $\mathscr{T}$ 在 $L^2[0,2\pi]$ 中稠密. □

注 3.3.5　由于三角函数系

$$\left\{\frac{1}{\sqrt{2}}, \cos x, \sin x, \cdots, \cos nx, \sin nx, \cdots\right\}$$

是 $L^2[0,2\pi]$ 中完备的规范正交系. 于是对于任意函数 $f \in L^2[0,2\pi]$, 都有

$$f(x) = \frac{a_0}{\sqrt{2}} + \sum_{n=1}^{\infty}(a_n \cos nx + b_n \sin nx). \tag{3.3.4}$$

(3.3.4) 式的右端正是数学分析中所说的 f 的 Fourier 级数. 在此必须注意, (3.3.4) 式右端级数的收敛是指部分和序列按 $L^2[0,2\pi]$ 中的范数收敛于 f, 即平方平均收敛于 f. 因此, (3.3.4) 式说明了在 $[0,2\pi]$ 上任意平方可积函数 f 的 Fourier 级数的部分和平方平均收敛于 f. 这并不意味着 f 的 Fourier 级数处处收敛于 f, 或更弱些的几乎处处收敛于 f.

注 3.3.6　早在 1913 年, Lusin 就猜想函数 $f \in L^2[0,2\pi]$ 的 Fourier 级数几乎处处收敛于 f. 这个猜想一直是三角级数中一个重要的课题. 10 年之后, 另一位学者 Kolmogorov(柯尔莫哥洛夫) 给出一个 $f \in L^1[0,2\pi]$, 其 Fourier 级数是处处发散的, 这个结论曾轰动一时. 虽然这个反例并没有完全推翻 Lusin 的猜想, 但此后一段时间人们对于 Lusin 的猜想较多地从否定的方面去考虑, 直到 1966 年, Carleson 证明了 Lusin 猜想是正确的. 紧接着 1967 年, 另一位学者 Hunt(亨特) 证明了当 $p > 1$ 时, $L^p[0,2\pi]$ 中的函数, 其 Fourier 级数几乎处处收敛. 这两个结果是数十年来三角级数理论的重大突破.

定理 3.3.3 设 H 是内积空间, $\mathscr{F} = \{e_\lambda \mid \lambda \in \Lambda\}$ 是 H 中的规范正交系, E 是 $\mathscr{F}$ 张成的闭线性子空间. 对任意的 $x \in H$, 若 x 在 E 中有投影 x_0, 则 x_0 就是 x 的 Fourier 级数 $\sum\limits_{\lambda\in\Lambda}(x, e_\lambda)e_\lambda$. 若 H 是 Hilbert 空间, 则对任意的 $x \in H$, 级数 $\sum\limits_{\lambda\in\Lambda}(x, e_\lambda)e_\lambda$ 就是 x 在 E 上的投影.

证明 若 $x \in H$, 在 E 上 x 有投影 x_0, 则由 $x_0 \in E$ 得到 $x_0 = \sum\limits_{\lambda\in\Lambda}(x_0, e_\lambda)e_\lambda$. 又因为 x_0 是 x 在 E 上的投影, 所以 $(x - x_0) \perp E$, 从而对任意的 $\lambda \in \Lambda$, 有 $(x - x_0) \perp e_\lambda$. 因此 $(x_0, e_\lambda) = (x, e_\lambda)$, 从而 $x_0 = \sum\limits_{\lambda\in\Lambda}(x, e_\lambda)e_\lambda$.

另外, 当 H 是 Hilbert 空间时, H 的闭子空间 E 完备, 由投影定理 3.2.3 得到对任何 $x \in H$, x 在 E 上必有投影, 故 x 在 E 上的投影就是 $\sum\limits_{\lambda\in\Lambda}(x, e_\lambda)e_\lambda$. □

定义 3.3.5 设 H 是内积空间. 若 $\mathscr{F}$ 是 H 中的极大正交系, 则称 $\mathscr{F}$ 是完全的.

定理 3.3.4 设 H 是内积空间, $\mathscr{F} = \{e_\lambda \mid \lambda \in \Lambda\}$ 是 H 中的规范正交系. 若 $\mathscr{F}$ 是完备的, 则 $\mathscr{F}$ 是完全的. 若 H 是 Hilbert 空间, 则完全的规范正交系是完备的.

证明 若 $\mathscr{F}$ 是完备的, 则对任何 $x \in H$, x 都可展成关于 $\mathscr{F}$ 的 Fourier 级数, 即 $x = \sum\limits_{\lambda\in\Lambda}(x, e_\lambda)e_\lambda$. 因此, 若 $x \perp \mathscr{F}$, 则必有 $x = \theta$, 这说明 H 中不存在与 $\mathscr{F}$ 正交的非零向量, 也就是说, 正交系 $\mathscr{F}$ 不能再扩大了, 即 $\mathscr{F}$ 是 H 中的极大的规范正交系, 故 $\mathscr{F}$ 是完全的.

反过来, 若 H 是 Hilbert 空间, $\mathscr{F}$ 是完全的. 令 E 是 $\mathscr{F}$ 张成的闭线性子空间, 则 E 完备. 若 $E \neq H$, 则由推论 3.2.2 可知, 有非零向量 x 与 E 正交, 这说明 $\mathscr{F}$ 不是极大正交系, 这与 $\mathscr{F}$ 的完全性相矛盾. 因此 $E = H$, 这就证明了 $\mathscr{F}$ 是完备的. □

3.3.3 线性无关向量系的正交化

Hilbert 空间中的完备正交系是研究 Hilbert 空间的重要工具, 在理论及应用中都具有非常重要的作用, 那么是否每个 Hilbert 空间都有完备正交系呢? 若有, 如何求得? 为了回答这个问题, 我们首先介绍正交化原理.

引理 3.3.2 (Gram-Schmidt (格拉姆-施密特) 过程) 设 $G = \{x_1, x_2, \cdots, x_n, \cdots\}$ 是内积空间 H 中有限个或可列个线性无关向量组成的集合, 则必有 H 中的规范正交系 $\mathscr{F} = \{e_1, e_2, \cdots, e_n, \cdots\}$, 使得对每个正整数 n, e_n 是 $x_1, x_2, \cdots, x_n$ 的线性组合, x_n 也是 $e_1, e_2, \cdots, e_n$ 的线性组合, 即

$$\operatorname{span}\{x_1, x_2, \cdots, x_n\} = \operatorname{span}\{e_1, e_2, \cdots, e_n\},$$

且 e_n 除去绝对值为 1 的常数因子外, 由 $x_1, x_2, \cdots, x_n$ 完全确定.

证明 不妨只考虑 G 为可数集的情形, 利用数学归纳法证明. 首先根据 $x_1, x_2, \cdots, x_n, \cdots$ 作 $e_1, e_2, \cdots, e_n, \cdots$. 令 $e_1 = \dfrac{x_1}{\|x_1\|}$, 则 $\|e_1\| = 1$. 记

$$M_1 = \operatorname{span}\{x_1\} = \operatorname{span}\{e_1\}.$$

取 $v_2 = x_2 - (x_2, e_1)e_1$, 因为 x_1, x_2 线性无关, 所以 $v_2 \neq \theta$, 并且 $(v_2, e_1) = (x_2, e_1) - (x_2, e_1) = 0$, 故 $v_2 \perp e_1$. 令 $e_2 = \dfrac{v_2}{\|v_2\|}$, 则 $\|e_2\| = 1$, 且 $e_2 \perp e_1$, 记

$$M_2 = \operatorname{span}\{e_1, e_2\} = \operatorname{span}\{x_1, x_2\}.$$

假设 $e_1, e_2, \cdots, e_{n-1}$ 已作好, 且记

$$M_{n-1} = \operatorname{span}\{e_1, e_2, \cdots, e_{n-1}\} = \operatorname{span}\{x_1, x_2, \cdots, x_{n-1}\}.$$

取 $v_n = x_n - \sum\limits_{k=1}^{n-1}(x_n, e_k)e_k$, 则 $v_n \perp M_{n-1}$, 又因为 $x_n \notin M_{n-1}$, 所以 $v_n \neq \theta$. 令 $e_n = \dfrac{v_n}{\|v_n\|}$, 则 $\|e_n\| = 1$, 且 $e_1, e_2, \cdots, e_n$ 两两正交. 由 e_n 的构造可知

$$e_n \in \operatorname{span}\{x_n, e_1, \cdots, e_{n-1}\} = \operatorname{span}\{x_1, x_2, \cdots, x_n\},$$

并且 $x_n \in \operatorname{span}\{e_1, e_2, \cdots, e_n\}$, 故

$$\operatorname{span}\{e_1, e_2, \cdots, e_n\} = \operatorname{span}\{x_1, x_2, \cdots, x_n\},$$

并记 $M_n = \operatorname{span}\{e_1, e_2, \cdots, e_n\}$, 如此继续作下去就得到 H 中的规范正交系 $\mathscr{F} = \{e_1, e_2, \cdots, e_n, \cdots\}$.

若 $\alpha_1, \alpha_2, \cdots, \alpha_n, \cdots$ 是一列绝对值是 1 的数, 则 $\alpha_1 e_1, \alpha_2 e_2, \cdots, \alpha_n e_n, \cdots$ 仍是规范正交系, 显然仍满足引理的要求.

另外, 若 $\{e'_1, e'_2, \cdots, e'_n, \cdots\}$ 是满足引理要求的任一规范正交系, 则对每个 n, $e'_1, e'_2, \cdots, e'_n$ 张成的线性子空间就是 M_n, 因此 e'_n 也和 $e'_1, e'_2, \cdots, e'_{n-1}$ 张成的子空间 M_{n-1} 正交. 所以 e'_n 按 M_n 中规范正交系 $\{e_1, e_2, \cdots, e_n\}$ 展开时, $e'_n = (e'_n, e_n)e_n$, 由 $\|e_n\| = \|e'_n\| = 1$ 可知, e'_n 与 e_n 相差一个绝对值为 1 的常数因子. □

定理 3.3.5 任何 Hilbert 空间 H 都有完备规范正交系.

证明 当 H 可分时, 在 H 中有稠密点列 $\{x_1, x_2, \cdots, x_n, \cdots\}$. 不妨设 $\{x_1, x_2, \cdots, x_n, \cdots\}$ 为线性无关集, 否则取出它的最大无关组. 由 Gram-Schmidt 过程, 就可得到一个规范正交系 $\mathscr{F} = \{e_1, e_2, \cdots, e_n, \cdots\}$, 使得对任意的正整数 n, 有

$$\operatorname{span}\{e_1, e_2, \cdots, e_n\} = \operatorname{span}\{x_1, x_2, \cdots, x_n\}.$$

可见对任意的正整数 n, x_n 都可用 $\mathscr{F}$ 中有限个向量的线性组合表示, 又因为点列 $\{x_1, x_2, \cdots, x_n, \cdots\}$ 在 H 中稠密, 所以 $\mathscr{F}$ 张成的闭线性子空间就是 H, 由推论 3.3.4 得到 $\mathscr{F}$ 是 H 中的完备规范正交系.

当 H 不可分时, 可用 Zorn (佐恩) 引理证明. 令

$$\mathscr{U} = \{\mathcal{S} \mid \mathcal{S}\text{是 } H \text{ 中的规范正交系}\}.$$

显然, $\mathscr{U}$ 按集合的包含关系成为一个半序集, 并且 $\mathscr{U}$ 的全序子集都有上界 (所有集合的并就是一个上界). 由 Zorn 引理可知, $\mathscr{U}$ 有极大元, 记为 $\mathscr{F}$. 此极大元 $\mathscr{F}$ 就是 H 中的完全正交系, 又因为 H 是 Hilbert 空间, 所以由定理 3.3.4 可知 $\mathscr{F}$ 完备. □

推论 3.3.7 内积空间 H 中的任何规范正交系均可扩充为完全规范正交系.

定理 3.3.6 无穷维可分 Hilbert 空间 H 中的完备规范正交系是可数的.

证明 设 $\mathscr{F} = \{e_\lambda \mid \lambda \in \Lambda\}$ 是 H 中的完备规范正交系, 则 $\mathscr{F}$ 是无穷集, 否则由 $\mathscr{F}$ 的完备性得到

$$H = \overline{\text{span}\mathscr{F}} = \text{span}\mathscr{F},$$

这说明 H 为有限维空间, 这与 H 是无穷维的相矛盾!

反设 $\mathscr{F}$ 不可数, 则对任意的 $e_\lambda, e_\mu \in \mathscr{F}$, 当 $e_\lambda \neq e_\mu$ 时,

$$\|e_\lambda - e_\mu\|^2 = \|e_\lambda\|^2 + \|e_\mu\|^2 = 2.$$

故 $\|e_\lambda - e_\mu\| = \sqrt{2}$, 这表明 $\mathscr{F}$ 无可数的稠密子集, 因此 H 无可数的稠密子集, 这与 H 的可分性矛盾! □

例 3.3.5 在 Hilbert 空间 $L^2[-1,1]$ 中, $A = \{1, x, \cdots, x^n, \cdots\}$ 线性无关, span$A$ 在 $L^2[-1,1]$ 中稠密, 因此可以将 A 按 Gram-Schmidt 过程化为完备规范正交系. 不过用直接计算的方法是比较麻烦的, 故对许多具体问题往往还要再用下特殊的技巧. 取

$$\varphi_0(x) = 1, \quad \varphi_k(x) = \frac{d^k}{dx^k}(x^2-1)^k \ (k = 1, 2, \cdots).$$

则 $\varphi_k(x)$ 为 k 次多项式. 当 $0 \leqslant m \leqslant n$ 时, 利用分部积分法, 得到

$$\begin{aligned}\int_{-1}^{1} \varphi_m(x)\varphi_n(x)dx &= \int_{-1}^{1} \frac{d^n}{d^n}(x^2-1)^n \frac{d^m}{dx^m}(x^2-1)^m dx \\ &= -\int_{-1}^{1} \frac{d^{n-1}}{d^{n-1}}(x^2-1)^n \frac{d^{m+1}}{dx^{m+1}}(x^2-1)^m dx\end{aligned}$$

$$
\begin{aligned}
&= \cdots \\
&= (-1)^n \int_{-1}^{1} (x^2-1)^n \frac{d^{m+n}}{dx^{m+n}} (x^2-1)^m dx. \qquad (3.3.5)
\end{aligned}
$$

由 (3.3.5) 式可知, 当 $m < n$ 时, $(\varphi_m, \varphi_n) = 0$, 当 $m = n$ 时, (3.3.5) 式成为

$$
\begin{aligned}
\|\varphi_m\|_2 = (\varphi_m, \varphi_m) &= (-1)^m \int_{-1}^{1} (x^2-1)^m \frac{d^{2m}}{dx^{2m}} (x^2-1)^m dx \\
&= (-1)^m (2m)! \int_{-1}^{1} (x^2-1)^m dx \\
&= (2m)! \int_{0}^{1} 2^{2m+1} t^m (1-t)^m dt \\
&= \frac{(m!)^2}{2m+1} 2^{2m+1}. \qquad (3.3.6)
\end{aligned}
$$

因此, $h_0(x) = \dfrac{1}{\sqrt{2}}$, $h_m(x) = \dfrac{1}{2^m m!} \sqrt{\dfrac{2m+1}{2}} \dfrac{d^m}{dx^m} (x^2-1)^m \ (m = 1, 2, \cdots)$ 是将 A 正交化后的完备规范正交系.

注 3.3.7 多项式列

$$
P_0(x) \equiv 1, \quad P_n(x) = \frac{1}{2^n n!} \frac{d^n}{dx^n} (x^2-1)^n \ (n = 1, 2, \cdots),
$$

称为 Legendre (勒让德) 多项式列. 它是 $L^2[-1,1]$ 中的完备正交多项式系, 因此对任意的 $f \in L^2[-1,1]$, f 可按 $\{P_n \mid n = 0, 1, 2, \cdots\}$ 展成 Fourier 级数.

3.3.4 可分 Hilbert 空间模型

为了研究 Hilbert 空间及其上的线性算子, 通常把一个抽象的 Hilbert 空间表示为一个具体的熟知的 Hilbert 空间, 因此我们引入下面的概念.

定义 3.3.6 设 H_1, H_2 是两个内积空间. 若有 H_1 到 H_2 的线性同构 φ 保持内积不变, 即对任意的 $x, y \in H_1$ 及任意的两个数 α, β, 成立

$$
\varphi(\alpha x + \beta y) = \alpha \varphi(x) + \beta \varphi(y),
$$

$$
(\varphi(x), \varphi(y)) = (x, y),
$$

则称内积空间 H_1 与 H_2 保范线性同构, 简称同构.

注 3.3.8 同构的 Hilbert 空间有相同的线性结构与内积结构, 因此有相同的性质. 注意到 Hilbert 空间范数是由内积导出的, 故内积空间的同构为赋范空间的等距同构.

对于一个抽象 Hilbert 空间, 要研究的是它能与怎样具体的 Hilbert 空间同构.

定理 3.3.7 任何 n 维内积空间 H 必与 n 维欧氏空间 $\mathbb{R}^n$ 同构.

证明 取 H 的一组基 $\{x_1, x_2, \cdots, x_n\}$, 然后用 Gram-Schmidt 过程将其正交化就可得 H 中规范正交的基 $\{e_1, e_2, \cdots, e_n\}$, 并且

$$\operatorname{span}\{e_1, e_2, \cdots, e_n\} = \operatorname{span}\{x_1, x_2, \cdots, x_n\} = H.$$

因此, 对任意的 $x \in H$, 有 $x = \sum\limits_{i=1}^{n}(x, e_i)e_i$. 作 H 到 $\mathbb{R}^n$ 的映射 φ 为

$$x \mapsto \big((x, e_1), (x, e_2), \cdots, (x, e_n)\big).$$

易验证 φ 是 H 到 $\mathbb{R}^n$ 的线性同构, 且是保内积的映射, 因此 H 和 $\mathbb{R}^n$ 同构. □

定理 3.3.8 任何可分 Hilbert 空间 H 必与某个 $\mathbb{R}^n$ 或 l^2 同构.

证明 由定理 3.3.5 可知, Hilbert 空间 H 有完备规范正交系 $\{e_n\}$, 故

$$\overline{\operatorname{span}\{e_n\}} = H.$$

因此, 若 $\{e_n\}$ 是有限集, 则 H 为有限维空间, 由定理 3.3.7 知 H 与某个 $\mathbb{R}^n$ 同构. 下面设 $\{e_n\}$ 为可数集. 由 $\{e_n\}$ 的完备性知道, 对任何 $x \in H$, x 都可展开为关于 $\{e_n\}$ 的 Fourier 级数, 即 $x = \sum\limits_{i=1}^{\infty}(x, e_i)e_i$, 且 $\|x\| = \sum\limits_{i=1}^{\infty}|(x, e_i)|^2$, 可见

$$((x, e_1), (x, e_2), \cdots, (x, e_n), \cdots) \in l^2.$$

作 H 到 l^2 的映射 φ 为

$$x \mapsto ((x, e_1), (x, e_2), \cdots, (x, e_n), \cdots),$$

易验证 φ 为线性映射, 且

$$\begin{aligned}(x, y) &= \lim_{n\to\infty}\left(\sum_{i=1}^{n}(x, e_i)e_i, \sum_{j=1}^{n}(y, e_j)e_j\right) = \lim_{n\to\infty}\sum_{j=1}^{n}\sum_{i=1}^{n}(x, e_i)\overline{(y, e_j)}(e_i, e_j)\\ &= \lim_{n\to\infty}\sum_{i=1}^{n}(x, e_i)\overline{(y, e_i)} = \sum_{i=1}^{\infty}(x, e_i)\overline{(y, e_i)}\\ &= (\varphi(x), \varphi(y)).\end{aligned}$$

另外, 对任意的 $(c_1, c_2, \cdots, c_n, \cdots) \in l^2$, 由于

$$\left\|\sum_{i=n+1}^{m} c_i e_i\right\|^2 = \sum_{i=n+1}^{m}\|c_i e_i\|^2 = \sum_{i=n+1}^{m}|c_i|^2 \to 0 \quad (m, n \to \infty),$$

故 $\sum\limits_{i=1}^{\infty} c_i e_i$ 收敛. 令 $x = \sum\limits_{i=1}^{\infty} c_i e_i$, 则对任意的正整数 n,

$$(x, e_n) = \sum_{i=1}^{\infty} c_i (e_i, e_n) = c_n,$$

于是 $\varphi(x) = (c_1, c_2, \cdots, c_n, \cdots)$, 从而 φ 是从 H 到 l^2 的同构映射. □

3.4 Hilbert 空间上的连续线性泛函

3.4.1 Riesz 表示定理

设 H 是内积空间, 任取 H 中一个固定的向量 y, 作 H 上的泛函 F_y:

$$F_y(x) = (x, y), \quad \forall x \in H. \tag{3.4.1}$$

由内积对第一变元的线性性可得泛函 F_y 是线性的, 且由 Schwarz 不等式可得 $|F_y(x)| = |(x, y)| \leqslant \|x\|\|y\|$, 而 $\|F_y(y)\| = \|y\|^2$. 故 F_y 为 H 上的连续线性泛函, 且 $\|F_y\| = \|y\|$. 一个很自然的问题是: H 上的连续线性泛函是否都是 (3.4.1) 式的形式? 当内积空间 H 为 Hilbert 空间时, 答案是肯定的. 这就是 Riesz 表示定理.

定理 3.4.1 (Riesz 表示定理)　设 H 是 Hilbert 空间, F 是 H 上的连续线性泛函. 则存在唯一的 $y \in H$, 使得对任何 $x \in H$, 都有

$$F(x) = (x, y), \tag{3.4.2}$$

并且

$$\|F\| = \|y\|. \tag{3.4.3}$$

证明　若 $F = \theta$, 取 $y = \theta$, 则定理显然成立. 因此不妨设 $F \neq \theta$. 因为 F 连续, 所以 F 的零空间

$$M = N(F) = \{x \in H \mid F(x) = 0\}$$

是 H 的闭子空间, 又因为 $F \neq \theta$, 所以 $M \neq H$.

要证明的 (3.4.2) 式启发我们要到 $M^{\perp}$ 中去找向量 y. 由推论 3.2.2 可知 $M^{\perp}$ 中必有非零元, 即必有 $z \neq \theta$, $z \perp M$, 因此 $z \notin M$, 故 $F(z) \neq 0$. 对任意的 $x \in H$, 因为 $F\Big(x - \dfrac{F(x)}{F(z)} z\Big) = 0$, 所以

$$x - \frac{F(x)}{F(z)} z \in M.$$

故 $\left(x-\dfrac{F(x)}{F(z)}z\right)\perp z$, 即

$$\left(x-\frac{F(x)}{F(z)}z, z\right)=0,$$

上式表明 $(x,z)-\dfrac{F(x)}{F(z)}\|z\|^2=0$, 所以

$$F(x)=\frac{F(z)}{\|z\|^2}(x,z)=\left(x, \frac{\overline{F(z)}}{\|z\|^2}z\right).$$

因此, 若取 $y=\dfrac{\overline{F(z)}}{\|z\|^2}z$, 由上式就有 $F(x)=(x,y)$ 对任何 $x\in H$ 都成立. 这说明 F 是由 y 确定的泛函.

下证 F 是由 y 唯一确定的. 若有 $y_1\in H$, 使得对任何 $x\in H$, $F(x)=(x,y_1)$, 则对任何 $x\in H$, 有

$$(x,y_1)=F(x)=(x,y).$$

于是按内积的线性性可得 $y_1-y=\theta$, 即 $y_1=y$.

由于

$$\|F\|=\sup_{\|x\|\leqslant 1}|F(x)|=\sup_{\|x\|\leqslant 1}|(x,y)|\leqslant\|y\|,$$

并且

$$\|F\|=\sup_{\|x\|\leqslant 1}|F(x)|\geqslant\left|F\left(\frac{y}{\|y\|}\right)\right|=\left(\frac{y}{\|y\|},y\right)=\|y\|,$$

所以 $\|F\|=\|y\|$. □

注 3.4.1 Riesz 表示定理表明, Hilbert 空间上的连续线性泛函有一个非常简单的表示.

3.4.2 Hilbert 空间的共轭空间

设 H 为 Hilbert 空间, H^* 为其共轭空间, 由 Riesz 表示定理可知, 对任意 $F\in H^*$, 对应唯一的 $y\in H$, 使 $F(x)=(x,y)$, 并且 $\|F\|=\|y\|$. 另外, 对任意的 $y\in H$, 令

$$F_y(x)=(x,y),\quad \forall x\in H,$$

显然 F_y 是 H 上的连续线性泛函, 即 $F_y\in H^*$, 于是, 作 H 到 H^* 的映射 τ 如下:

$$\tau:\ y\mapsto F_y,\quad \forall\, y\in H.$$

则 τ 是 H 到 H^* 上的 1-1 对应, 由 Riesz 表示定理可知, τ 是 H 到 H^* 的等距映射, 即 $\|\tau(y)\| = \|y\|$.

当 H 是复空间时, τ 是共轭线性的, 即对任意两个数 α, β 及 $y, z \in H$, 有

$$\tau(\alpha y + \beta z) = \overline{\alpha}\tau(y) + \overline{\beta}\tau(z).$$

这可由

$$F_{\alpha y+\beta z}(x) = (x, \alpha y + \beta z) = \overline{\alpha}(x, y) + \overline{\beta}(x, z) = \overline{\alpha}F_y(x) + \overline{\beta}F_z(x)$$

直接得到.

当 H 为实空间时, τ 为线性等距同构, 当 H 为复空间时, τ 不是线性同构, 而称为“复共轭”线性同构. 在这种同构方式下, 今后可将 y 和 F_y 看成一致的, 即可以把 H^* 中的泛函 F_y 看成 H 中的向量 y, 也可把 H 中的向量 y 看成 H^* 中的泛函 F_y, 于是 H 就与 H^* 同一化了. 因此可以说 Hilbert 空间是自反的.

3.4.3 Hilbert 空间上的共轭算子

由于 Hilbert 空间 H 和它的共轭空间 H^* 可以同一化, 因此共轭空间上共轭算子的概念可以引入到 Hilbert 空间本身中去. 下面我们在 Hilbert 空间 H 上重新定义共轭算子.

设 $A \in \mathcal{B}(H)$, 对于任意给定的 $y \in H$, 因为

$$|(Ax, y)| \leqslant \|Ax\| \, \|y\| \leqslant \|A\| \, \|x\| \, \|y\|,$$

所以 $\varphi_y(x) = (Ax, y)$ 是 H 上的一个连续线性泛函. 因为 H 完备, 由 Riesz 表示定理, 有唯一的 $y^* \in H$, 使

$$(Ax, y) = \varphi_y(x) = (x, y^*), \quad \forall x \in H, \tag{3.4.4}$$

且 $\|y^*\| = \|\varphi_y\| \leqslant \|A\| \, \|y\|$. 定义 $A^*y = y^*$, 则

$$(Ax, y) = (x, A^*y), \quad \forall x, y \in H. \tag{3.4.5}$$

这样定义的算子 A^* 是从 H 到 H 的算子, 并且它是线性的. 事实上, 对任意的 $y_1, y_2 \in H$ 及 $\alpha, \beta \in \mathbb{K}$, 有

$$\begin{aligned}(x, A^*(\alpha y_1 + \beta y_2)) &= (Ax,\ \alpha y_1 + \beta y_2) = \overline{\alpha}(Ax, y_1) + \overline{\beta}(Ax, y_2) \\ &= \overline{\alpha}(x,\ A^*y_1) + \overline{\beta}(x,\ A^*y_2) = (x,\ \alpha A^*y_1) + (x,\ \beta A^*y_2) \\ &= (x,\ \alpha A^*y_1 + \beta A^*y_2).\end{aligned}$$

所以

$$A^*(\alpha y_1 + \beta y_2) = \alpha A^* y_1 + \beta A^* y_2,$$

即 A^* 是从 H 到 H 的线性算子, 且由 Riesz 表示定理得到, 对任何 $y \in H$,

$$\|A^* y\| = \|\varphi_y\| \leqslant \|A\| \, \|y\|.$$

因此 A^* 是 H 到 H 的有界线性算子, 而且 $\|A^*\| \leqslant \|A\|$.

显然使得 (3.4.5) 成立的算子 A^* 是由 A 唯一确定的.

定义 3.4.1 设 H 为 Hilbert 空间, $A \in \mathcal{B}(H)$, 又设 $A^* \in \mathcal{B}(H)$ 满足

$$(Ax, y) = (x, A^* y), \quad \forall x, y \in H,$$

则称 A^* 是 A 的共轭算子或伴随算子.

注 3.4.2 当 H 是 Hilbert 空间时, 对任何 $A \in \mathcal{B}(H)$, 都存在唯一的共轭算子 $A^* \in \mathcal{B}(H)$.

例 3.4.1 在 n 维 Hilbert 空间 $\mathbb{R}^n$ 中, 设 $A \in \mathcal{B}(\mathbb{R}^n)$, 则 A 为 $n \times n$ 矩阵

$$A = \begin{pmatrix} a_{11} & a_{12} & \cdots & a_{1n} \\ a_{21} & a_{22} & \cdots & a_{2n} \\ \vdots & \vdots & & \vdots \\ a_{n1} & a_{n2} & \cdots & a_{nn} \end{pmatrix}.$$

对任何 $x \in \mathbb{R}^n$, 把 x 写成列向量形式, 即 $x = (x_1, x_2, \cdots, x_n)^{\mathrm{T}}$, 则

$$Ax = \left(\sum_{j=1}^{n} a_{1j} x_j, \sum_{j=1}^{n} a_{2j} x_j, \cdots, \sum_{j=1}^{n} a_{nj} x_j \right)^{\mathrm{T}}.$$

又对任意给定的 $y \in \mathbb{R}^n$, 把 y 写成列向量形式, 即 $y = (y_1, y_2, \cdots, y_n)^{\mathrm{T}}$, 故

$$(Ax, y) = \sum_{i=1}^{n} \left(\sum_{j=1}^{n} a_{ij} x_j \right) \overline{y}_i = \sum_{j=1}^{n} \sum_{i=1}^{n} a_{ij} \overline{y}_i x_j = \sum_{j=1}^{n} x_j \overline{\sum_{i=1}^{n} \overline{a}_{ij} y_i} = (x, (\overline{A})^{\mathrm{T}} y),$$

因此 A 的共轭算子为矩阵的共轭转置. 由此可见, Hilbert 空间中的共轭算子为 $\mathbb{R}^n$ 中矩阵的共轭转置的推广, 其与矩阵的共轭转置具有相同的性质.

容易验证, Hilbert 空间 H 上的共轭算子满足 $I^* = I$, $\theta^* = \theta$. 由共轭算子的定义, 我们还可以证明如下结果.

定理 3.4.2 设 A, B 是 Hilbert 空间 H 上的有界线性算子, 则

(1) $(A^*)^* = A$;

(2) $\|A^*\| = \|A\|$;

(3) $(BA)^* = A^*B^*$;

(4) $\|A^*\|^2 = \|A\|^2 = \|A^*A\| = \|AA^*\|$;

(5) 对任意 $\alpha, \beta \in \mathbb{K}$, $(\alpha A + \beta B)^* = \overline{\alpha}A^* + \overline{\beta}B^*$;

(6) 若 A^{-1} 存在且有界, 则 $(A^*)^{-1}$ 也存在且有界, 并且 $(A^*)^{-1} = (A^{-1})^*$.

证明 (1) 在 (3.4.5) 式中用 A^* 代替 A, 我们就可以定义 $(A^*)^* = A^{**}$, 即

$$(A^*x, y) = (x, A^{**}y), \quad \forall x, y \in H.$$

因此对任意的 $x, y \in H$, 有

$$\overline{(x, Ay)} = (Ay, x) = (y, A^*x) = \overline{(A^*x, y)} = \overline{(x, A^{**}y)}.$$

于是就有

$$(x, Ay) = (x, A^{**}y), \quad \forall x, y \in H,$$

即 $(A^*)^* = A$.

(2) 因为对任意的 $x \in H$, 有

$$\|A^*x\|^2 = (A^*x, A^*x) = (AA^*x, x) \leqslant \|AA^*x\|\,\|x\| \leqslant \|A\|\,\|A^*x\|\,\|x\|,$$

所以 $\|A^*x\| \leqslant \|A\|\,\|x\|$, 即

$$\|A^*\| \leqslant \|A\|. \tag{3.4.6}$$

在 (3.4.6) 式中用 A^* 替换 A 有 $\|A\| = \|A^{**}\| \leqslant \|A^*\|$, 因此 $\|A^*\| = \|A\|$.

(3) 对任意的 $x, y \in H$, 因为 $Ax \in H$, 所以由

$$(BAx, y) = (Ax, B^*y) = (x, A^*(B^*y)) = (x, A^*B^*y)$$

得到 $(BA)^* = A^*B^*$.

(4) 由性质 (2) 可知

$$\|A^*A\| \leqslant \|A^*\|\,\|A\| = \|A\|^2 = \|A^*\|^2.$$

另外, 对任意的 $x \in H$, 有

$$\|Ax\|^2 = (Ax, Ax) = (x, A^*Ax) \leqslant \|x\|\,\|A^*Ax\| \leqslant \|A^*A\|\,\|x\|^2,$$

即 $\|A\|^2 \leqslant \|A^*A\|$. 因此性质 (4) 成立.

(5) 对任意 $x, y \in H$, 由内积的性质得到

$$\begin{aligned}((\alpha A + \beta B)x, y) &= \alpha(Ax, y) + \beta(Bx, y) \\ &= \alpha(x, A^*y) + \beta(x, B^*y) \\ &= (x, (\overline{\alpha}A^* + \overline{\beta}B^*)y).\end{aligned}$$

所以 $(\alpha A + \beta B)^* = \overline{\alpha}A^* + \overline{\beta}B^*$.

(6) 由于 $A^{-1}A = AA^{-1} = I$, 所以由性质 (3) 得到

$$A^*(A^{-1})^* = (A^{-1}A)^* = I^* = I,$$

$$(A^{-1})^*A^* = (AA^{-1})^* = I^* = I.$$

可见 $(A^*)^{-1}$ 存在, 且 $(A^*)^{-1} = (A^{-1})^*$. □

注 3.4.3 在第 2 章中, 对于 Banach 空间的有界线性算子, 曾引入过共轭算子的概念. 对于复空间, 这一节中定义的共轭算子与那里稍有不同. 在这一节中, 当 $A, B \in \mathcal{B}(H)$, α, β 是复数时

$$(\alpha A + \beta B)^* = \overline{\alpha}A^* + \overline{\beta}B^*,$$

而在 Banach 空间中, 按前面定义的共轭算子的概念, 应为

$$(\alpha A + \beta B)^* = \alpha A^* + \beta B^*.$$

但在实空间中两者是一致的.

下面介绍共轭算子的一个非常重要的性质.

定理 3.4.3 设 A 是从 Hilbert 空间 H 到 H 的有界线性算子, 则

$$N(A) = (R(A^*))^{\perp}, \quad N(A^*) = (R(A))^{\perp}, \tag{3.4.7}$$

$$\overline{R(A)} = (N(A^*))^{\perp}, \quad \overline{R(A^*)} = (N(A))^{\perp}, \tag{3.4.8}$$

其中 $R(A)$ 和 $N(A)$ 分别表示 A 的值域和零空间.

证明 因为对任意的 $x, y \in H$, 有 $(Ax, y) = (x, A^*y)$, 所以当 $x \in N(A)$ 时, $Ax = \theta$, 故 $(x, A^*y) = 0$ 对任意的 $y \in H$ 均成立, 即 $N(A) \subset (R(A^*))^{\perp}$. 任取 $x \in (R(A^*))^{\perp}$, 这时对任何 $y \in H$, $(x, A^*y) = 0$, 所以 $(Ax, y) = 0$ 对任意的 $y \in H$ 均成立, 取 $y = Ax$ 即知 $Ax = \theta$, 所以 $(R(A^*))^{\perp} \subset N(A)$. 因此可得 (3.4.7) 的第一式, 在第一式中将 A 换成 A^* 就有 (3.4.7) 的第二式.

由推论 3.2.3 可知, 在 (3.4.7) 第一式的两端各取正交补就有 $(N(A))^{\perp} = ((R(A^*))^{\perp})^{\perp} = \overline{R(A^*)}$, 即 (3.4.8) 的第二式成立, 类似可证 (3.4.8) 的第一式成立. □

3.5 自伴算子、酉算子与正常算子

3.5.1 自伴算子

定义 3.5.1 设 A 为 Hilbert 空间 H 到 H 的有界线性算子. 若 $A^* = A$, 则称 A 为自伴算子或自共轭算子.

注 3.5.1 由共轭算子的定义可知, Hilbert 空间 H 到 H 的有界线性算子 A 是自伴算子, 当且仅当

$$(Ax, y) = (x, Ay), \quad \forall x, y \in H. \tag{3.5.1}$$

注 3.5.2 对有界线性算子而言, 自伴算子也称为对称算子.

例 3.5.1 设 $H = \mathbb{C}^n$, 其上定义的内积为 $(x, y) = \sum\limits_{i=1}^{n} x_i \overline{y}_i$. A 是 $\mathbb{C}^n$ 到 $\mathbb{C}^n$ 的有界线性算子, 即

$$A = (a_{ij}), \quad i, j = 1, 2, \cdots, n.$$

令 $x = (x_1, x_2, \cdots, x_n)^{\mathrm{T}}$, $y = (y_1, y_2, \cdots, y_n)^{\mathrm{T}}$, 则

$$Ax = \left(\sum_{j=1}^{n} a_{1j} x_j, \sum_{j=1}^{n} a_{2j} x_j, \cdots, \sum_{j=1}^{n} a_{nj} x_j \right)^{\mathrm{T}}.$$

因为

$$\begin{aligned}
(Ax, y) &= \sum_{i=1}^{n} \left(\sum_{j=1}^{n} a_{ij} x_j \right) \overline{y}_i = \sum_{j=1}^{n} \sum_{i=1}^{n} a_{ij} \overline{y}_i x_j = \sum_{j=1}^{n} \left(\sum_{i=1}^{n} a_{ij} \overline{y}_i \right) x_j \\
&= \sum_{j=1}^{n} \overline{\left(\sum_{i=1}^{n} \overline{a}_{ij} y_i \right)} x_j = \sum_{i=1}^{n} x_i \overline{\left(\sum_{j=1}^{n} \overline{a}_{ji} y_j \right)} = (x, A^* y),
\end{aligned}$$

其中 $A^* = (\overline{a}_{ji}) = (a_{ij})^*$, 即 A^* 是 A 的共轭转置矩阵, 所以 A 是自伴算子的充分必要条件是矩阵 (a_{ij}) 和它的共轭转置矩阵 $(\overline{a}_{ji})$ 相等.

注 3.5.3 在 $\mathbb{R}^n$ 中, A 是自伴算子的充分必要条件是矩阵 $A = (a_{ij})_{n \times n}$ 是对称的.

例 3.5.2 设 $H = L^2[a,b]$, T 是 Fredholm 型积分算子, 即

$$(Tf)(x) = \int_a^b K(x,y)f(y)dy, \quad \forall f \in L^2[a,b], \tag{3.5.2}$$

其中 $K(x,y)$ 是矩形 $[a,b]\times[a,b]$ 上的可测函数, 且 $|K(x,y)|^2$ 在 $[a,b]\times[a,b]$ 上可积. 则 T 是 $L^2[a,b]$ 到 $L^2[a,b]$ 的有界线性算子, 它的共轭算子 T^* 为

$$(T^*f)(x) = \int_a^b \overline{K(y,x)}f(y)dy, \quad \forall f \in L^2[a,b]. \tag{3.5.3}$$

证明 由于 $K(x,y)$ 在 $[a,b]\times[a,b]$ 上可测且绝对值平方可积, 因此由 (3.5.2) 定义的算子 T 是 $L^2[a,b]$ 到 $L^2[a,b]$ 的有界线性算子, 类似可证由 (3.5.3) 定义的算子 T^* 也是有界线性算子.

另外, 对任意 $f,g \in L^2[a,b]$, 由于

$$\begin{aligned}
(Tf,g) &= \int_a^b \left(\int_a^b K(x,y)f(y)dy\right)\overline{g(x)}dx \\
&= \int_a^b \int_a^b (K(y,x)f(x))\overline{g(y)}dxdy \\
&= \int_a^b f(x)\overline{\left(\int_a^b \overline{K(y,x)}g(y)dy\right)}dx \\
&= (f,T^*g),
\end{aligned}$$

其中

$$(T^*g)(x) = \int_a^b \overline{K(y,x)}g(y)dy,$$

所以由 (3.5.3) 式定义的算子 T^* 是 T 的共轭算子. □

注 3.5.4 由例 3.5.2 可知, Fredholm 型积分算子 T 的共轭算子 T^* 也是 Fredholm 型积分算子. 如果记

$$(T^*f)(x) = \int_a^b K^*(x,y)f(y)dy,$$

那么积分算子 T^* 的核是 $K^*(x,y) = \overline{K(y,x)}$, 称 $K^*(x,y)$ 是 $K(x,y)$ 的共轭核.

注 3.5.5 由例 3.5.2 可知, 由 (3.5.2) 定义的积分算子 T 是自伴算子的充分必要条件是 $K(x,y) = \overline{K(y,x)}$, $x,y \in [a,b]$.

由定理 3.4.2 可知, 若 Hilbert 空间 H 上的有界线性算子 A 和 B 是自伴的, 则 $A+B$ 也是自伴的, 并且对任意实数 α, αA 也是自伴的. 为了进一步讨论自伴算子的性质, 我们先证如下引理.

引理 3.5.1 设 H 为复内积空间, $A \in \mathcal{B}(H)$, 则 $A=\theta$ 的充分必要条件是对任意的 $x \in H$, $(Ax,x)=0$.

证明 必要性显然, 下证充分性. 对任意 $x,y \in H$, $\alpha \in \mathbb{C}$, 取 $v=\alpha x+y$, 则

$$\begin{aligned}(Av,v) &= (A(\alpha x+y),\alpha x+y)\\ &= (\alpha Ax+Ay,\alpha x+y)\\ &= |\alpha|^2(Ax,x)+\alpha(Ax,y)+\overline{\alpha}(Ay,x)+(Ay,y)\\ &= \alpha(Ax,y)+\overline{\alpha}(Ay,x).\end{aligned}$$

在上式中, 取 $\alpha=1$, 得到

$$(Ax,y)+(Ay,x)=0; \tag{3.5.4}$$

取 $\alpha=\mathrm{i}$, 得到

$$(Ax,y)-(Ay,x)=0. \tag{3.5.5}$$

(3.5.4) 和 (3.5.5) 相加可得

$$(Ax,y)=0, \quad \forall x,y \in H. \tag{3.5.6}$$

在 (3.5.6) 中取 $y=Ax$ 可得对任何 $x \in H$, $Ax=\theta$, 故 $A=\theta$. □

定理 3.5.1 设 T 为复 Hilbert 空间 H 上的有界线性算子, 则 T 是自伴算子的充分必要条件是对任何 $x \in H$, (Tx,x) 为实数.

证明 $\Rightarrow$) 若 T 是自伴算子, 则对任何 $x \in H$, $(Tx,x)=(x,T^*x)=(x,Tx)$ $=\overline{(Tx,x)}$, 因此 (Tx,x) 为实数对一切 $x \in H$ 成立.

$\Leftarrow$) 因为对任何 $x \in H$, (Tx,x) 为实数, 所以

$$(Tx,x)=\overline{(Tx,x)}=\overline{(x,T^*x)}=(T^*x,x). \tag{3.5.7}$$

因此, 由 (3.5.7) 式得到

$$((T^*-T)x,x)=(T^*x,x)-(Tx,x)=0.$$

再利用引理 3.5.1 可知 T 是自伴算子. □

注 3.5.6 对实 Hilbert 空间 H, 引理 3.5.1 不成立. 例如设 $H=\mathbb{R}^2$, 对任意的 $x=(x_1,x_2)\in\mathbb{R}^2$, 令

$$T:\ (x_1,x_2)\mapsto(x_2,-x_1),$$

则容易验证 T 是 H 到 H 的有界线性算子, 且 $(Tx,x)=0$, 但 $T\neq\theta$.

注 3.5.7 对实 Hilbert 空间 H, 定理 3.5.1 不成立. 因为在实 Hilbert 空间 H 中, 对 H 到 H 的任何有界线性算子 T, (Tx,x) 为实数对一切 $x\in H$ 成立, 但并非所有的 T 都是自伴算子.

定理 3.5.2 设 A,B 是 Hilbert 空间 H 上的自伴算子, 则 AB 是自伴算子的充分必要条件是 $AB=BA$.

证明 因为 $(AB)^*=B^*A^*$, 且 A,B 是自伴算子, 所以由共轭算子的定义, 可知

$$(ABx,y)=(Bx,A^*y)=(Bx,Ay)=(x,B^*Ay)=(x,BAy).$$

可见 AB 是自伴算子的充分必要条件是 $AB=BA$. □

定理 3.5.3 设 H 是 Hilbert 空间, $\{T_n\}\subset\mathcal{B}(H)$ 是一列自伴算子, $T\in\mathcal{B}(H)$. 若

$$\|T_n-T\|\to 0\quad(n\to\infty),$$

则 T 也是自伴算子.

证明 因为

$$\|T_n-T^*\|=\|T_n^*-T^*\|=\|(T_n-T)^*\|=\|T_n-T\|\to 0\quad(n\longrightarrow\infty),$$

所以由极限的唯一性, 可得 $T=T^*$, 故 T 是自伴算子. □

定理 3.5.4 设 H 为 Hilbert 空间, M 为 H 的闭线性子空间. 若 P 为 M 上的投影算子, 则 P 是自伴算子.

证明 因为 P 为 M 上的投影算子, 所以对任意的 $x,y\in H$, 有 $Px,Py\in M$, 并且

$$(x-Px)\perp M,\quad (y-Py)\perp M.$$

于是

$$\begin{aligned}(Px,y)&=(Px,y-Py+Py)\\&=(Px,y-Py)+(Px,Py)=(Px,Py).\end{aligned}$$

而 $(x,Py)-(Px,Py)=(x-Px,Py)=0$, 所以

$$(x,Py)=(Px,Py)=(Px,y)=(x,P^*y).$$

故 $P=P^*$, 即得 P 为自伴算子. □

3.5.2 酉算子

设 A 为 $n\times n$ 阶矩阵, 在线性代数中我们称满足 $A^{-1}=\bar{A}^{\mathrm{T}}$ 的矩阵为酉阵, 现将这一概念推广到 Hilbert 空间.

定义 3.5.2 设 H 为 Hilbert 空间, $U\in\mathcal{B}(H)$. 若

$$\|Ux\|=\|x\|,\quad \forall x\in H,$$

则称 U 为保范算子. 此时, 若 $U(H)=H$, 则称 U 是酉算子.

显然, 若 $U\in\mathcal{B}(H)$ 是酉算子, 则当 $x,y\in H$, $x\neq y$ 时,

$$\|Ux-Uy\|=\|U(x-y)\|=\|x-y\|\neq 0,$$

因此 U 是 H 到 H 的 1-1 映射, 根据逆算子定理, U^{-1} 存在, 从而 U^{-1} 也是酉算子.

当 H 为实空间时, 对任意 $x,y\in H$, 利用实极化恒等式得到

$$\begin{aligned}(Ux,Uy)&=\frac{1}{4}(\|Ux+Uy\|^2-\|Ux-Uy\|^2)\\&=\frac{1}{4}(\|x+y\|^2-\|x-y\|^2)\\&=(x,y).\end{aligned}$$

当 H 为复空间时, 利用复极化恒等式得到

$$\begin{aligned}(Ux,Uy)&=\frac{1}{4}(\|Ux+Uy\|^2-\|Ux-Uy\|^2+\mathrm{i}\|Ux+\mathrm{i}Uy\|^2-\mathrm{i}\|Ux-\mathrm{i}Uy\|^2)\\&=\frac{1}{4}(\|x+y\|^2-\|x-y\|^2+\mathrm{i}\|x+\mathrm{i}y\|^2-\mathrm{i}\|x-\mathrm{i}y\|^2)\\&=(x,y).\end{aligned}$$

因此, 酉算子 U 保持内积不变, 即

$$(Ux,Uy)=(x,y),\quad \forall x,y\in H.$$

再由上式可知, 对任意的 $x,y\in H$, 有

$$(x,y)=(Ux,Uy)=(U^*Ux,y),$$

即对一切 $x,y\in H$,

$$((U^*U-I)x,y)=0. \tag{3.5.8}$$

在 (3.5.8) 式中取 $y=(U^*U-I)x$, 即可得到对任意 $x\in H$, $(U^*U-I)x=\theta$, 故 $U^*U=I$, 于是 $U^*=U^{-1}$.

反之, 若 U 的逆算子 U^{-1} 存在, 且 $U^{-1}=U^*$, 则对任何 $x\in H$, 我们有

$$(Ux,Ux)=(x,U^*Ux)=(x,x),$$

因此 $\|Ux\|=\|x\|$, 即 U 是酉算子.

综上所述, 就有如下定理.

定理 3.5.5　设 H 是 Hilbert 空间, $U\in\mathcal{B}(H)$. 则下述命题等价:

(i) U 是酉算子;

(ii) $U(H)=H$ 且 $(Ux,Uy)=(x,y)$, $\forall x,y\in H$;

(iii) U 的逆算子 U^{-1} 存在, 且 $U^{-1}=U^*$ (即 $U^*U=I$).

定理 3.5.6　设 H 是 Hilbert 空间, $U,V\in\mathcal{B}(H)$ 是酉算子, 则 UV 也是酉算子.

证明　由定理 3.5.5 可知

$$(UV)^*(UV)=(V^*U^*)(UV)=(V^{-1}U^{-1})(UV)=I.$$

故 UV 的逆算子 $(UV)^{-1}$ 存在, 且 $(UV)^{-1}=(UV)^*$. 于是由定理 3.5.5 即得 UV 是酉算子. □

3.5.3　正常算子

在有限维内积空间中, 除去自共轭矩阵、酉矩阵外, 还有正常矩阵 (自共轭矩阵、酉矩阵是它的特例) 也是可对角化的. 现在把正常矩阵的概念推广到一般 Hilbert 空间中去.

定义 3.5.3　设 H 是 Hilbert 空间, $T\in\mathcal{B}(H)$. 若 T 与它的共轭算子 T^* 可交换, 即 $TT^*=T^*T$, 则称 T 是正常算子.

注 3.5.8　由正常算子的定义可知酉算子是正常算子, 但正常算子不一定是酉算子.

设 H 为复 Hilbert 空间, 类似于复数的坐标分解, 对于 H 上有界线性算子 T, 也可作如下分解:

$$A=\frac{T+T^*}{2},\quad B=\frac{T-T^*}{2\mathrm{i}}. \tag{3.5.9}$$

显然 A,B 是自伴算子, 且有 $T=A+\mathrm{i}B$. 反之, 若 T 能分解成 $T=A+\mathrm{i}B$, 其中 A,B 是自伴算子, 则 A,B 必有 (3.5.9) 的形式, 即 A,B 由 T 唯一确定. 此时

称 A, B 分别为 T 的实部和虚部, 并称 $T = A + \mathrm{i}B$ 为 T 的笛卡儿分解. 由正常算子的定义即可得到如下定理.

定理 3.5.7 设 T 是复 Hilbert 空间 H 上的有界线性算子, A, B 分别为 T 的实部和虚部, 即 $T = A + \mathrm{i}B$. 则 T 是正常算子的充分必要条件是 $AB = BA$.

证明 由共轭算子的性质得到

$$T^* = (A + \mathrm{i}B)^* = A^* - \mathrm{i}B^* = A - \mathrm{i}B.$$

因此, 由上式得到

$$T^*T = (A - \mathrm{i}B)(A + \mathrm{i}B) = A^2 + B^2 + \mathrm{i}(AB - BA),$$

$$TT^* = (A + \mathrm{i}B)(A - \mathrm{i}B) = A^2 + B^2 + \mathrm{i}(BA - AB).$$

故 T 为正常算子的充分必要条件是 $T^*T = TT^*$, 即 $AB = BA$. □

定理 3.5.8 设 T 是复 Hilbert 空间 H 上的有界线性算子. 则 T 为正常算子的充分必要条件是对任意的 $x \in H$, $\|T^*x\| = \|Tx\|$.

证明 $\Rightarrow$) 因为 T 为正常算子, 所以对任意的 $x \in H$, 有

$$\begin{aligned}\|T^*x\|^2 &= (T^*x, T^*x) = (TT^*x, x)\\ &= (T^*Tx, x) = (Tx, Tx) = \|Tx\|^2.\end{aligned}$$

因此, $\|T^*x\| = \|Tx\|$ 对一切 $x \in H$ 成立.

$\Leftarrow$) 因为对任意的 $x \in H$, $\|T^*x\| = \|Tx\|$, 所以

$$((T^*T - TT^*)x, x) = (T^*Tx, x) - (TT^*x, x) = \|Tx\|^2 - \|T^*x\|^2 = 0.$$

从而由引理 3.5.1 得到 $T^*T - TT^* = \theta$, 即 $T^*T = TT^*$, 故 T 为正常算子. □

习 题 3

1. 设 H 为内积空间, $x, y \in H$. 证明下述条件等价:

(1) $x \perp y$;

(2) $\|x + ay\| = \|x - ay\|$, $\forall a \in \mathbb{R}$;

(3) 若 H 还是实空间, $\|x + y\|^2 = \|x\|^2 + \|y\|^2$.

2. 设 $\{x_n\}$ 是内积空间 H 中点列. 若 $\|x_n\| \to \|x\|$ $(n \to \infty)$, 且对任意 $y \in H$, $(x_n, y) \to (x, y)$ $(n \to \infty)$. 证明 $x_n \to x$ $(n \to \infty)$.

3. 设 E_n 是 n 维线性空间, $\{e_1, e_2, \cdots, e_n\}$ 是 E_n 的一个基, (α_{ij}) $(i, j = 1, 2, \cdots, n)$ 是正定矩阵, 对 E_n 中的元素 $x = \sum\limits_{i=1}^{n} x_i e_i$ 及 $y = \sum\limits_{i=1}^{n} y_i e_i$, 定义

$$(x,y)=\sum_{i,j=1}^{n}\alpha_{ij}x_i\overline{y}_j,$$

则 $(\cdot,\cdot)$ 是 E_n 上的一个内积. 反之, 设 $(\cdot,\cdot)$ 是 E_n 上的一个内积, 则必定存在矩阵 (α_{ij}) 使得上式成立.

4. 设 $x_1,x_2,\cdots,x_n$ 是内积空间 H 中的元素, 如果 $\gamma=\mu$ 时, $(x_\gamma,x_\mu)=1$, $\gamma\neq\mu$ 时, $(x_\gamma,x_\mu)=0$. 证明 $\{x_1,x_2,\cdots,x_n\}$ 是线性无关的.

5. 设 H 是内积空间, $e_i\in H$, $\|e_i\|=1$ $(i\in\mathbb{N})$, $a^2=\sum\limits_{i\neq j}|(e_i,e_j)^2|<\infty$, $x=\{\lambda_i\}\in l^2$. 证明

$$(1-a)\|x\|_2^2\leqslant\left\|\sum_{i=1}^{\infty}\lambda_ie_i\right\|^2\leqslant(1+a)\|x\|_2^2.$$

6. 设 H 是内积空间, $x,y\in H$, 假定 $\|\lambda x+(1-\lambda)y\|=\|x\|$, $0\leqslant\lambda\leqslant1$. 证明 $x=y$. 若 H 是赋范空间但不是内积空间时, 情况又如何?

7. 设 X,Y 是复内积空间, U 是 X 到 Y 的线性算子使得 $\|Ux\|=\|x\|$ 对任意 $x\in X$ 成立. 证明对任意 $x,y\in X$, 有 $(Ux,Uy)=(x,y)$.

8. 令 H 表示如下的函数 $x(t)$ 的全体:

$$x(t)\in L[0,2\pi],\quad x(t)\sim\frac{a_0}{2}+\sum_{n=1}^{\infty}(a_n\cos nt+b_n\sin nt),$$

且

$$\sum_{n=1}^{\infty}n(a_n^2+b_n^2)<\infty.$$

令

$$\|x\|_H=\frac{1}{\pi}\left[\frac{a_0^2}{2}+\sum_{n=1}^{\infty}n(a_n^2+b_n^2)\right]^{\frac{1}{2}}.$$

证明 H 为 Hilbert 空间.

9. 证明平行四边形公式成立当且仅当下面两条件之一成立:

(1) $\|x+y\|^2+\|x-y\|^2\leqslant2(\|x\|^2+\|y\|^2)$, $\forall\,x,y\in H$;

(2) $\|x+y\|^2+\|x-y\|^2\geqslant2(\|x\|^2+\|y\|^2)$, $\forall\,x,y\in H$.

10. 设 H 为 Hilbert 空间, $\{x_n\}$ 是 H 中的正交集. 证明以下三条等价:

(1) $\sum\limits_{n=1}^{\infty}x_n$ 收敛;

(2) 对任意 $y\in H$, $\sum\limits_{n=1}^{\infty}(x_n,y)$ 收敛;

(3) $\sum\limits_{n=1}^{\infty}\|x_n\|^2$ 收敛.

11. 求实数 a_0, a_1, a_2, 使得 $\displaystyle\int_0^1|\sin t-a_0-a_1t-a_2t^2|^2dt$ 最小.

12. 设 H 为复 Hilbert 空间, $A \subset \mathcal{B}(H)$ 满足条件 $\|A\| \leqslant 1$ 且对任意 $x \in H$, $(Ax, x) \geqslant 0$. 证明对任意 $x \in H$ 有

$$\|x - Ax\|^2 \leqslant \|x\|^2 - \|Ax\|^2.$$

13. 证明任何内积空间必可完备化成 Hilbert 空间.

14. 设 A 是 Hilbert 空间 H 到内积空间 G 上的有界线性算子, 并且是正则的. 证明 G 必是 Hilbert 空间.

15. 设 H 为内积空间, $M, N \subset H$. 证明

(1) 若 $M \perp N$, 则 $M \subset N^{\perp}, N \subset M^{\perp}$;

(2) 若 $M \subset N$, 则 $M^{\perp} \supset N^{\perp}$;

(3) $M^{\perp} = (\overline{M})^{\perp}$.

16. 设 $M = \{x \mid x = \{x_n\} \in l^2, x_{2n} = 0, n = 1, 2, \cdots\}$. 证明 M 是 l^2 的闭子空间, 并求出 $M^{\perp}$.

17. 若 H 是实内积空间, 则对任意 $x, y \in H$, $\|x+y\|^2 = \|x\|^2 + \|y\|^2$ 蕴含 $x \perp y$; 但当 H 是复内积空间时, 对任意 $x, y \in H$, $\|x+y\|^2 = \|x\|^2 + \|y\|^2$ 未必 $x \perp y$. 试举例说明.

18. 证明内积空间 H 中两个向量 x, y 垂直的充分必要条件是对一切数 α, 成立 $\|x+\alpha y\| \geqslant \|x\|$.

19. 设 H 为 Hilbert 空间, M 为 H 的闭子空间. 证明 M 是 H 上某个非零连续线性泛函的零空间的充分必要条件是 $M^{\perp}$ 是一维子空间.

20. 设 H 为 Hilbert 空间, $M \subset H$ 并且 $M \neq \{\theta\}$. 证明 $(M^{\perp})^{\perp}$ 是 H 中包含 M 的最小闭子空间.

21. 设 H 为 Hilbert 空间, 若 $E \subset H$ 是线性子空间, 并且对于任意的 $x \in H$, x 在 E 上的投影存在. 证明 E 是闭的.

22. 设 $\{e_i \mid 1 \leqslant i \leqslant n\}$ 是 Hilbert 空间 H 中的规范正交系, V 是 $\{e_i \mid 1 \leqslant i \leqslant n\}$ 张成的线性子空间. 证明 H 到 V 的投影算子 P 为

$$Px = \sum_{i=1}^{n} (x, e_i) e_i, \quad \forall x \in H.$$

23. 设 P 为 Hilbert 空间 H 上的有界线性算子且满足条件 $P^2 = P^* = P$. 证明 P 是 H 到 $R(P)$ 的投影算子.

24. 设 P_L, P_M 为 Hilbert 空间 H 上的两个投影算子, 而且 $P_L + P_M - P_L P_M$ 也是 Hilbert 空间 H 上的投影算子. 问此时 $P_M P_L = P_L P_M$ 是否成立?

25. 设 P 为 Hilbert 空间 $L^2[a,b]$ 中的投影算子, 如果对于 $[a,b]$ 上任何有界可测函数 ϕ, 都有

$$P(\phi f) = \phi P f, \quad f \in L^2[a,b],$$

证明必有 $[a,b]$ 的可测子集 M 使得在 M 外 $PL^2[a,b] = \{f \mid 在\ M\ 外\ f(t) = 0\}$.

26. 设 K, V 分别为 Hilbert 空间 H 中两个不同的闭子空间, P, Q 分别为 H 到 K, H 到 V 的投影算子. 证明

(1) $P + Q$ 是投影算子当且仅当 $PQ = \theta$;

(2) $P - Q$ 是投影算子当且仅当 $PQ = Q$;

(3) PQ 是投影算子当且仅当 $PQ = QP$.

27. 证明任何非零 Hilbert 空间 H 中总存在规范正交系.

28. 设 H 为可分 Hilbert 空间. 证明 H 中任何规范正交系至多为可数集.

29. 设 H 为内积空间, $\{e_i|1 \leqslant i \leqslant n\}$ 是 H 中的规范正交系, $x \in H$. 证明

$$F(\alpha_1, \cdots, \alpha_n) = \left\| x - \sum_{i=1}^{n} \alpha_i e_i \right\|$$

达到极小值当且仅当 $\alpha_i = (x, e_i)$, $1 \leqslant i \leqslant n$.

30. 证明 $\left\{ \sqrt{\dfrac{2}{\pi}} \sin nt \right\}$ 构成 $L^2[0, 2\pi]$ 的正交系, 但不是 $L^2[-\pi, \pi]$ 的正交系.

31. 设 H 为 Hilbert 空间, $\{e_k\}$, $\{e'_k\}$ 是 H 中的两个规范正交系, 并且 $\sum\limits_{k=1}^{\infty} \|e_k - e'_k\|^2 < 1$. 证明如果 $\{e_k\}$, $\{e'_k\}$ 中之一是完备的, 则另一个也是完备的.

32. 设 H 为复 Hilbert 空间, $U \in \mathcal{B}(H)$. 证明 U 是酉算子当且仅当对于 H 的任一规范正交系 $\{e_n \mid n \geqslant 1\}$, $\{Ue_n \mid n \geqslant 1\}$ 是规范正交系.

33. 令

$$H_n(t) = (-1)^n e^{t^2} \frac{d^n}{dt^n} e^{-t^2}, \quad \psi_n(t) = \left(2^n n! \sqrt{\pi}\right)^{-\frac{1}{2}} e^{-\frac{t^2}{2}} H_n(t).$$

证明 $\{\psi_n(t) \mid n = 0, 1, 2, \cdots\}$ 是 $L^2(-\infty, +\infty)$ 中的完备规范正交系.

34. 设 H 为复 Hilbert 空间, $A \in \mathcal{B}(H)$. 证明 $A + A^* = \theta$ 当且仅当 $\mathrm{Re}(Ax, x) = 0$, $\forall x \in H$.

35. 设 H 为 Hilbert 空间, $T \in \mathcal{B}(H)$ 且 $\|T\| \leqslant 1$. 证明

$$\{x \in H \mid Tx = x\} = \{x \in H \mid T^* x = x\}.$$

36. 设 H 为复 Hilbert 空间, $T: l^2 \to l^2$ 定义为 $Tx = (\lambda_1 x_1, \lambda_2 x_2, \cdots)$, $\forall x = (x_1, x_2, \cdots) \in l^2$. 证明 T 是自伴算子当且仅当 λ_n 是实数 $(n \geqslant 1)$.

37. 设 A 为 Hilbert 空间 H 上的自伴算子且满足条件: 对任意 $x \in H$, $(Ax, x) \geqslant 0$; $(Ax, x) = 0 \Rightarrow x = \theta$. 证明

$$\|A\| = \sup\{(Ax, x) \mid \|x\| = 1\}.$$

38. 设 H 为复 Hilbert 空间. 证明下述结论成立:

(1) 若 T_1, T_2 是自伴算子, 则 $T_1 + T_2$ 也是自伴算子;

(2) 若 T 是自伴算子, k 是实数, 则 kT 是自伴算子;

(3) 若 T 是自伴算子, 则 $N(T) = R(T)^{\perp}$.

39. 设 U 为 $L^2[0, 2\pi]$ 中如下定义的算子:

$$(Uf)(t) = e^{\mathrm{i}t} f(t), \quad \forall f \in L^2[0, 2\pi], \quad t \in [0, 2\pi].$$

证明 U 为酉算子.

40. 设 Ω 为平面上有界的 Lebesgue 可测集, 以 $L^2(\Omega)$ 表示 Ω 上关于平面 Lebesgue 测度的平方可积函数全体. 对每个 $f \in L^2(\Omega)$, 定义

$$(Tf)(z) = zf(z), \quad \forall\, z \in \Omega.$$

证明 T 是正常算子.

41. 设 T 为 Hilbert 空间 H 上的正常算子, $T = A + \mathrm{i}B$ 为 T 的笛卡儿分解. 证明 $\|T^2\| = \|T\|^2 = \|A^2 + B^2\|$.

42. 设 H 为复 Hilbert 空间, 若 $T \in \mathcal{B}(H)$, 证明

(1) $T + T^*$ 是正常算子;

(2) 若 T 是正常算子, 则对任意 $\lambda \in \mathbb{C}$, λT, $I + \lambda T$ 是正常算子;

(3) 若 T, S 是正常算子并且 T 与 S^*, S 与 T^* 可交换, 则 TS 是正常的.

43. 设 H 为复 Hilbert 空间, U 是酉算子. 证明当 T 分别是投影算子、自伴算子、酉算子、正常算子时, $U^{-1}TU$ 也是.

Chapter

第4章 线性算子的谱理论

线性算子的谱理论无论在基础研究还是在应用研究方面均占据着十分重要的地位, 这是因为谱理论对于了解和刻画线性算子是非常重要的, 线性算子的谱从本质上刻画了线性算子的作用方式, 反映了线性算子有没有逆算子, 在什么范围内有逆算子, 逆算子是否连续等问题.

4.1 线性算子谱的有关概念与性质

4.1.1 特征值与特征向量

有限维线性空间上线性变换的特征值与特征向量的概念是我们所熟悉的, 它们在数学物理等问题中有着广泛的应用, 比如对线性常微分方程组, 其解是用系数矩阵的特征值表示的, 现在就把它们推广到一般的线性空间上来. 就有限维空间来看, 线性变换的特征值一般是复的, 所以线性算子的谱理论一般总在复空间上进行讨论.

定义 4.1.1 设 X 是复线性空间, $A: D(A) \subset X \to X$ 是线性算子, $\lambda \in \mathbb{C}$. 若存在非零向量 $x \in D(A)$, 使得

$$Ax = \lambda x, \tag{4.1.1}$$

则称 λ 是 A 的特征值, 称 x 为 A 相应于特征值 λ 的特征向量.

算子 A 的相应于特征值 λ 的特征向量全体, 再加入零向量, 称为 A 的相应于特征值 λ 的特征向量空间, 记为 E_λ, 其维数 $\dim E_\lambda$ 称为特征值 λ 的重数.

注 4.1.1 显然, E_λ 是方程 (4.1.1) 所有解的全体, 且 E_λ 是 X 的线性子空间.

注 4.1.2　特征值 λ 的重数就是方程 (4.1.1) 的最大线性无关解组中向量的个数.

注 4.1.3　若 X 为有限维空间, 则对任何 $A \subset \mathcal{B}(X)$, A 至少有一个特征值. 但这一结论在无穷维空间中并不成立. 例如, 令 $X = l^p$ $(1 \leqslant p < +\infty)$, 作 X 到 X 的右移算子

$$Ax = (0, x_1, x_2, \cdots, x_n, \cdots), \quad \forall x = (x_1, x_2, \cdots, x_n, \cdots) \in l^p.$$

容易看出, A 是 X 上的线性算子, 且对任何数 λ, 方程 $Ax = \lambda x$ 只有解 $x = \theta$, 所以 A 没有特征值.

例 4.1.1　令 $X = C[0,1]$, $D(A) = \{u \in C^{(2)}[0,1] \mid u(0) = u(1),\ u'(0) = u'(1)\}$. 定义 $D(A)$ 到 X 上的微分算子

$$Au = -\frac{d^2u}{dt^2}, \quad \forall x \in D(A).$$

微分方程 $-\dfrac{d^2u}{dt^2} = \lambda u$ 的通解为

$$u(t) = C_1 \cos\sqrt{\lambda}t + C_2 \sin\sqrt{\lambda}t = r\sin\left(\sqrt{\lambda}t + \varphi_0\right),$$

其中 C_1, $C_2 > 0$, $r = \sqrt{C_1^2 + C_2^2}$, $\varphi_0 = \arctan\dfrac{C_2}{C_1}$.

当 $\lambda \neq (2n\pi)^2$, $n = 0, \pm1, \pm2, \cdots$ 时, 上述通解中除去恒为 0 的以外, 不可能再有函数属于 $D(A)$.

当 $\lambda = (2n\pi)^2$, $n = 0, \pm1, \pm2, \cdots$ 时, 上述通解都属于 $D(A)$. 因此, $4n^2\pi^2$ 是 A 的特征值, 与它相应的特征向量空间具有基 $\cos 2n\pi t, \sin 2n\pi t$.

注 4.1.4　例 4.1.1 说明, 当且仅当 $\lambda = 4n^2\pi^2$, $n = 0, \pm1, \pm2, \cdots$ 时, 微分方程 $-\dfrac{d^2u}{dt^2} = \lambda u$ 有非零的周期解. 可见微分方程问题可以归结为求特征值、特征向量问题. 事实上, 不仅许多经典的数学物理问题 (如微分方程、积分方程、变分方程问题) 可以归结为求特征值、特征向量问题, 在量子物理学中许多重要的问题也是求特征值、特征向量的问题.

在数学物理等许多问题中, 经常需要解齐次方程

$$(\lambda I - A)x = \theta, \tag{4.1.2}$$

以及非齐次方程

$$(\lambda I - A)x = f, \tag{4.1.3}$$

其中 A 是给定的算子, f 是已知向量, x 是未知向量. 即研究齐次方程 (4.1.2) 和非齐次方程 (4.1.3) 何时有解, 若解存在, 何时唯一, 方程 (4.1.2) 与 (4.1.3) 的解又有什么样的关系. 我们已经知道在有限维空间中, 若齐次方程 (4.1.2) 无非零解, 即 λ 不是 A 的特征值, 则非齐次方程 (4.1.3) 有唯一解. 然而这一结论在无穷维空间中并不成立. 比如, $\lambda = 0$ 不是注 4.1.3 中右移算子 A 的特征值, 但非齐次方程

$$-Ax = (1, 0, 0, \cdots)$$

却无解.

引理 4.1.1 设 X 是复线性空间, $A : D(A) \subset X \to X$ 是线性算子. 则 λ 不是 A 的特征值的充分必要条件是 $\lambda I - A$ 为单射.

证明 $\Rightarrow$) 反设 $\lambda I - A$ 不是单射, 则存在 $x_1, x_2 \in D(A)$, $x_1 \neq x_2$, 使得

$$(\lambda I - A)x_1 = (\lambda I - A)x_2,$$

则 $A(x_1 - x_2) = \lambda(x_1 - x_2)$, 又因为 λ 不是 A 的特征值, 故 $x_1 - x_2 = \theta$, 即 $x_1 = x_2$. 这与假设相矛盾, 所以 $\lambda I - A$ 为单射.

$\Leftarrow$) 因为 $\lambda I - A$ 为单射, 故方程 $(\lambda I - A)x = \theta$ 无非零解, 从而 λ 不是 A 的特征值. □

注 4.1.5 引理 4.1.1 说明: 若 λ 不是 A 的特征值, 则非齐次方程 (4.1.3) 至多有一个解.

为了进一步研究非齐次方程 (4.1.3) 的可解性, 需要引进算子 A 的正则值与谱点的概念.

4.1.2 正则值与谱

定义 4.1.2 设 X 为复赋范线性空间, $A : D(A) \subset X \to X$ 为线性算子, λ 是一复数. 若 $\lambda I - A$ 为正则算子, 即 $\lambda I - A$ 为满值的单射, 且它的逆算子 $(\lambda I - A)^{-1} \in \mathcal{B}(X)$, 则称 λ 为 A 的正则值 (或正则点), 否则就称 λ 为 A 的谱点. A 的正则值之集称为 A 的正则集, 记为 $\rho(A)$. A 的谱点之集称为 A 的谱集 (或谱), 记为 $\sigma(A)$.

注 4.1.6 由定义 4.1.1 可知 $\sigma(A) \cup \rho(A)$ 就是整个复平面.

定理 4.1.1 设 A 为复赋范线性空间 X 上的有界线性算子. 则 λ 为 A 的正则值的充分必要条件是非齐次方程 (4.1.3) 对任何 $f \in X$ 都有解 x, 并且存在正常数 M, 使得 $\|x\| \leqslant M\|f\|$.

证明 $\Rightarrow$) 因为 $R(\lambda I - A) = X$, 所以对 X 中任何 f, 必有 x 使得 (4.1.3) 成立. 又因为 $(\lambda I - A)^{-1}$ 是有界的, 所以

$$\|x\| = \|(\lambda I - A)^{-1} f\| \leqslant \|(\lambda I - A)^{-1}\| \, \|f\|,$$

只要取 $M = \|(\lambda I - A)^{-1}\|$ 即可得证.

$\Leftarrow$) 易证 $\lambda I - A$ 是满值的单射, 故它的逆算子 $(\lambda I - A)^{-1}$ 存在. 又由假设条件 $\|x\| \leqslant M\|f\|$ 可知, $\|(\lambda I - A)^{-1}f\| \leqslant M\|f\|$, 即 $\|(\lambda I - A)^{-1}\| \leqslant M$, 因此 λ 为 A 的正则值. □

注 4.1.7　定理 4.1.1 表明: 若 λ 为 A 的正则值, 则非齐次方程 (4.1.3) 对任何右端项 $f \in X$ 都有唯一的解 x, 且解 x 连续地依赖于右端项, 即若 $\{f_n\}$ 是 X 中的一列向量, 当 $f_n \to f$ $(n \to \infty)$ 时, 就有相应于 f_n 的解 x_n, 也有 $x_n \to x$ $(n \to \infty)$, x 是相应于 f 的解.

注 4.1.8　若 λ 是算子 A 的谱, 则有以下三种情形:

(i) $\lambda I - A$ 不是单射, 即 λ 为 A 的特征值. 算子 A 的特征值全体称为 A 的点谱, 记为 $\sigma_p(A)$.

(ii) $\lambda I - A$ 是单射, 但不是满射. 此时非齐次方程 (4.1.3) 不一定有解, 若有解, 则必唯一.

(iii) $\lambda I - A$ 是单射, 也是满射, 但 $(\lambda I - A)^{-1}$ 无界. 此时非齐次方程 (4.1.3) 对任何 $f \in X$ 虽有唯一解 x, 但此解关于 f 不连续.

满足 (ii) 或 (iii) 的谱称为算子 A 的连续谱, 记为 $\sigma_c(A)$. 显然

$$\sigma(A) = \sigma_\rho(A) \cup \sigma_c(A).$$

注 4.1.9　若 X 是 Banach 空间, $A \in \mathcal{B}(X)$, 且 A 是可逆算子, 则由逆算子定理可知 A^{-1} 是线性有界算子. 因此当 X 是 Banach 空间时, 注 4.1.8 中的情形 (iii) 不会出现.

注 4.1.10　若 X 为有限维复赋范线性空间, $A \in \mathcal{B}(X)$, 则由线性代数理论可知, 当 $\lambda \notin \sigma_p(A)$ 时, $(\lambda I - A)^{-1}$ 存在, 故 λ 为 A 的正则值. 这说明 A 只有点谱. 但在无穷维空间中, 注 4.1.3 中的例子说明, 注 4.1.8 中的情形 (ii) 是会出现的. 下面的例子说明情形 (iii) 也是会出现的.

例 4.1.2　令

$$l_0 = \{x = (x_1, x_2, \cdots, x_n, 0, 0, \cdots) \mid x \in l^1 \text{ 且 } x_1, x_2, \cdots, x_n \text{ 不全为零}\},$$

则 $\|x\| = \sum\limits_{i=1}^{n} |x_i|$ 为 l_0 中的范数. 在 l_0 上定义算子

$$A(x_1, x_2, \cdots, x_n, 0, 0, \cdots) = \left(x_1, \frac{x_2}{2}, \cdots, \frac{x_n}{n}, 0, 0, \cdots\right).$$

显然, A 是从 l_0 到 l_0 上 1-1 的有界线性算子, 即 $\lambda = 0$ 不是 A 的特征值. 又因为

$$A^{-1}(x_1, x_2, \cdots, x_n, 0, 0, \cdots) = (x_1, 2x_2, \cdots, nx_n, 0, 0, \cdots),$$

所以 A^{-1} 无界.

4.1.3 正则集的性质

定理 4.1.2 (单位算子扰动定理) 设 X 是 Banach 空间, $A \in \mathcal{B}(X)$. 若 $\|A\| < 1$, 则 $I - A$ 有有界逆算子, 且

$$(I - A)^{-1} = \sum_{n=0}^{\infty} A^n. \tag{4.1.4}$$

证明 令

$$S_n = \sum_{k=0}^{n} A^k = I + A + A^2 + \cdots + A^n.$$

则对任意自然数 m, n, 不妨设 $m > n$,

$$\|S_m - S_n\| = \left\| \sum_{k=n+1}^{m} A^k \right\| \leqslant \sum_{k=n+1}^{m} \|A\|^k.$$

由已知条件 $\|A\| < 1$ 即得 $\{S_n\}$ 为 $\mathcal{B}(X)$ 中的 Cauchy 列. 又因为 X 是 Banach 空间, 所以 $\mathcal{B}(X)$ 是 Banach 空间, 从而 $\{S_n\}$ 在 $\mathcal{B}(X)$ 中收敛, 即 $\sum\limits_{n=0}^{\infty} A^n$ 按范数收敛. 由于

$$S_n(I - A) = (I - A)S_n = I - A^{n+1}, \tag{4.1.5}$$

并且

$$\lim_{n \to \infty} \|A^n\| \leqslant \lim_{n \to \infty} \|A\|^n = 0,$$

故在 (4.1.5) 式中, 令 $n \to \infty$ 得

$$\left(\sum_{n=0}^{\infty} A^n \right)(I - A) = (I - A)\left(\sum_{n=0}^{\infty} A^n \right) = I.$$

这说明 $I - A$ 有有界逆算子, 且 $(I - A)^{-1} = \sum\limits_{n=0}^{\infty} A^n$. □

定理 4.1.3 设 X 是复 Banach 空间, $A \in \mathcal{B}(X)$. 则

(i) $\rho(A)$ 必是开集, 且当 $\rho(A)$ 非空时, 对任何 $\lambda_0 \in \rho(A)$, 有

$$B(\lambda_0, \|R_{\lambda_0}(A)\|^{-1}) \subset \rho(A);$$

(ii) 当 $\lambda \in B(\lambda_0, \|R_{\lambda_0}(A)\|^{-1})$ 时,

$$R_\lambda(A) = \sum_{n=0}^{\infty}(-1)^n(\lambda-\lambda_0)^n(R_{\lambda_0}(A))^{n+1},$$

其中 $R_\lambda(A) = (\lambda I - A)^{-1}$ 称为 A 的预解算子.

证明　只需在 $\rho(A)$ 非空的假设下证明定理成立即可. 对任意的 $\lambda_0 \in \rho(A)$, 当 $\lambda \in \mathbb{C}$ 时,

$$(\lambda I - A) = (\lambda-\lambda_0)I + (\lambda_0 I - A) = \big[I + (\lambda-\lambda_0)R_{\lambda_0}(A)\big](\lambda_0 I - A). \quad (4.1.6)$$

由单位算子扰动定理 (定理 4.1.2) 可知, 当 $|\lambda-\lambda_0| < \|R_{\lambda_0}(A)\|^{-1}$, 即 $\lambda \in B(\lambda_0, \|R_{\lambda_0}(A)\|^{-1})$ 时, $I + (\lambda-\lambda_0)R_{\lambda_0}(A)$ 正则, 且

$$(I + (\lambda-\lambda_0)R_{\lambda_0}(A))^{-1} = \sum_{n=0}^{\infty}(-1)^n(\lambda-\lambda_0)^n(R_{\lambda_0}(A))^n. \quad (4.1.7)$$

因此由 (4.1.6) 式可知, $\lambda I - A$ 亦正则, 且

$$(\lambda I - A)^{-1} = (\lambda_0 I - A)^{-1}[I + (\lambda-\lambda_0)R_{\lambda_0}(A)]^{-1}, \quad (4.1.8)$$

所以 $\lambda \in \rho(A)$, 从而 $\rho(A)$ 为开集. 由 (4.1.7) 式和 (4.1.8) 式即得

$$R_\lambda(A) = \sum_{n=0}^{\infty}(-1)^n(\lambda-\lambda_0)^n(R_{\lambda_0}(A))^{n+1}.$$ □

定理 4.1.4　设 X 是复 Banach 空间, $A \in \mathcal{B}(X)$. 若 $\rho(A)$ 非空, 则对任何 $f \in \mathcal{B}(X)^*$, $F(\lambda) = f(R_\lambda(A))$ 为 $\rho(A)$ 上的解析函数.

证明　由定理 4.1.3 可知, 对任何 $\lambda_0 \in \rho(A)$, 当 $\lambda \in B(\lambda_0, \|R_{\lambda_0}(A)\|^{-1})$ 时, 级数

$$R_\lambda(A) = \sum_{n=0}^{\infty}(-1)^n(\lambda-\lambda_0)^n(R_{\lambda_0}(A))^{n+1}$$

按范数收敛, 所以由 f 的连续性和线性性得到

$$F(\lambda) = f(R_\lambda(A)) = \sum_{n=0}^{\infty}(-1)^n f((R_{\lambda_0}(A))^{n+1})(\lambda-\lambda_0)^n.$$

这说明在邻域 $B(\lambda_0, \|R_{\lambda_0}(A)\|^{-1})$ 中, $F(\lambda)$ 可以展成 $\lambda-\lambda_0$ 的幂级数, 因此 $F(\lambda)$ 在点 λ_0 处解析. □

4.2 有界线性算子谱的性质

这一节我们研究有界线性算子谱的性质, 为此先引入如下定理.

定理 4.2.1 设 X 是复 Banach 空间, $A\in\mathcal{B}(X)$, $\lambda\in\mathbb{C}$. 若 $|\lambda|>\|A\|$, 则 $\lambda\in\rho(A)$, 且

$$(\lambda I-A)^{-1}=\sum_{n=0}^{\infty}\frac{A^n}{\lambda^{n+1}}.$$

证明 因为当 $|\lambda|>\|A\|$ 时, $\left\|\dfrac{A}{\lambda}\right\|<1$, 所以由单位算子扰动定理可知 $I-\dfrac{A}{\lambda}$ 正则, 并且

$$\left(I-\frac{A}{\lambda}\right)^{-1}=\sum_{n=0}^{\infty}\left(\frac{A}{\lambda}\right)^n=\sum_{n=0}^{\infty}\frac{A^n}{\lambda^n}. \tag{4.2.1}$$

又由于对任何非零复数 λ, 有

$$\lambda I-A=\lambda\left(I-\frac{A}{\lambda}\right). \tag{4.2.2}$$

所以由 (4.2.1) 式和 (4.2.2) 式可知, 当 $|\lambda|>\|A\|$ 时, $\lambda I-A$ 亦正则, 并且

$$(\lambda I-A)^{-1}=\frac{1}{\lambda}\left(I-\frac{A}{\lambda}\right)^{-1}=\sum_{n=0}^{\infty}\frac{A^n}{\lambda^{n+1}}.$$ □

定理 4.2.2 设 X 为复 Banach 空间, $A\in\mathcal{B}(X)$, 则 A 的谱 $\sigma(A)$ 为有界闭集, 并且对任何 $\lambda\in\sigma(A)$, $|\lambda|\leqslant\|A\|$.

证明 因为 $\sigma(A)\cup\rho(A)$ 是整个复平面, 且 $\rho(A)$ 是开集, 所以 $\sigma(A)$ 为闭集. 又由定理 4.2.1 可知, 当 $|\lambda|>\|A\|$ 时, 有 $\lambda\in\rho(A)$. 因此当 $\lambda\in\sigma(A)$ 时, 就有 $|\lambda|\leqslant\|A\|$. □

定义 4.2.1 设 X 为复赋范线性空间, $A\in\mathcal{B}(X)$. 记

$$r(A)=\sup_{\lambda\in\sigma(A)}|\lambda|.$$

称 $r(A)$ 是 A 的谱半径.

显然 $r(A)$ 就是以原点为圆心、包含 $\sigma(A)$ 的最小闭圆的半径. 知道一个有界线性算子的谱半径, 在应用中是很有用的. 比如当 $|\lambda|>r(A)$ 时, λ 为 A 的正则值. 故对任何 $f\in X$, 非齐次方程

$$(\lambda I-A)x=f$$

都有唯一解 x, 且 x 关于 f 连续. 而当 $|\lambda| \leqslant r(A)$ 时, 就不能证得上述非齐次方程对任何 f 都有解了.

在数学物理和计算数学的一些问题中, 为了确定谱的范围, 往往需要估计谱半径. 由定理 4.2.2 可知, 一个简单的估计式

$$r(A) \leqslant \|A\|.$$

从应用的角度讲, 这个估计式虽然方便, 但很粗略. 现在我们给出谱半径的一个准确公式.

定理 4.2.3 (Gelfand (盖尔范德) 公式) 设 X 是复 Banach 空间, $A \in \mathcal{B}(X)$, 则 A 的谱半径

$$r(A) = \lim_{n\to\infty} \sqrt[n]{\|A^n\|} = \inf_{n\geqslant 1} \sqrt[n]{\|A^n\|}.$$

证明 首先证明极限 $\lim\limits_{n\to\infty} \sqrt[n]{\|A^n\|}$ 存在, 并且等于 $\inf\limits_{n\geqslant 1} \sqrt[n]{\|A^n\|}$. 为了便于计算, 令 $a = \inf\limits_{n\geqslant 1} \sqrt[n]{\|A^n\|}$, 则

$$\varliminf_{n\to\infty} \sqrt[n]{\|A^n\|} \geqslant \inf_{n\geqslant 1} \sqrt[n]{\|A^n\|} = a. \tag{4.2.3}$$

另外, 对任意 $\epsilon > 0$, 由下确界定义, 存在正整数 n_0, 使得

$$\sqrt[n_0]{\|A^{n_0}\|} < a + \epsilon.$$

当 $n \geqslant n_0$ 时, 记 $n = n_0 q + r$, q 为正整数, $0 \leqslant r < n_0$, 则 $A^n = (A^{n_0})^q A^r$, 故

$$\|A^n\| \leqslant \|A^{n_0}\|^q \|A\|^r < (a+\epsilon)^{n_0 q} \|A\|^r.$$

因此

$$\sqrt[n]{\|A^n\|} < (a+\epsilon)\left(\frac{\|A\|}{a+\epsilon}\right)^{\frac{r}{n}} \leqslant (a+\epsilon)\left(1+\frac{\|A\|}{a+\epsilon}\right)^{\frac{n_0}{n}}.$$

在上式中令 $n \to \infty$, 有 $\varlimsup\limits_{n\to\infty} \sqrt[n]{\|A^n\|} \leqslant a + \epsilon$, 由 ϵ 的任意性可得

$$\varlimsup_{n\to\infty} \sqrt[n]{\|A^n\|} \leqslant a. \tag{4.2.4}$$

由 (4.2.3) 式和 (4.2.4) 式可得

$$a \leqslant \varliminf_{n\to\infty} \sqrt[n]{\|A^n\|} \leqslant \varlimsup_{n\to\infty} \sqrt[n]{\|A^n\|} \leqslant a,$$

故 $\lim\limits_{n\to\infty}\sqrt[n]{\|A^n\|}=a$.

其次证明 $r(A)\geqslant\lim\limits_{n\to\infty}\sqrt[n]{\|A^n\|}=a$. 由定理 4.2.1 可知, 当 $|\lambda|>\|A\|$ 时, $\lambda\in\rho(A)$, 且

$$(\lambda I-A)^{-1}=\sum_{n=0}^{\infty}\frac{A^n}{\lambda^{n+1}}.$$

对任何 $f\in\mathcal{B}(X)^*$, 由 f 的线性性和连续性可知, 当 $|\lambda|>\|A\|$ 时,

$$f((\lambda I-A)^{-1})=\sum_{n=0}^{\infty}\frac{f(A^n)}{\lambda^{n+1}}. \tag{4.2.5}$$

又由定理 4.1.4 可知, $f((\lambda I-A)^{-1})$ 在 $\{\lambda\mid|\lambda|>r(A)\}$ 中解析, 因此根据 Laurent (洛朗) 展开式的唯一性即得 (4.2.5) 式在 $\{\lambda\mid|\lambda|>r(A)\}$ 中成立. 由 Laurent 级数的性质, 对任意 $\epsilon>0$,

$$\sum_{n=0}^{\infty}\frac{|f(A^n)|}{(r(A)+\epsilon)^{n+1}}<+\infty. \tag{4.2.6}$$

记 $T_n=\dfrac{A^n}{(r(A)+\epsilon)^{n+1}}$, 则 $T_n\in\mathcal{B}(X)$, 并且 (4.2.6) 式表明, 对任何 $f\in\mathcal{B}(X)^*$,

$$\sup_{n\geqslant1}|f(T_n)|<+\infty.$$

故点列 $\{T_n\}$ 是弱有界的, 由一致有界原理可知 $\{T_n\}$ 一致有界, 即存在常数 $M>0$, 使得对任意的正整数 n, $\|T_n\|\leqslant M$, 从而 $\|A^n\|\leqslant M(r(A)+\epsilon)^{n+1}$. 因此

$$\lim_{n\to\infty}\sqrt[n]{\|A^n\|}\leqslant r(A)+\epsilon.$$

由 ϵ 的任意性即得 $r(A)\geqslant\lim\limits_{n\to\infty}\sqrt[n]{\|A^n\|}$.

最后证明 $r(A)\leqslant\lim\limits_{n\to\infty}\sqrt[n]{\|A^n\|}$. 当 $|\lambda|>\lim\limits_{n\to\infty}\sqrt[n]{\|A^n\|}=a$ 时, 不妨设 $|\lambda|=a+\epsilon$. 对此 ϵ, 由极限的性质知, 存在正整数 n_0, 当 $n>n_0$ 时 $\sqrt[n]{\|A^n\|}<a+\dfrac{\epsilon}{2}<|\lambda|$. 考虑级数

$$\sum_{n=0}^{\infty}\frac{A^n}{\lambda^{n+1}}.$$

由于

$$\sum_{n=0}^{\infty}\left\|\frac{A^n}{\lambda^{n+1}}\right\|=\sum_{n=0}^{\infty}\frac{\|A^n\|}{|\lambda|^{n+1}}\leqslant\frac{1}{|\lambda|}\sum_{n=0}^{\infty}\left(\frac{a+\frac{\epsilon}{2}}{a+\epsilon}\right)^n<+\infty,$$

故 $\sum\limits_{n=0}^{\infty}\dfrac{A^n}{\lambda^{n+1}}$ 在 $\mathcal{B}(X)$ 中收敛, 记其和为 S. 令

$$S_n = \frac{1}{\lambda}I + \frac{1}{\lambda^2}A + \cdots + \frac{1}{\lambda^{n+1}}A^n,$$

则 S_n 在 $\mathcal{B}(X)$ 中收敛于 S. 因为

$$(\lambda I - A)S_n = S_n(\lambda I - A) = I - \frac{1}{\lambda^{n+1}}A^{n+1},$$

在上式中令 $n \to \infty$ 可得

$$(\lambda I - A)S = S(\lambda I - A) = I.$$

所以 $\lambda I - A$ 正则, 即 $\lambda \in \rho(A)$. 这说明 $r(A) \leqslant \lim\limits_{n\to\infty} \sqrt[n]{\|A^n\|}$, 并且

$$(\lambda I - A)^{-1} = \sum_{n=0}^{\infty} \frac{A^n}{\lambda^{n+1}}.$$

综上, $r(A) = \lim\limits_{n\to\infty} \sqrt[n]{\|A^n\|} = \inf\limits_{n\geqslant 1} \sqrt[n]{\|A^n\|}$. □

例 4.2.1　令 $X = C[a,b]$. 考虑 Volterra 型积分算子 T:

$$(T\varphi)(x) = \int_a^x K(x,y)\varphi(y)dy,$$

其中核 $K(x,y)$ 是 $\Delta = \{(x,y) \mid a \leqslant x \leqslant b, a \leqslant y \leqslant b\}$ 上的连续函数, 通过数学归纳法可证

$$\|T^n\| \leqslant \frac{M^n(b-a)^n}{n!}, \quad n \geqslant 1,$$

其中 $M = \sup\limits_{x,y\in[a,b]} |K(x,y)|$. 由此可得 $r(T) = \lim\limits_{n\to\infty} \sqrt[n]{\|T^n\|} = 0$, 故 $\sigma(T) = \{0\}$. 于是当 $\lambda \neq 0$ 时, 对任何 $f \in C[a,b]$, 方程

$$\varphi(x) = f(x) + \lambda \int_a^x K(x,y)\varphi(y)dy$$

有唯一解 $\varphi_0 \in C[a,b]$.

在泛函分析这门学科中, 像算子的谱半径这种定量的基本结果是不多的. 下面我们将证明有界线性算子的谱非空.

定理 4.2.4 (Gelfand 定理) 设 X 是具有非零元的复 Banach 空间, $A \in \mathcal{B}(X)$, 则 $\sigma(A) \neq \varnothing$.

证明 反设 $\sigma(A) = \varnothing$, 则由定理 4.1.4 可知, 对任何 $f \in \mathcal{B}(X)^*$, $F(\lambda) = f((\lambda I - A)^{-1})$ 在 $\rho(A) = \mathbb{C}$ 上解析, 从而为整函数.

当 $|\lambda| > \|A\|$ 时, 由定理 4.2.1 可知, $(\lambda I - A)^{-1} = \sum\limits_{n=0}^{\infty} \dfrac{A^n}{\lambda^{n+1}}$, 从而

$$f((\lambda I - A)^{-1}) = \frac{1}{\lambda} f(I) + \sum_{n=1}^{\infty} \frac{f(A^n)}{\lambda^{n+1}}. \tag{4.2.7}$$

由 $f((\lambda I - A)^{-1})$ 是整函数可知 (4.2.7) 式在整个 $\mathbb{C}$ 上成立. 又因为 0 是 $f((\lambda I - A)^{-1})$ 的解析点, 所以

$$f(I) = f(A) = f(A^2) = \cdots = 0.$$

但 $I \in \mathcal{B}(X)$, $I \neq \theta$, 由泛函存在定理, 存在 $f \in \mathcal{B}(X)^*$ 使得 $f(I) \neq 0$. 这与对任何 $f \in \mathcal{B}(X)^*$, $f(I) = 0$ 矛盾, 所以 $\sigma(A) \neq \varnothing$. □

定理 4.2.5 设 X 是复赋范线性空间, X^* 是其共轭空间, $A \in \mathcal{B}(X)$, 则 $A^* \in \mathcal{B}(X^*)$, 并且

$$\sigma(A^*) \subset \sigma(A).$$

证明 在第 2 章中已知 $A^* \in \mathcal{B}(X^*)$, 下证 $\sigma(A^*) \subset \sigma(A)$. 当 $\lambda \in \rho(A)$ 时, 令 $T = (\lambda I - A)^{-1}$, 则 $T \in \mathcal{B}(X)$, 且

$$T(\lambda I - A) = (\lambda I - A)T = I.$$

由共轭算子的性质可得

$$(\lambda I^* - A^*)T^* = T^*(\lambda I^* - A^*) = I.$$

可见 $\lambda I - A^*$ 正则, 且 $(\lambda I - A^*)^{-1} = T^* = ((\lambda I - A)^{-1})^*$, 故 $\lambda \in \rho(A^*)$. 因此 $\sigma(A^*) \subset \sigma(A)$. □

4.3 全连续算子的谱理论

在一般无穷维 Banach 空间中, 全连续算子的谱是有界线性算子谱的研究中最透彻的一类. 这类算子最初来源于积分方程的研究, 后来应用于多种积分、微分方程.

4.3.1 全连续算子的定义和基本性质

定义 4.3.1 设 X, Y 是赋范线性空间, $A: X \to Y$ 是线性算子. 若 A 把 X 中的任何有界集映成 Y 中的列紧集, 则称 A 是线性全连续算子 (或紧算子).

注 4.3.1 因为赋范空间中的列紧集是有界的, 所以全连续算子必是有界线性算子.

注 4.3.2 有限维赋范线性空间中的任意有界线性算子都是全连续算子, 但在无穷维空间中, 有界线性算子未必是全连续算子.

例 4.3.1 设 X 是无穷维赋范线性空间, I 是 X 上的恒等算子, 则 I 不是全连续算子.

证明 设 $x_1, x_2, \cdots, x_n, \cdots$ 是 X 中线性无关的点列, X_n 是由 $\{x_1, x_2, \cdots, x_n\}$ 张成的子空间. 由 Riesz 引理, 存在点列 $y_n \in X_n$ $(n=1,2,\cdots)$, 使得 $\|y_n\|=1$, 且对每个 $y \in X_{n-1}$, $\|y_n - y\| \geqslant \dfrac{1}{2}$, 这样的点列 $\{y_n\}$ 没有收敛子列, 所以 I 不是全连续算子. □

引理 4.3.1 设 X, Y 是赋范线性空间. 则 $A: X \to Y$ 是全连续算子的充分必要条件是 $A\overline{B}(\theta, 1)$ 是 Y 中的列紧集.

证明 必要性显然, 下证充分性. 对 X 中的任何有界集 D, 由 D 的有界性可知存在正常数 R, 使得 $D \subset \overline{B}(\theta, R)$, 从而 $\dfrac{1}{R}D \subset \overline{B}(\theta, 1)$, 因此 $\dfrac{1}{R}AD \subset A\overline{B}(\theta, 1)$. 又因为 $A\overline{B}(\theta, 1)$ 是 Y 中的列紧集, 故 A 全连续. □

定义 4.3.2 设 X, Y 是赋范线性空间, $A: X \to Y$ 是线性算子. 若 $A(X)$ 是 Y 中的有限维子空间, 则称 A 是有限秩算子.

引理 4.3.2 设 X, Y 是赋范线性空间, $A \in \mathcal{B}(X, Y)$ 是有限秩算子, 则 A 是全连续算子.

证明 对 X 中的任何有界集 D, $AD \subset AX$ 是有界集, 所以 AD 作为有限维空间 AX 中的有界集是列紧的. 因此 A 是全连续算子. □

例 4.3.2 设 $K(x, y)$ 是 $\Delta = \{(x, y) \mid a \leqslant x \leqslant b, a \leqslant y \leqslant b\}$ 上的连续函数. 作 $C[a, b]$ 到 $C[a, b]$ 中的算子 S:

$$(S\varphi)(x) = \int_a^b K(x, y)\varphi(y)dy, \quad \forall \varphi \in C[a, b].$$

这个算子 $S: \varphi \mapsto S\varphi$ 称为 Fredholm 型积分算子, 它是积分方程理论中非常重要的研究对象. 则 S 是 $C[a, b]$ 到 $C[a, b]$ 的全连续算子.

证明 例 2.1.5 中已证得 $S: C[a, b] \to C[a, b]$ 为有界线性算子. 对 $C[a, b]$ 中的任意有界集 D, 存在正常数 R, 使得对任何 $\varphi \in D$, 有 $\|\varphi\| \leqslant R$. 由此可得对任

意的 $x_1, x_2 \in [a,b]$,

$$\begin{aligned}|(S\varphi)(x_1) - (S\varphi)(x_2)| &\leqslant \int_a^b |K(x_1,y) - K(x_2,y)|\,|\varphi(y)|dy \\ &\leqslant R\int_a^b |K(x_1,y) - K(x_2,y)|dy.\end{aligned}$$

因为 $K(x,y)$ 是连续函数, 所以对任何 $\epsilon > 0$, 存在 $\delta > 0$, 使得当 $|x_1 - x_2| < \delta$ 时,

$$|K(x_1,y) - K(x_2,y)| < \frac{\epsilon}{R(b-a)}.$$

故对任何 $\varphi \in D$, 有

$$|(S\varphi)(x_1) - (S\varphi)(x_2)| < \epsilon.$$

这说明 S 把 $C[a,b]$ 中的有界集 D 映成了 $C[a,b]$ 中有界的等度连续集, 由 Arzelà-Ascoli 定理可知, SD 是 $C[a,b]$ 中的列紧集, 即 S 是 $C[a,b]$ 到 $C[a,b]$ 的全连续算子. □

为了方便起见, 我们用 $\mathfrak{C}(X,Y)$ 表示赋范线性空间 X 到赋范线性空间 Y 的全体全连续算子. 特别地, 当 $X = Y$ 时, 记为 $\mathfrak{C}(X)$.

定理 4.3.1 设 X, Y 是赋范线性空间, 则 $\mathfrak{C}(X,Y)$ 是 $\mathcal{B}(X,Y)$ 的线性子空间. 若 Y 是 Banach 空间, 则 $\mathfrak{C}(X,Y)$ 是 $\mathcal{B}(X,Y)$ 的闭子空间.

证明 设 $A, B \in \mathfrak{C}(X,Y)$, $\alpha, \beta \in \mathbb{K}$. 下证 $(\alpha A + \beta B) \in \mathfrak{C}(X,Y)$. 任取 X 中有界集 D, 对 D 中的任何点列 $\{x_n\}$, 因为 AD 是列紧集, 所以有 $\{Ax_n\}$ 的收敛子列 $\{Ax_{n_k}\}$, 不妨设 $Ax_{n_k} \to y_1$. 又由于 BD 是列紧集, 所以又有 $\{Bx_{n_k}\}$ 的收敛子列 $\{Bx_{n_{k_j}}\}$, 不妨设 $Bx_{n_{k_j}} \to y_2$, 于是

$$\alpha Ax_{n_{k_j}} + \beta Bx_{n_{k_j}} \to \alpha y_1 + \beta y_2.$$

因此 $\{(\alpha A + \beta B)x_n\}$ 有收敛子列 $\left\{(\alpha A + \beta B)x_{n_{k_j}}\right\}$, 即 $(\alpha A + \beta B)D$ 是列紧集, 从而 $(\alpha A + \beta B) \in \mathfrak{C}(X,Y)$.

令 Y 是 Banach 空间, 要证明 $\mathfrak{C}(X,Y)$ 是 $\mathcal{B}(X,Y)$ 的闭子空间, 就是要证明: 若 $\{A_n\} \subset \mathfrak{C}(X,Y)$, 且 $A_n \xrightarrow{\|\cdot\|} A\ (n \to \infty)$ 时, A 是一个全连续算子. 对 X 中的任意有界集 D, 存在正常数 R, 使得对任何 $x \in D$, $\|x\| \leqslant R$, 又由于 $A_n \xrightarrow{\|\cdot\|} A\ (n \to \infty)$, 所以对任何 $\epsilon > 0$, 存在正整数 N, 当 $n \geqslant N$ 时

$$\|A_n - A\| < \frac{\epsilon}{3R}.$$

因为 $A_N D$ 列紧, 所以有有限 $\frac{\epsilon}{3}$-网:

$$\{A_N x_1, A_N x_2, \cdots, A_N x_m\},$$

其中 $x_j \in D$, $1 \leqslant j \leqslant m$. 下证 $\{Ax_1, Ax_2, \cdots, Ax_m\}$ 是 AD 的有限 ϵ-网. 事实上, 对任何 $x \in D$, 存在某个 x_j $(1 \leqslant j \leqslant m)$, 使得 $\|A_N x - A_N x_j\| < \frac{\epsilon}{3}$, 于是

$$\begin{aligned}\|Ax - Ax_j\| &\leqslant \|Ax - A_N x\| + \|A_N x - A_N x_j\| + \|A_N x_j - Ax_j\| \\ &< 2\|A - A_N\|R + \frac{\epsilon}{3} < \epsilon.\end{aligned}$$

因此 $\{Ax_1, Ax_2, \cdots, Ax_m\}$ 是 AD 的有限 ϵ-网, 即 AD 完全有界. 又因为 Y 是 Banach 空间, 所以 AD 是列紧集, 故 A 是全连续算子. □

定理 4.3.2 设 X, Y, Z 是赋范线性空间. 若 $A \in \mathfrak{C}(X, Y)$, $B \in \mathcal{B}(Y, Z)$, $C \in \mathcal{B}(Z, X)$, 则 $BA \in \mathfrak{C}(X, Z)$, $AC \in \mathfrak{C}(Z, Y)$.

证明 设 D 是 X 中的任意有界集, 则 AD 是 Y 中的列紧集. 由于 B 是连续映射, 它把列紧集映成列紧集, 故 BAD 是 Z 中的列紧集, 即 BA 是全连续的.

另外, 若 D 是 Z 中的有界集, 因为映射 C 是有界的, 所以 CD 是 X 中的有界集, 从而 ACD 是 Y 中的列紧集, 即 AC 是全连续的. □

推论 4.3.1 在无穷维赋范线性空间中, 全连续算子不可能有有界逆算子.

证明 设 X 是无穷维赋范线性空间, A 是 X 上的全连续算子, 假设 A^{-1} 是 A 的逆算子, 则由定理 4.3.2, $I = A^{-1}A$ 是全连续算子, 这是不可能的, 所以 A 没有逆算子. □

定理 4.3.3 设 X, Y 是赋范线性空间, $A \in \mathfrak{C}(X, Y)$, 则 A 的共轭算子 $A^* \in \mathfrak{C}(Y^*, X^*)$.

证明 记 $\overline{B}_{Y^*}(\theta, 1)$ 为 Y^* 中的单位球, 要证 A 的共轭算子 $A^* \in \mathfrak{C}(Y^*, X^*)$, 只需证 $A^*\overline{B}_{Y^*}(\theta, 1)$ 是 X^* 中的列紧集.

对 X 中的单位球 $\overline{B}_X(\theta, 1)$, 因为 $A\overline{B}_X(\theta, 1)$ 是 Y 中的列紧集, 所以对任意的 $\epsilon > 0$, $A\overline{B}_X(\theta, 1)$ 有有限 $\frac{\epsilon}{4}$-网 $\{Ax_1, Ax_2, \cdots, Ax_n\}$, 这里 $x_i \in \overline{B}_X(\theta, 1)$, $1 \leqslant i \leqslant n$, 即对每个 $x \in \overline{B}_X(\theta, 1)$, 有某个 x_i $(1 \leqslant i \leqslant n)$, 使得

$$\|Ax - Ax_i\| < \frac{\epsilon}{4}. \tag{4.3.1}$$

定义线性算子 $T: Y^* \to \mathbb{R}^n$ 如下:

$$Tf = (f(Ax_1), f(Ax_2), \cdots, f(Ax_n)). \tag{4.3.2}$$

由于 f 是有界的, A 是有界的, 故 T 是全连续算子. 因此 $T\overline{B}_{Y^*}(\theta,1)$ 是列紧集, 于是 $T\overline{B}_{Y^*}(\theta,1)$ 有有限 $\frac{\epsilon}{4}$-网 $\{Tf_1,Tf_2,\cdots,Tf_m\}$, 即对每个 $f\in\overline{B}_{Y^*}(\theta,1)$, 存在某个 f_j $(1\leqslant j\leqslant m)$, 使得

$$\|Tf-Tf_j\|<\frac{\epsilon}{4}. \tag{4.3.3}$$

下证 $\{A^*f_1,A^*f_2,\cdots,A^*f_m\}$ 是 $A^*\overline{B}_{Y^*}(\theta,1)$ 的有限 ϵ-网. 由 (4.3.2) 式及 (4.3.3) 式, 对每个 x_i 及每个 $f\in\overline{B}_{Y^*}(\theta,1)$, 存在某个 f_j, 使得

$$|f(Ax_i)-f_j(Ax_i)|^2\leqslant\sum_{i=1}^{n}|f(Ax_i)-f_j(Ax_i)|^2=\|T(f-f_j)\|^2<\left(\frac{\epsilon}{4}\right)^2, \tag{4.3.4}$$

所以由 (4.3.1) 式及 (4.3.4) 式可得

$$\begin{aligned}
&|f(Ax)-f_j(Ax)|\\
\leqslant\ &|f(Ax)-f(Ax_i)|+|f(Ax_i)-f_j(Ax_i)|+|f_j(Ax_i)-f_j(Ax)|\\
\leqslant\ &\|f\|\,\|Ax-Ax_i\|+\frac{\epsilon}{4}+\|f_j\|\,\|Ax_i-Ax\|\\
\leqslant\ &\frac{\epsilon}{4}+\frac{\epsilon}{4}+\frac{\epsilon}{4}=\frac{3\epsilon}{4}.
\end{aligned}$$

从而

$$\|A^*f-A^*f_j\|=\sup_{\|x\|\leqslant 1}|A^*(f-f_j)(x)|=\sup_{\|x\|\leqslant 1}|f(Ax)-f_j(Ax)|<\epsilon.$$

这说明 $\{A^*f_1,A^*f_2,\cdots,A^*f_m\}$ 是 $A^*\overline{B}_{Y^*}(\theta,1)$ 的有限 ϵ-网. 又由于 X^* 完备, 所以 $A^*\overline{B}_{Y^*}(\theta,1)$ 是 X^* 中的列紧集. □

例 4.3.3 设 $K(x,y)\in L^2([a,b]\times[a,b])$. 在 $L^2[a,b]$ 上作积分算子 A:

$$A\varphi(x)=\int_a^b K(x,y)\varphi(y)dy,\quad \forall\varphi\in L^2[a,b].$$

则 A 是 $L^2[a,b]$ 到 $L^2[a,b]$ 的全连续算子.

证明 对 $L^2[a,b]$ 中的任意有界集 D, 存在正常数 R, 使得对任何 $\varphi\in D$, $\|\varphi\|_2\leqslant R$, 由 Schwarz 不等式

$$\begin{aligned}
\|A\varphi\|_2&=\left(\int_a^b|A\varphi(x)|^2dx\right)^{\frac{1}{2}}=\left(\int_a^b\left|\int_a^b K(x,y)\varphi(y)dy\right|^2dx\right)^{\frac{1}{2}}\\
&\leqslant\left(\int_a^b\int_a^b|K(x,y)|^2dy\|\varphi\|_2^2dx\right)^{\frac{1}{2}}
\end{aligned}$$

$$= \left(\int_a^b \int_a^b |K(x,y)|^2 dxdy\right)^{\frac{1}{2}} \|\varphi\|_2.$$

从而 $\|A\varphi\|_2 \leqslant \|K\|_2\|\varphi\|_2$, 即 A 是 $L^2[a,b]$ 到 $L^2[a,b]$ 的有界线性算子, 且 $\|A\| \leqslant \|K\|_2$.

下证 A 是全连续算子. 由于连续函数集 $C([a,b]\times[a,b])$ 在 $L^2([a,b]\times[a,b])$ 中稠密, 故对任意的 $\epsilon > 0$, 有 $[a,b]\times[a,b]$ 上的连续函数 $K_0(x,y)$, 使得

$$\|K - K_0\|_2 < \epsilon.$$

将区间 $[a,b]$ 进行 n 等分:

$$\Delta^{(n)}: a = x_0 < x_1 < \cdots < x_n = b.$$

记 $\Delta_i = [x_{i-1}, x_i]$, $i = 1, 2, \cdots, n$, 作

$$K_n(x,y) = \sum_{j=1}^n \sum_{i=1}^n K_0(x_{i-1}, x_{j-1})\chi_{\Delta_i}(x)\chi_{\Delta_j}(y). \tag{4.3.5}$$

则 $K_n(x,y)$ 在 $[a,b]\times[a,b]$ 上一致收敛于 $K_0(x,y)$, 故存在 n_0, 使得对上述 ϵ,

$$\|K_{n_0} - K_0\|_2 < \epsilon.$$

于是 K 可用形如 (4.3.5) 式的 K_n 逼近. 对 $\forall\varphi \in L^2[a,b]$, 令 $A_n\varphi(x) = \int_a^b K_n(x,y)\varphi(y)dy$. 则 A_n 是有限秩算子, 所以 A_n 是全连续的, 从而由 $\mathfrak{C}(L^2[a,b])$ 的闭性及 $\|A_n - A\| \to 0 (n\to\infty)$ 知, A 为全连续算子. □

4.3.2 全连续算子的谱

下面我们讨论无穷维 Banach 空间上全连续算子的谱. 注意到有限维赋范线性空间上的有界线性算子是最简单的全连续算子, 而这种算子的谱的许多性质都已知道. 现在我们就要研究如何将有限维空间上有界线性算子的这些性质和结构推广到无穷维 Banach 空间的全连续算子上.

引理 4.3.3 设 X 是 Banach 空间, $A \in \mathfrak{C}(X)$, λ 是非零复数, 则 $R(\lambda I - A)$ 是 X 的闭子空间.

证明 因为 $R(\lambda I - A) = R\left(I - \frac{1}{\lambda}A\right)$, 所以不妨设 $\lambda = 1$, 下面证明 $R(I - A)$ 是 X 的闭子空间. 设 $\{y_n\} \subset R(I-A)$, 且 $y_n \to y_0\ (n\to\infty)$. 对每个 y_n, $n = 1, 2, \cdots$, 取 $x_n \in X$, 使得 $y_n = (I-A)x_n = x_n - Ax_n$. 若 $\{x_n\}$ 有界, 则由 A 的紧性可知, $\{Ax_n\}$ 存在收敛子列 $\{Ax_{n_k}\}$, 不妨设 $Ax_{n_k} \to z$, 并记 $x_0 = y_0 + z$, 从而

$$x_{n_k} = (I-A)x_{n_k} + Ax_{n_k} = y_{n_k} + Ax_{n_k} \to y_0 + z = x_0 \quad (k\to\infty).$$

因为 $y_{n_k} = (I-A)x_{n_k}$, 所以由 A 的连续性可得 $y_0 = (I-A)x_0 \in R(I-A)$, 即 $R(I-A)$ 为 X 的闭子空间.

下证可选择有界的 $\{x_n\}$. 令 $N = N(I-A)$, 因为 A 是全连续算子, 所以对 N 中的单位球 $\overline{B}(\theta,1)\cap N$, $A\left(\overline{B}(\theta,1)\cap N\right) = \overline{B}(\theta,1)\cap N$ 是列紧集, 故 N 是有限维空间, 因此对任何 x_n, 下确界 $\inf\limits_{z\in N}\|x_n - z\|$ 是可达的, 即存在 $z_n \in N$, 使得

$$\|x_n - z_n\| = \inf_{z\in N}\|x_n - z\|.$$

令 $x_n' = x_n - z_n$, 则

$$(I-A)x_n' = (I-A)x_n = y_n.$$

下证 $\{x_n'\}$ 有界. 反设 $\{x_n'\}$ 无界, 不妨设 $\|x_n'\| \geqslant n$ (否则取 $\{x_n'\}$ 的子列 $\{x_{n_k}'\}$, 使得 $\|x_{n_k}'\| \geqslant k$, 再用 $\{x_{n_k}'\}$ 代替 $\{x_n'\}$). 令 $x_n'' = \dfrac{x_n'}{\|x_n'\|}$, 则 $\{x_n''\}$ 有界. 由 A 的紧性可知 $\{Ax_n''\}$ 有收敛子列, 不妨设其本身收敛, 并设 $Ax_n'' \to \omega$ $(n\to\infty)$. 因为

$$(I-A)x_n'' = \frac{y_n}{\|x_n'\|} \to \theta \quad (n\to\infty),$$

所以

$$x_n'' = (I-A)x_n'' + Ax_n'' \to \omega \quad (n\to\infty).$$

从而由 A 的连续性可知 $(I-A)\omega = \theta$, 故 $\omega \in N$, 从而

$$\begin{aligned}\|x_n'' - \omega\| &= \frac{1}{\|x_n'\|}\|x_n' - \|x_n'\|\omega\| \\ &= \frac{1}{\|x_n'\|}\|x_n - (z_n + \|x_n'\|\omega)\| \\ &\geqslant \frac{1}{\|x_n'\|}\|x_n - z_n\| = 1.\end{aligned}$$

这与 $x_n'' \to \omega$ $(n\to\infty)$ 矛盾, 所以 $\{x_n'\}$ 有界. □

引理 4.3.4 设 X 是复 Banach 空间, $A \in \mathfrak{C}(X)$, λ 是非零复数. 若 $R(\lambda I - A) = X$, 则 $\lambda \in \rho(A)$.

证明 要证 $\lambda \in \rho(A)$, 只需证 $\lambda I - A$ 为单射, 即证 $N(\lambda I - A) = \{\theta\}$. 因为 $N(\lambda I - A) = N\left(I - \dfrac{1}{\lambda}A\right)$, 所以不妨设 $\lambda = 1$. 下证 $N(I-A) = \{\theta\}$, 为此对任意的正整数 n, 令

$$E_n = N((I-A)^n) = \{x\in X \mid (I-A)^n x = \theta\}.$$

则 E_n 是 X 的线性子空间, 且

$$E_1 \subset E_2 \subset \cdots \subset E_n \subset E_{n+1} \subset \cdots.$$

因为

$$(I-A)^n = I - nA + \frac{n(n-1)}{2!}A^2 + \cdots + (-1)^n A^n = I - B_n,$$

其中 $B_n = nA - \frac{n(n-1)}{2!}A^2 + \cdots + (-1)^{n-1}A^n \in \mathfrak{C}(X)$, 故 E_n 是 X 的有限维子空间, 从而是闭子空间. 反设 $E_1 \neq \{\theta\}$, 就有 $x_1 \in E_1$, $x_1 \neq \theta$, 根据 $(I-A)X = X$ 可知, 必有 x_2, 使得 $(I-A)x_2 = x_1$. 如此继续下去, 必有 x_n, 使得 $(I-A)x_n = x_{n-1}$, $n = 2, 3, \cdots$. 这时

$$(I-A)^{n-1}x_n = x_1.$$

所以 $x_n \in E_n$, 但 $x_n \notin E_{n-1}$, 可见 E_{n-1} 为 E_n 的真闭子空间. 由 Riesz 引理可知, 存在 $y_n \in E_n$, $\|y_n\| = 1$, 使得

$$d(y_n, E_{n-1}) > \frac{1}{2}, \quad n = 2, 3, \cdots.$$

对点列 $\{y_n\} \subset \overline{B}(\theta, 1)$, 当 $m > n$ 时, 因为 $(I-A)E_n \subset E_{m-1}$, 所以

$$\begin{aligned}\|Ay_m - Ay_n\| &= \|y_m - (I-A)y_m - y_n + (I-A)y_n\| \\ &= \|y_m - ((I-A)y_m + y_n - (I-A)y_n)\| \\ &\geqslant d(y_m, E_{m-1}) > \frac{1}{2}.\end{aligned}$$

这与 $A\overline{B}(\theta, 1)$ 列紧矛盾, 故 $N(I-A) = \{\theta\}$, 从而 $\lambda \in \rho(A)$. □

引理 4.3.5　设 X 是复 Banach 空间, $A \in \mathfrak{C}(X)$, λ 是非零复数. 若 λ 不是 A 的特征值, 则 λ 是 A 的共轭算子 A^* 的正则值.

证明　由 $A \in \mathfrak{C}(X)$ 可知 $A^* \in \mathfrak{C}(X^*)$, 故由引理 4.3.4 可知, 要证 $\lambda \in \rho(A^*)$, 只需证 $R(\lambda I^* - A^*) = X^*$, 其中 I^* 为 X^* 中的单位算子. 设 $Y = R(\lambda I - A)$, 则由引理 4.3.3 可知它是闭子空间, 从而为 Banach 空间. 又因 λ 不是 A 的特征值, 所以 $\lambda I - A$ 是 X 到 Y 的 1-1 映射, 因此它有逆算子, 且其逆算子 $R_\lambda(A) = (\lambda I - A)^{-1}$ 是 Y 到 X 的有界线性算子. 设 $f \in X^*$, 定义 Y 上的线性泛函 φ 如下:

$$\varphi(y) = f(R_\lambda(A)y), \quad y \in Y.$$

由于 $|\varphi(y)| \leqslant \|R_\lambda(A)\| \|f\| \|y\|$, 所以 φ 是 Y 上的连续线性泛函. 由泛函延拓定理, 可把 φ 延拓为 X 上的连续线性泛函, 仍记为 φ. 对任何 $x \in X$, 有

$$\begin{aligned}((\lambda I^* - A^*)\varphi)(x) &= ((\lambda I - A)^*\varphi)(x) = \varphi((\lambda I - A)x) \\ &= f(R_\lambda(A)((\lambda I - A)x)) = f(x).\end{aligned}$$

由 x 的任意性可知

$$(\lambda I^* - A^*)\varphi = f.$$

从而 $R(\lambda I^* - A^*) = X^*$, 故 $\lambda \in \rho(A^*)$. □

定理 4.3.4 设 X 是复 Banach 空间, $A \in \mathfrak{C}(X)$, λ 是非零复数. 若 λ 不是 A 的特征值, 则 $\lambda \in \rho(A)$.

证明 因为 λ 不是 A 的特征值, 所以 $\lambda I - A$ 为单射, 因此要证 $\lambda \in \rho(A)$, 只需证 $\lambda I - A$ 为满射, 即 $R(\lambda I - A) = X$. 反设 $Y = R(\lambda I - A) \neq X$. 由引理 4.3.3 可知, Y 是 X 的闭子空间, 由泛函存在定理, 存在 $f \in X^*$, $\|f\| = 1$, 使得对任何 $y \in Y$, $f(y) = 0$. 因此对任何 $x \in X$, 有

$$((\lambda I^* - A^*)f)(x) = ((\lambda I - A)^* f)(x) = f((\lambda I - A)x) = 0,$$

即 $(\lambda I^* - A^*)f = \theta$, 从而 $A^* f = \lambda f$. 又因为 $f \neq \theta$, 所以 λ 为 A^* 的特征值. 这与引理 4.3.5 的结论 $\lambda \in \rho(A^*)$ 矛盾! 因此 $R(\lambda I - A) = X$, 从而 $\lambda \in \rho(A)$. □

定理 4.3.5 设 X 是无穷维复 Banach 空间, $A \in \mathfrak{C}(X)$. 则下列结论成立:

(i) $\sigma(A) = \sigma_p(A) \cup \{0\}$;

(ii) 当 $\lambda \in \sigma_p(A) \backslash \{0\}$ 时, 相应的特征向量空间 $E_\lambda = N(\lambda I - A)$ 是有限维空间;

(iii) $\sigma(A)$ 至多是可数集, 无非零聚点, 且 $\sigma(A)$ 中的点可按绝对值从大到小的顺序排成一列.

证明 (i) 先证 $0 \in \sigma(A)$. 反设 $0 \notin \sigma(A)$, 则 A 有有界逆算子 $A^{-1} \in \mathcal{B}(X)$, 因此 $I = A^{-1}A$ 是全连续算子, 这与 X 是无穷维空间相矛盾, 故 $0 \in \sigma(A)$.

再证 $\sigma(A) = \sigma_p(A) \cup \{0\}$. 当 $\lambda \in \sigma(A)$ 且 $\lambda \neq 0$ 时, 由定理 4.3.4 可知 $\lambda \in \sigma_p(A)$, 因此 $\sigma(A) = \sigma_p(A) \cup \{0\}$.

(ii) 当 $\lambda \in \sigma_p(A) \backslash \{0\}$ 时, 相应的特征向量空间为

$$E_\lambda = N(\lambda I - A) = N\left(I - \frac{1}{\lambda}A\right).$$

故 $\dfrac{1}{\lambda}A$ 是 E_λ 中的单位算子, 且是全连续的, 因此 E_λ 是有限维的.

(iii) 反设 $\sigma(A)$ 有非零聚点 λ_0, 则有一列互异点列 $\{\lambda_n\} \subset \sigma_p(A)$, 使得 $\lambda_n \to \lambda_0\ (n \to \infty)$, 且 $|\lambda_n| > \dfrac{1}{2}|\lambda_0|$, $n = 1, 2, \cdots$. 设 x_n 是相应于特征值 λ_n 的特征向量, 则 $x_1, x_2 \cdots, x_n$ 线性无关. 令

$$M_n = \operatorname{span}\{x_1, x_2, \cdots, x_n\},$$

则 M_n 是 n 维子空间, $M_n \subset M_{n+1}$, 而且 $M_n \neq M_{n+1}$. 由 Riesz 引理可知, 存在 $y_n \in M_n$, $\|y_n\| = 1$, 使得

$$d(y_n, M_{n-1}) > 1 - \frac{1}{2} = \frac{1}{2}.$$

设 $y_n = \sum\limits_{i=1}^{n} \alpha_i x_i$, 显然 $(\lambda_n I - A)y_n = \sum\limits_{i=1}^{n-1} \alpha_i(\lambda_n - \lambda_i)x_i \in M_{n-1}$. 故当 $m > n$ 时,

$$\begin{aligned}\|Ay_m - Ay_n\| &= \|\lambda_m y_m - (\lambda_m I - A)y_m - \lambda_n y_n + (\lambda_n I - A)y_n\| \\ &= |\lambda_m| \left\| y_m - \frac{1}{\lambda_m}\left[(\lambda_m I - A)y_m + \lambda_n y_n - (\lambda_n I - A)y_n\right] \right\| \\ &\geqslant |\lambda_m| d(y_m, M_{m-1}) \geqslant \frac{1}{4}|\lambda_0| > 0.\end{aligned}$$

这表明 $\{Ay_n\}$ 无收敛子列, 与 A 是全连续算子矛盾! 从而 $\sigma(A)$ 无非零聚点. 又因为

$$\sigma_p(A) \subset \overline{B}(0, \|A\|) = \bigcup_{n=1}^{\infty} \left\{ \lambda \,\middle|\, \frac{\|A\|}{n+1} \leqslant |\lambda| \leqslant \frac{\|A\|}{n} \right\} = \bigcup_{n=1}^{\infty} S_n,$$

其中 $S_n = \left\{ \lambda \,\middle|\, \frac{\|A\|}{n+1} \leqslant |\lambda| \leqslant \frac{\|A\|}{n} \right\}$, 且 $\sigma_p(A)$ 在 $\overline{S}_n$ 中无非零聚点, 所以 $\sigma_p(A)$ 中只有有限个点落在 S_n 中. 故 $\sigma(A)$ 至多是可数集, 且可把 $\sigma(A)$ 中的点按绝对值的大小从 S_1 开始, 按 $S_1, S_2, \cdots, S_n, \cdots$ 的顺序排成一列. □

定理 4.3.6 (Fredholm 二择一性) 设 X 是复 Banach 空间, $A \in \mathfrak{C}(X)$, λ 是非零复数. 则以下两结论有且仅有一个成立:

(i) 方程 $Ax = \lambda x$ 有非零解 (即 λ 是 A 特征值);

(ii) 对任何 $y \in X$, 方程 $(\lambda I - A)x = y$ 有唯一解 $x \in X$.

证明 若 (i) 不成立, 即 λ 不是 A 的特征值, 则由定理 4.3.4 可得 λ 为 A 的正则值, 故 (ii) 成立. 若 (ii) 不成立, 即 λ 不是 A 的正则值, 则 λ 是 A 的谱点, 从而为 A 的特征值, 故 (i) 成立. □

注 4.3.3 设 X 是复 Banach 空间, $A \in \mathfrak{C}(X)$. 则 A 的谱 $\sigma(A)$ 有以下三种情形:

(i) $\sigma(A) = \{0\}$, 此时,

$$r(A) = \lim_{n\to\infty} \sqrt[n]{\|A^n\|} = 0,$$

称 A 是广义幂零算子;

(ii) $\sigma(A)$ 是有限集, 由 0 和有限个非零特征值组成;

(iii) $\sigma(A)$ 是可数集, 并且 $\sigma(A)$ 中的谱点可按绝对值从大到小的顺序排成一列.

定理 4.3.7 设 X 是复 Banach 空间, $A\in\mathfrak{C}(X)$, λ 是非零复数. 若 λ 是 A 的特征值, 则 $R(\lambda I-A)$ 是 X 的真闭子空间.

证明 由引理 4.3.3 可知 $R(\lambda I-A)$ 是 X 的闭子空间, 再结合引理 4.3.4 即得 $R(\lambda I-A)$ 是 X 的真闭子空间. □

定理 4.3.8 设 X 是复 Banach 空间, $A\in\mathfrak{C}(X)$, A^* 是 A 的共轭算子, 则

$$\sigma(A^*)=\sigma(A).$$

证明 由定理 4.2.5 可知 $\sigma(A^*)\subset\sigma(A)$, 下证 $\sigma(A)\subset\sigma(A^*)$. 当 $\lambda\in\sigma(A)$ 且 $\lambda\neq 0$ 时, λ 是 A 的特征值, 则由定理 4.3.7 可知, $Y=R(\lambda I-A)$ 是 X 的真闭子空间. 取 $z_0\in X\backslash Y$, 则 $d(z_0,Y)>0$. 由泛函存在定理, 必有 $f\in X^*$, $\|f\|=1$, 使得

$$f(Y)=\{0\},\quad f(z_0)=d(z_0,Y).$$

对任何 $x\in X$, 因为

$$(\lambda I^*-A^*)f(x)=(\lambda I-A)^*f(x)=f((\lambda I-A)x)=0,$$

所以 $(\lambda I-A^*)f=\theta$, 即 $A^*f=\lambda f$, 故 λ 是 A^* 的特征值, 从而 $\lambda\in\sigma(A^*)$. 因此 $\sigma(A)\subset\sigma(A^*)$. □

定理 4.3.9 设 X 是 Banach 空间, $A\in\mathfrak{C}(X)$, λ 是非零复数, $y\in X$. 则非齐次方程 $(\lambda I-A)x=y$ 有解的充分必要条件是对任何 $f\in N(\lambda I^*-A^*)$, 有 $f(y)=0$.

证明 $\Rightarrow$) 若非齐次方程 $(\lambda I-A)x=y$ 有解 $x\in X$, 则对任何 $f\in N(\lambda I^*-A^*)$, 有

$$f(y)=f((\lambda I-A)x)=(\lambda I-A)^*f(x)=(\lambda I^*-A^*)f(x)=0.$$

$\Leftarrow$) 反设非齐次方程 $(\lambda I-A)x=y$ 无解, 则 $y\notin R(\lambda I-A)$. 又由引理 4.3.3 可知, $Y=R(\lambda I-A)$ 是 X 的闭子空间, 故 $d(y,Y)>0$. 由泛函存在定理, 必有 $f\in X^*$, $\|f\|=1$, 使得

$$f(Y)=\{0\},\quad f(y)=d(y,Y).$$

故对任何 $x\in X$, 有

$$(\lambda I^*-A^*)f(x)=(\lambda I-A)^*f(x)=f((\lambda I-A)x)=0.$$

所以 $(\lambda I^*-A^*)f=\theta$, 即 $f\in N(\lambda I^*-A^*)$. 因此 $f(y)=0$, 这与 $f(y)=d(y,Y)>0$ 矛盾, 故非齐次方程 $(\lambda I-A)x=y$ 有解. □

4.3.3 对积分方程的应用

设 $K(t,s)$ 是矩形区域 $R=[a,b]\times[a,b]$ 上的二元连续函数, $f\in C[a,b]$, 讨论积分方程

$$x(t)=\int_a^b K(t,s)x(s)ds+f(t) \tag{4.3.6}$$

连续解的存在性.

对任何 $x=x(t)\in C[a,b]$, 令 $Ax=\int_a^b K(t,s)x(s)ds$. 则 $Ax\in C[a,b]$. 由例 4.3.3, A 是 $L^2[a,b]$ 到 $L^2[a,b]$ 的全连续算子. 令 $X=L^2[a,b]$, 易验证积分方程 (4.3.6) 的连续解等价于算子方程

$$(I-A)x=f \tag{4.3.7}$$

在 X 中的解. 由定理 4.3.9 可知, 算子方程 (4.3.7) 有解的充分必要条件是对任何 $\varphi\in N(I^*-A^*)$, 有 $\varphi(f)=0$. 下证 $A^*\in\mathfrak{C}(X^*)$. 因为 $L^2[a,b]=L^2[a,b]^*$, 所以 $X^*=L^2[a,b]$. 对任何 $\varphi\in X^*$ 及 $x\in X$, 有 $(A^*\varphi)x=\varphi(Ax)$, 从而

$$\begin{aligned}\int_a^b(A^*\varphi)x(t)dt&=\int_a^b\varphi(t)\left(\int_a^b K(t,s)x(s)ds\right)dt\\&=\int_a^b\left(\int_a^b K(t,s)\varphi(t)dt\right)x(s)ds.\end{aligned}$$

所以

$$A^*\varphi=\int_a^b K(t,s)\varphi(t)dt. \tag{4.3.8}$$

由上述分析可得如下解的存在性定理.

定理 4.3.10 设 $K(t,s)$ 是矩形区域 $R=[a,b]\times[a,b]$ 上的二元连续函数, $f\in C[a,b]$. 则积分方程

$$x(t)=\int_a^b K(t,s)x(s)ds+f(t)$$

有解的充分必要条件是对共轭齐次方程

$$\varphi(t)=\int_a^b K(s,t)\varphi(s)ds \tag{4.3.9}$$

的任一解 $\varphi(t)$, 有 $\int_a^b\varphi(t)f(t)dt=0$.

定理 4.3.11 设 $K(t,s)$ 是矩形区域 $R=[a,b]\times[a,b]$ 上的二元连续函数, $f\in C[a,b]$. 若

$$\int_a^b\int_a^b |K(t,s)|^2dtds<1,$$

则积分方程 (4.3.6) 存在连续解.

证明 因为

$$\|A\|\leqslant\int_a^b\int_a^b |K(t,s)|^2dtds<1,$$

所以 $\lambda=1$ 不是 A 的特征值, 从而是 A^* 的正则值. 故共轭齐次方程 (4.3.9) 无非零解. 因此由定理 4.3.10 即得积分方程 (4.3.6) 存在连续解. □

4.4 Hilbert 空间自伴全连续算子的谱

引理 4.4.1 设 H 是 Hilbert 空间, $A\in\mathcal{B}(H)$ 是自伴算子, 则 $\overline{R(A)}$ 和 $N(A)$ 互为正交补, 即

$$H=N(A)\oplus\overline{R(A)}.$$

证明 因为 A 有界, 所以 $N(A)$ 是 H 的闭线性子空间, 由投影定理可得

$$H=N(A)\oplus N(A)^{\perp}.$$

由定理 3.4.3 可知 $N(A)^{\perp}=\overline{R(A^*)}$, 因此根据 A 是自伴算子即得

$$H=N(A)\oplus\overline{R(A^*)}=N(A)\oplus\overline{R(A)}.$$ □

引理 4.4.2 设 H 是内积空间. Schwarz 不等式取等号, 即

$$|(x,y)|=\|x\|\|y\|,\quad x,\,y\in H$$

的充分必要条件是 x 与 y 线性相关.

证明 当 $y=\theta$ 时, 显然成立. 不妨设 $y\neq\theta$, 则对任何 $\lambda\in\mathbb{K}$, 有

$$\|x+\lambda y\|^2=(x+\lambda y,x+\lambda y)=\|x\|^2+2\mathrm{Re}\overline{\lambda}(x,y)+|\lambda|^2\|y\|^2.$$

在上式中取 $\lambda=-\dfrac{(x,y)}{\|y\|^2}$, 可得

$$\|x+\lambda y\|^2=\|x\|^2-\frac{|(x,y)|^2}{\|y\|^2}.$$

因此, Schwarz 不等式取等号的充分必要条件是 $x+\lambda y=\theta$, 即 x 与 y 线性相关.

□

定理4.4.1 设 H 是复 Hilbert 空间, $A \in \mathfrak{C}(H)$ 是自伴算子, 则 $\|A\|$ 或 $-\|A\|$ 是 A 的特征值.

证明 不妨设 $A \neq \theta$, 则 $\|A\| > 0$. 下面分三步证明 $\|A\|$ 或 $-\|A\|$ 是 A 的特征值.

首先证明 A 有极大向量 $e_0 \in H$, 即存在 $e_0 \in H$, $\|e_0\| = 1$, 使 $\|Ae_0\| = \|A\|$. 由算子范数的定义可知, 对任何 $n \in \mathbb{N}$, 必存在 $e_n \in H$, $\|e_n\| = 1$, 使得

$$\|A\| - \frac{1}{n} \leqslant \|Ae_n\| \leqslant \|A\|.$$

因此 $\|Ae_n\| \to \|A\|$ $(n \to \infty)$. 又因为 A 是全连续算子, 所以 $\{Ae_n\}$ 有收敛子列, 不妨设其本身收敛, 且设 $Ae_n \to y$ $(n \to \infty)$. 故 $\|Ae_n\| \to \|y\|$ $(n \to \infty)$, 且由极限的唯一性可知 $\|y\| = \|A\| > 0$. 令 $e_0 = \dfrac{y}{\|y\|} = \dfrac{y}{\|A\|}$, 则 $\|e_0\| = \left\|\dfrac{y}{\|A\|}\right\| = 1$, 且

$$\|A\| \geqslant \|Ae_0\| = \frac{1}{\|A\|}\|Ay\| = \frac{1}{\|A\|} \lim_{n\to\infty} \|A^2 e_n\|. \tag{4.4.1}$$

因为 A 是自伴算子, 所以

$$\|Ae_n\|^2 = (Ae_n, Ae_n) = (A^2 e_n, e_n) \leqslant \|A^2 e_n\| \|e_n\| = \|A^2 e_n\|. \tag{4.4.2}$$

因此由 (4.4.1) 式和 (4.4.2) 式可得

$$\|A\| \geqslant \|Ae_0\| = \frac{1}{\|A\|} \lim_{n\to\infty} \|A^2 e_n\| \geqslant \frac{1}{\|A\|} \lim_{n\to\infty} \|Ae_n\|^2 = \|A\|,$$

即 $\|Ae_0\| = \|A\|$.

其次证明 $\|A\|^2$ 为 A^2 的特征值 (相应的特征向量为 e_0). 由算子 A 的自伴性可得

$$\begin{aligned} \|A\|^2 &= \|Ae_0\|^2 = (Ae_0, Ae_0) = (A^2 e_0, e_0) \\ &\leqslant \|A^2 e_0\| \, \|e_0\| = \|A^2 e_0\| \leqslant \|A^2\| \, \|e_0\| \leqslant \|A\|^2. \end{aligned}$$

所以 $(A^2 e_0, e_0) = \|A^2 e_0\| \|e_0\| = \|A\|^2$, 即 Schwarz 不等式取等号. 因此由引理 4.4.2 可知, $A^2 e_0$ 与 e_0 线性相关, 即存在 $\lambda \in \mathbb{K}$, 使得 $A^2 e_0 = \lambda e_0$. 从而

$$\lambda = (\lambda e_0, e_0) = (A^2 e_0, e_0) = \|A\|^2.$$

这表明 $\|A\|^2$ 是 A^2 的特征值, 相应的特征向量为 e_0.

最后证明结论成立. 因为 $\|A\|^2$ 是 A^2 的特征值, 相应的特征向量为 e_0, 所以 $(A^2-\|A\|^2I)e_0=\theta$. 又因为

$$(A^2-\|A\|^2I)e_0=(A+\|A\|I)(A-\|A\|I)e_0,$$

所以

$$(A+\|A\|I)(A-\|A\|I)e_0=\theta.$$

若 $(A-\|A\|I)e_0=\theta$, 则 $\|A\|$ 是 A 的特征值. 若 $(A-\|A\|I)e_0\neq\theta$, 令 $(A-\|A\|I)e_0=x_0$, 则 $(A+\|A\|I)x_0=\theta$, 所以 $-\|A\|$ 是 A 的特征值. □

推论 4.4.1 设 H 是复 Hilbert 空间, $A\in\mathfrak{C}(H)$ 是自伴算子, 则 $r(A)=\|A\|$.

定理 4.4.2 设 H 为复 Hilbert 空间, $A\in\mathfrak{C}(H)$ 是自伴算子, 则 $\sigma(A)=\sigma_p(A)\cup\{0\}\subset\mathbb{R}$, 且至多为可数集, 无非零聚点.

证明 由定理 4.3.5, 只需证 $\sigma_p(A)\subset\mathbb{R}$, 即 A 的特征值全为实数. 设 $\lambda\in\sigma_p(A)$, $\lambda\neq0$. 取 λ 相应的特征向量 x, 则 $Ax=\lambda x$. 由 $(Ax,x)=(x,Ax)$ 可得

$$\lambda\|x\|^2=(\lambda x,x)=(Ax,x)=(x,Ax)=(x,\lambda x)=\overline{\lambda}\|x\|^2.$$

所以 $\lambda=\overline{\lambda}$, 即 $\lambda\in\mathbb{R}$. □

注 4.4.1 定理 4.4.2 中, A 的特征值可按绝对值从大到小排为一列:

$$|\lambda_1|\geqslant|\lambda_2|\geqslant\cdots\geqslant|\lambda_k|\geqslant\cdots,$$

其中 $|\lambda_1|=\|A\|$. 有可数个特征值时, $\lambda_k\to0\ (k\to\infty)$.

定理 4.4.3 设 H 为可分的复 Hilbert 空间, $A\in\mathfrak{C}(H)$ 是自伴算子, 则有以 A 的特征向量构成的完备正交系.

注 4.4.2 设 $S=\{e_i\mid i=1,2,\cdots\}$ 为 A 的特征向量作成的正交系, e_i 为 λ_i 相应的特征向量, $Ae_i=\lambda_ie_i$, $i=1,2,\cdots$, 则

$$x=\sum_{i=1}^{\infty}c_ie_i,$$

其中 $c_i=(x,e_i)$ 为 Fourier 系数, $Ax=\sum\limits_{i=1}^{\infty}\lambda_ic_ie_i$.

定理 4.4.3 的证明 $\sigma_p(A)\backslash\{0\}$ 至多可数, 排为一列 $\lambda_1,\lambda_2,\cdots,\lambda_n,\cdots$. $E_{\lambda_i}=N(\lambda_iI-A)$ 为 H 的有限维子空间, 取其完全规范正交系 $\{e_{i,1},e_{i,2},\cdots,e_{i,n_i}\}$ 满足 $Ae_{i,j}=\lambda_ie_{i,j}$. 令 $S_1=\{e_{i,j}\mid j=1,2,\cdots,n_i,\ i=1,2,\cdots\}$. 则 S_1 为 H 的正交系, 全由 A 的特征向量组成. 下证属于不同特征值的特征向量正交. 因为 $Ae_i=\lambda_ie_i$, $Ae_j=\lambda_je_j$, $\lambda_i\neq\lambda_j$. 所以

$$(Ae_i,e_j)=(e_i,Ae_j),$$

$$(Ae_i, e_j) = \lambda_i(e_i, e_j), \quad (e_i, Ae_j) = \lambda_j(e_i, e_j).$$

从而 $(\lambda_i - \lambda_j)(e_i, e_j) = 0$, $\lambda_i \neq \lambda_j$, 即 $(e_i, e_j) = 0$. 所以特征向量相互正交, S_1 即为 A 的由特征向量构成的完备正交系. □

习　题　4

1. 设 X 是复 Banach 空间, $T \in \mathcal{B}(X)$, n 是自然数, λ_0 是 T^n 的特征值. 证明必存在 λ_0 的某个 n 次方根是 T 的特征值.

2. 设 λ 是等距线性算子 T 的特征值. 证明 $|\lambda| = 1$.

3. 设 X 为复 Banach 空间. 求积分算子 $T \in \mathcal{B}(L^2[0,1])$, $Tx(t) = \int_0^1 \sin\pi(t-s)x(s)ds$ 的特征值与特征向量.

4. 设 A 为复 Banach 空间 X 上的有界线性算子, $\lambda_0 \in \rho(A)$, $\{A_n\}$ 为 X 上一列有界线性算子, 并且 $\|A - A_n\| \to 0$ $(n \to \infty)$. 证明当 n 充分大时, A_n 也以 λ_0 为正则值, 并且 $\|(\lambda_0 I - A_n)^{-1} - (\lambda_0 I - A)^{-1}\| \to 0$ $(n \to \infty)$.

5. 设 $X = C[0,1]$, $A: u(t) \to t \cdot u(t)$. 证明 A 有界且 $\sigma(A) = [0,1]$.

6. 设 T 是复 Banach 空间 X 上的有界线性算子, 且 $T^2 = T$. 证明如果 $T \neq \theta$, 且 $T \neq I$, 则 $\sigma(T) = \{0, 1\}$.

7. 设 X 为复 Banach 空间, L 是从 X 到 X 的有界线性算子, L^{-1} 存在且连续. 证明 $\sigma\left(L^{-1}\right) = \sigma(L)^{-1} = \left\{\dfrac{1}{\lambda} \,\middle|\, \lambda \in \sigma(L)\right\}$.

8. 设 X 是复 Banach 空间, $A, B \in \mathcal{B}(X)$. 证明 $\sigma(AB) \setminus \{0\} = \sigma(BA) \setminus \{0\}$.

9. 设 X 为复 Banach 空间, $g \in C[0,1]$, 定义 $T: C[0,1] \to C[0,1]$, $Tx = gx$, $\forall x \in C[0,1]$. 证明

$$\sigma(T) = \{g(t) \mid t \in [0,1]\}.$$

10. 设 X 是复 Banach 空间 Y 中的闭线性子空间, 并设 L 是 Y 到其自身的线性算子, 且 $L(X) \subset X$. 令 $\sigma_Y(L)$ 表示 $L: Y \to Y$ 的谱, $\sigma_X(L)$ 表示 L 限制在 X 上的算子的谱. 证明 $\sigma_X(L) \subset \sigma_Y(L)$.

11. 设 $P(r)$ 是关于 r 的复系数多项式, 即 $P(r) = a_0 r^n + \cdots + a_n$, 其中 $a_0 \neq 0$, $n \geqslant 0$. L 是复 Banach 空间 X 到其自身上的有界线性算子, 定义 $P(L) = a_0 L^n + \cdots + a_n I$. 证明 $\sigma(P(L)) = P(\sigma(L)) = \{P(\lambda) \mid \lambda \in \sigma(L)\}$.

12. 设 $X = C[0,1]$, φ 是 $[0,1]$ 上非常数的复值连续函数. 定义 X 上的算子 A 为 $Af(t) = \varphi(t)f(t)$, $\forall f \in X$. 证明

$$\sigma(A) = \{\varphi(t) \mid t \in [0,1]\}, \quad \sigma_p(A) = \varnothing.$$

13. 设 $S \in \mathcal{B}(l^2)$ 定义为: 对任意 $x = (x_1, x_2, \cdots, x_n, \cdots) \in l^2$,

$$S(x_1, x_2, \cdots, x_n, \cdots) = (x_2, x_3, \cdots, x_{n+1}, \cdots).$$

求 $\sigma(S)$, $\sigma_p(S)$.

14. 设 F 是平面上的无限有界闭集, $\{a_n\}$ 是 F 的一个稠密子集. 在 l^2 中定义算子 T 为

$$Tx = T(x_1, x_2, \cdots, x_n, \cdots) = (a_1x_1, a_2x_2, \cdots, a_nx_n, \cdots).$$

证明 $\sigma_p(T) = \{a_n\}$, $\sigma(T) = F$, $\sigma_c(T) = F \setminus \{a_n\}$.

15. 设 X 为复 Banach 空间, $T : L^2[a,b] \to L^2[a,b]$ 定义为 $Tx(t) = tx(t)$, $\forall x \in L^2[a,b]$. 证明

$$\sigma(T) = \sigma_c(T) = [a,b], \quad \sigma_p(T) = \varnothing.$$

16. 设 X 为复 Banach 空间, $T \in \mathcal{B}(X)$, α 是标量, k 是自然数. 证明

$$r(\alpha T) = |\alpha| r(T), \quad r(T^k) = r(T)^k.$$

17. 设 X 为复 Banach 空间, $S, T \in \mathcal{B}(H)$ 且 $ST = TS$. 证明 $r(ST) \leqslant r(S)r(T)$.

18. 设 H 为复 Hilbert 空间, $S, T \in \mathcal{B}(H)$. 证明 $r(ST) = r(TS)$.

19. 设 X 为复 Banach 空间, $A \in \mathcal{B}(X)$. 令 $R_\lambda(A) = (\lambda I - A)^{-1}$ 为 A 的预解算子, $\forall \lambda \in \rho(A)$. 证明对任意 λ, $\mu \in \rho(A)$, 有

(1) $R_\lambda(A) - R_\mu(A) = -(\lambda - \mu) R_\lambda(A) R_\mu(A)$;

(2) 当 $|\lambda| \geqslant \|A\|$ 时, $\|R_\lambda(A)\| \leqslant \dfrac{1}{|\lambda| - \|A\|}$.

20. 设 X 为复 Banach 空间, $T \in \mathcal{B}(X)$. 证明 $\lim\limits_{|\lambda| \to \infty} \|R_\lambda(T)\| = 0$.

21. 设 X 为复 Banach 空间, $T \in \mathcal{B}(X)$. 如果存在自然数 n 使得 T^n 是紧算子, 证明

(1) $\sigma_p(T)$ 最多是可数集;

(2) $\sigma_p(T)$ 唯一可能的聚点是 0.

22. 设 X 是复 Banach 空间, $T \in \mathcal{B}(X)$, $\alpha \in \rho(T)$, $A = R_\alpha(T) = \alpha I - T$. 证明

(1) 如果 λ, $\mu \in \mathbb{C}$, 使 $\mu(\alpha - \lambda) = 1$, 则 $\mu \in \sigma(A)$ 当且仅当 $\lambda \in \sigma(T)$;

(2) 如果 $\mu \in \rho(A)$, 且 $\mu(\alpha - \lambda) = 1$, 则 $R_\mu(A) = \dfrac{1}{\mu} + \dfrac{1}{\mu^2} R_\lambda(T)$.

23. 设 H 为复 Hilbert 空间, T 是 H 上的有界自伴线性算子. 证明对算子 T 总有

(1) $\|T^2\| = \|T\|^2$;

(2) 若 λ 与 μ 是 T 的两个互不相等的特征值, x, y 分别是 T 相应于 λ 与 μ 的特征向量, 则 x 与 y 正交.

24. 设 H 为复 Hilbert 空间, $T \in \mathcal{B}(H)$ 是自伴算子. 证明 $T \geqslant \theta$ 当且仅当 $m \geqslant 0$, 其中 $m = \inf\{\mu \mid \mu \in \sigma(T)\}$. 此时 T 有有界逆当且仅当 $m \geqslant 0$.

25. 设 H 为复 Hilbert 空间, $T \in \mathcal{B}(H)$. 证明

$$\sigma(T^*) = \left\{\overline{\lambda} \mid \lambda \in \sigma(T)\right\} = \overline{\sigma(T)}.$$

26. 设 H 为复 Hilbert 空间, $T \in \mathcal{B}(H)$, $T \geqslant \theta$. 证明 $I + T$ 与 $I + T^*T$ 都可逆.

27. 设 $1 \leqslant p < \infty$, 证明线性算子

$$T : l^p \to l^p,\ (x_1, x_2, \cdots) \mapsto \left(x_1, \frac{x_2}{2}, \frac{x_3}{3}, \cdots\right)$$

是紧算子.

28. 证明 $T : C[0,1] \to C[0,1]$, $(Tx)(t) = \int_0^t x(\tau)d\tau$ 是紧算子, 而 $(Sx)(t) = tx(t)$ 不是紧算子.

29. 设 H 为复 Hilbert 空间, $T \in \mathcal{B}(H)$. 如果 T^*T 是全连续算子, 证明 T 也是全连续算子.

30. 设 A 为 l^2 上的线性算子, 记 $e_n = (0, \cdots, 0, 1, 0, \cdots)$ (第 n 个坐标为 1, 其余为 0), $n = 1, 2, \cdots$, 作线性算子 A:

$$Ae_k = \sum_{j=1}^{\infty} a_{jk} e_j,$$

设 $\sum\limits_{j,k=1}^{\infty} |a_{jk}|^2 < \infty$. 证明 A 为 l^2 上的全连续算子.

31. 在 l^2 中, 记 $e_n = (0, \cdots, 0, 1, 0, \cdots)$ (第 n 个坐标为 1, 其余为 0), 作 l^2 上的线性算子 U :

$$Ue_k = \frac{1}{k} e_{k+1}, \quad k = 1, 2, \cdots.$$

证明 U 为 l^2 上的全连续算子, 但 0 不是 U 的特征值.

32. 设 H 为复 Hilbert 空间, $T \in \mathcal{B}(H)$ 是自伴算子. 证明 $\sigma(T) \subset \mathbb{R}$.

33. 设 T 为复 Hilbert 空间 H 上的正常算子, $\lambda \in \mathbb{C}$. 证明 $\lambda \in \sigma(T)$ 的充分必要条件是

$$\inf_{\|x\|=1} \|Tx - \lambda x\| = 0.$$

34. 设 H 为无穷维 Hilbert 空间, 记 $\mathfrak{C}(H)$ 为 $\mathcal{B}(H)$ 中全连续算子全体. 证明 $\mathfrak{C}(H)$ 为 $\mathcal{B}(H)$ 中的疏朗集.

35. 设 H 为复 Hilbert 空间, T 是 H 上的全连续算子, $\{e_n \mid n \geqslant 1\}$ 是 H 中的规范正交系. 证明 $Te_n \to \theta$ $(n \to \infty)$.

36. 设 λ 为复 Hilbert 空间 H 中有界线性算子 A 的特征值. 问 $\overline{\lambda}$ 是否为 A^* 的特征值?

37. 设 T 是全连续自伴算子, $n \in \mathbb{N}$ 为奇数. 证明仅存在唯一的全连续自伴算子 A, 使得 $A^n = T$.

Chapter

第5章 线性算子半群及其应用

Banach 空间上的有界线性算子半群理论是处理无穷维空间中算子方程的重要工具, 它在应用数学的许多方面具有重要应用. 本章主要介绍线性算子半群的定义和基本性质, 5.1 节从抽象 Cauchy 问题的解半群引出线性算子半群的定义, 给出一致连续半群的基本性质. 5.2 节重点讨论强连续半群, 并给出强连续半群的基本性质. 5.3 节讨论强连续半群生成元的预解式及其基本性质. 5.4 节给出非扩展 C_0-半群的定义及生成非扩展 C_0-半群的等价条件. 5.5 节讨论耗散算子, 以及 m-耗散算子的一些基本性质. 5.6 节给出 C_0-半群无穷小生成元的特征.

5.1 抽象 Cauchy 问题与解半群

设 X 是 Banach 空间. 考虑 X 中的微分方程初值问题

$$\begin{cases}\dfrac{du(t)}{dt}=Au(t), \quad t\geqslant 0,\\ u(0)=u_0,\end{cases} \tag{5.1.1}$$

其中 A 是 X 中的一个线性算子（可能无界）. 如果定义

$$\mathrm{e}^{At}=\sum_{n=0}^{\infty}\frac{(At)^n}{n!}, \tag{5.1.2}$$

那么 (5.1.2) 式右端项是否收敛呢? 显然, 当 A 是无界算子时, (5.1.2) 式的右端项不具有收敛性. 所以当 A 是无界线性算子时, 不能简单地把有界线性算子的结论直接推广过来, 需要重新建立理论来研究 "e^{At}". 那么, 初值问题 (5.1.1) 中出现的无界线性算子在实际应用中是否存在呢? 我们先看下面的两个例子.

例 5.1.1　考虑热传导方程初值问题

$$\begin{cases}\dfrac{\partial u}{\partial t}=\Delta u, \quad x\in\mathbb{R}^n, \quad t\geqslant 0,\\[2ex] u\,|_{t=0}=u_0(x).\end{cases} \tag{5.1.3}$$

取 $X=L^p(\mathbb{R}^n)(1\leqslant p<+\infty)$, 定义

$$D(A)=W^{2,p}(\mathbb{R}^n),$$

$$Au=\Delta u,$$

其中

$$W^{2,p}(\mathbb{R}^n)=\{u\in L^p(\mathbb{R}^n)\mid D^\vartheta u\in L^p(\mathbb{R}^n),\ |\vartheta|\leqslant 2\}.$$

则初值问题 (5.1.3) 可以转化为

$$\begin{cases}\dfrac{du}{dt}=Au, \qquad t\geqslant 0,\\[2ex] u(0)=u_0,\end{cases}$$

其中 $A:D(A)\subset X\to X$ 是无界算子.

例 5.1.2　考虑波动方程初值问题

$$\begin{cases}\dfrac{\partial^2}{\partial t^2}u=\Delta u, \quad x\in\mathbb{R}^n, \quad t>0,\\[2ex] u\,|_{t=0}=u_0(x), \quad u_t\,|_{t=0}=u_1(x).\end{cases} \tag{5.1.4}$$

记 $v=\dfrac{\partial}{\partial t}u$, 则 $\dfrac{\partial^2}{\partial t^2}u=\dfrac{\partial}{\partial t}v$. 取 $U=\begin{pmatrix}u\\ v\end{pmatrix}$, 则波动方程初值问题 (5.1.4) 可化为

$$\begin{cases}\dfrac{\partial}{\partial t}U=\begin{pmatrix}0 & I\\ \Delta & 0\end{pmatrix}U,\\[2ex] U(0)=\begin{pmatrix}u(0)\\ v(0)\end{pmatrix}=\begin{pmatrix}u_0(x)\\ u_1(x)\end{pmatrix}:=U_0(x).\end{cases}$$

取 $X = H^1(\mathbb{R}^n) \times L^2(\mathbb{R}^n)$, 定义

$$D(A) = H^2(\mathbb{R}^n) \times H^2(\mathbb{R}^n),$$

$$AU = \begin{pmatrix} 0 & I \\ \Delta & 0 \end{pmatrix} U,$$

其中

$$H^m(\mathbb{R}^n) = W^{m,2}(\mathbb{R}^n) = \{u \in L^2(\mathbb{R}^n) \mid D^\vartheta u \in L^2(\mathbb{R}^n), |\vartheta| \leqslant m\}, \quad m \in \mathbb{N}.$$

则波动方程初值问题 (5.1.4) 可进一步化为

$$\begin{cases} \dfrac{d}{dt} U(t) = AU(t), & t \geqslant 0, \\ U(0) = U_0. \end{cases}$$

此时 $A : D(A) \subset X \to X$ 是无界算子.

我们先讨论抽象 Cauchy 问题的解半群. 设 X 是 Banach 空间, $A : D(A) \subset X \to X$ 是线性算子. 考虑 X 中的线性初值问题

$$\begin{cases} \dfrac{du(t)}{dt} = Au(t), & t \geqslant 0, \\ u(0) = x. \end{cases} \tag{5.1.5}$$

要处理相应的非线性问题, 需要线性方程初值问题 (5.1.5) 的适定性:

1° 对足够多的初值 x, 线性初值问题 (5.1.5) 的解 $u(x,t)$ 存在且唯一, 或者存在 X 的稠密子集 D_0, 使得对任意 $x \in D_0$, 线性初值问题 (5.1.5) 存在唯一解;

2° $u(x,t)$ 关于 (x,t) 连续.

设线性初值问题 (5.1.5) 适定, 令

$$D = \{x \mid \text{线性初值问题 (5.1.5) 存在唯一解 } u(x,t)\},$$

则 $D_0 \subset D$, 且 D 为 X 中的线性稠密子空间.

对 $t \geqslant 0$, 作算子 $T(t) : D \to X$ 如下:

$$T(t)x = u(x,t), \quad \forall x \in D, \tag{5.1.6}$$

则 $T(t) : D \to X$ 是有界线性算子. 由 D 的稠密性知, $T(t)$ 可以延拓为 X 上的有界线性算子, 故 $T(t) \in \mathcal{B}(X)$.

对 $s \geqslant 0$, $u(x,t+s)$ 是线性初值问题 (5.1.5) 以 $u(x,s)$ 为初值的解. 由 (5.1.6) 式知

$$u(x,t+s)=T(t+s)x. \tag{5.1.7}$$

另外,

$$u(x,t+s)=T(t)u(x,s)=T(t)T(s)x. \tag{5.1.8}$$

结合 (5.1.7) 式与 (5.1.8) 式, 以及线性初值问题 (5.1.5) 解的唯一性, 有

$$T(t+s)=T(t)T(s)=T(s)T(t).$$

因此, 有界线性算子族 $T(t)(t \geqslant 0)$ 满足:

(i) $T(0)=I$;

(ii) $T(t+s)=T(t)T(s)=T(s)T(t)$, $\forall t,s \in \mathbb{R}^+$.

称之为线性初值问题 (5.1.5) 的解半群. (i) 与 (ii) 称为半群性质.

下面给出算子半群和一致连续半群的定义, 并介绍算子半群无穷小生成元的定义.

定义 5.1.1　设 X 是 Banach 空间, $T(t)(t \geqslant 0)$ 为 X 中的一族有界线性算子. 若 $T(t):\mathbb{R}^+ \to \mathcal{B}(X)$ 满足性质 (i) 与 (ii), 则称 $T(t)(t \geqslant 0)$ 为 X 中的有界线性算子半群, 简称算子半群.

定义 5.1.2　设 X 是 Banach 空间, $T(t)(t \geqslant 0)$ 是 X 中的算子半群. 若

$$\lim_{h\to 0^+}\|T(h)-I\|=0,$$

则称 $T(t)(t \geqslant 0)$ 为一致连续半群.

定义 5.1.3　设 $T(t)(t \geqslant 0)$ 是 X 中的算子半群. 定义算子 A 如下:

$$D(A)=\left\{x \,\middle|\, \lim_{h\to 0^+}\frac{T(h)-I}{h}x \text{ 存在}\right\},$$

$$Ax=\lim_{h\to 0^+}\frac{T(h)-I}{h}x=\left.\frac{d^+(T(t)x)}{dt}\right|_{t=0},$$

则称 A 为算子半群 $T(t)(t \geqslant 0)$ 的无穷小生成元.

显然, $A:D(A)\subset X \to X$ 为线性算子.

关于一致连续半群, 我们证明如下基本性质.

定理 5.1.1　设 $T(t)(t \geqslant 0)$ 是 X 中的一致连续半群. 则

(1) $T(t)$ 在 $[0,+\infty)$ 上按算子范数连续;

(2) $T(t)$ 的无穷小生成元 $A \in \mathcal{B}(X)$;

(3) $T(t)$ 在 $[0,+\infty)$ 上按算子范数连续可微, 且

$$\frac{dT(t)}{dt}=AT(t)=T(t)A.$$

证明 设 $M>0$ 为常数. 先证明 $T(t)$ 在 $[0,M]$ 上有界. 由 $T(t)$ 在点 $t=0$ 的右连续性, 对 $\epsilon_0=1$, 存在 $\zeta>0$, 当 $0\leqslant h\leqslant\zeta$ 时, 有

$$\|T(h)-I\|\leqslant 1,$$

所以 $\|T(h)\|\leqslant 2$.

对任意 $t\in(0,M]$, 令 $n=\left[\frac{t}{\zeta}\right]$, 则 $t=n\zeta+r$, 其中 $0\leqslant r<\zeta$. 于是

$$T(t)=T(n\zeta)T(r)=(T(\zeta))^nT(r).$$

所以

$$\|T(t)\|\leqslant\|T(\zeta)\|^n\|T(r)\|\leqslant 2\|T(\zeta)\|^n\leqslant 2^{n+1}\leqslant 2^{1+\frac{M}{\zeta}}.$$

这说明 $T(t)$ 在任何有限集合 $[0,M]$ 上有界.

(1) 因为当 $h\to 0^+$ 时, 有

$$\|T(t+h)-T(t)\|\leqslant\|T(t)\|\ \|T(h)-I\|\to 0,$$

$$\|T(t-h)-T(t)\|\leqslant\|T(t-h)\|\ \|I-T(h)\|\to 0,$$

所以 $T(t)$ 在 $[0,+\infty)$ 上按算子范数连续.

(2) 因为对任意 $\rho>0$, 有

$$\begin{aligned}\left\|I-\frac{1}{\rho}\int_0^\rho T(s)ds\right\|&=\frac{1}{\rho}\left\|\int_0^\rho (T(s)-I)ds\right\|\\&\leqslant\frac{1}{\rho}\int_0^\rho \big\|T(s)-I\big\|ds\\&\to 0\quad(\rho\to 0^+),\end{aligned}$$

所以当 ρ 充分小时, $\frac{1}{\rho}\int_0^\rho T(s)ds$ 有有界逆. 故 $\int_0^\rho T(s)ds$ 有有界逆.

下证 $A=(T(\rho)-I)\left(\int_0^\rho T(s)ds\right)^{-1}$. 事实上, 对任意 $h>0$, 因为

$$
\begin{aligned}
\frac{T(h)-I}{h}\int_0^\rho T(s)ds &= \frac{1}{h}\left[\int_0^\rho T(s+h)ds - \int_0^\rho T(s)ds\right] \\
&= \frac{1}{h}\left[\int_h^{\rho+h} T(s)ds - \int_0^\rho T(s)ds\right] \\
&= \frac{1}{h}\left[\int_h^{\rho+h} T(s)ds + \int_\rho^h T(s)ds - \int_0^h T(s)ds\right] \\
&= \frac{1}{h}\int_\rho^{\rho+h} T(s)ds - \frac{1}{h}\int_0^h T(s)ds \\
&\to T(\rho) - I \qquad (h \to 0^+),
\end{aligned}
$$

所以 $\dfrac{T(h)-I}{h} \to (T(\rho)-I)\left(\displaystyle\int_0^\rho T(s)ds\right)^{-1} \quad (h \to 0^+)$. 因此

$$
A = (T(\rho)-I)\left(\int_0^\rho T(s)ds\right)^{-1}.
$$

(3) 一方面, 有

$$
\frac{T(t+h)-T(t)}{h} = \frac{T(h)-I}{h}T(t) \to AT(t) \quad (h \to 0^+).
$$

另一方面, 有

$$
\frac{T(t+h)-T(t)}{h} = T(t)\frac{T(h)-I}{h} \to T(t)A \ (h \to 0^+),
$$

且

$$
\frac{T(t-h)-T(t)}{h} = T(t-h)\frac{I-T(h)}{h} \to T(t)A \ (h \to 0^+).
$$

所以 $\dfrac{dT(t)}{dt} = AT(t) = T(t)A$. □

定理 5.1.2　设 $A \in \mathcal{B}(X)$. 则 A 为一致连续半群

$$
T(t) = \mathrm{e}^{At} = \sum_{n=0}^{\infty} \frac{A^n t^n}{n!}, \qquad t \geqslant 0
$$

的无穷小生成元.

证明 因为 $A \in \mathcal{B}(X)$, 所以对任意 $x \in X$, Cauchy 问题

$$\begin{cases} \dfrac{du}{dt} = Au, \quad t \geqslant 0, \\ u(0) = x \end{cases} \tag{5.1.9}$$

存在唯一解. 该解可表示为

$$u(t) = x + \int_0^t Au(s)ds.$$

设

$$u_n(t) = x + \int_0^t Au_{n-1}(s)ds.$$

则 $u_n(t)$ 在 $[0, +\infty)$ 的任意有限子区间 $[0, b]$ 上一致收敛于 Cauchy 问题 (5.1.9) 的解 $u(t)$. 事实上, 因为

$$u_0(t) = u(0) = x,$$

$$u_1(t) = x + \int_0^t Au_0(s)ds = x + tAx,$$

$$u_2(t) = x + \int_0^t Au_1(s)ds = x + tAx + \frac{t^2}{2}A^2x,$$

$$\cdots\cdots$$

$$u_n(t) = x + tAx + \cdots + \frac{t^n}{n!}A^nx = \sum_{k=0}^{n} \frac{t^kA^k}{k!}x,$$

所以由 $A \in \mathcal{B}(X)$ 可知, $u_n(t) \to \mathrm{e}^{tA}x\ (n \to \infty)$, 即 $u(t) = \mathrm{e}^{tA}x$. 故 e^{tA} 为 Cauchy 问题 (5.1.9) 的解半群, 该半群为一致连续半群, 且 $\mathrm{e}^{(t+s)A} = \mathrm{e}^{tA}\mathrm{e}^{sA}$. □

定理 5.1.3 设 $T(t)(t \geqslant 0)$ 与 $S(t)(t \geqslant 0)$ 均为一致连续半群. 若其无穷小生成元相同, 即

$$\lim_{t \to 0^+} \frac{T(t) - I}{t} = A = \lim_{t \to 0^+} \frac{S(t) - I}{t},$$

则 $T(t) = S(t), t \geqslant 0$.

证明 对任意 $x \in X$, A 相应的 Cauchy 问题 (5.1.9) 存在唯一解, 而 $T(t)x$ 与 $S(t)x$ 均为其解, 所以

$$T(t)x = S(t)x, \quad t \geqslant 0.$$

□

5.2　强连续半群

强连续半群是非常重要的一类算子半群, 它在抽象分析和应用数学中都具有广泛的应用. 我们先给出强连续半群的定义.

定义 5.2.1　设 $T(t)(t \geqslant 0)$ 为 X 中的线性算子半群. 若

$$\lim_{t \to 0^+} T(t)x = x, \quad x \in X,$$

则称 $T(t)(t \geqslant 0)$ 为强连续半群, 或 C_0-半群.

关于 C_0-半群, 指数有界性和强连续性是其非常重要的性质, 所以我们先证明 C_0-半群的这两个性质.

定理 5.2.1　设 $T(t)(t \geqslant 0)$ 为 X 中的 C_0-半群. 则存在 $M \geqslant 1$ 及 $\omega \geqslant 0$, 使得

$$\|T(t)\| \leqslant Me^{\omega t}, \quad t \geqslant 0. \tag{5.2.1}$$

证明　先证存在 $\delta > 0$, 使得 $\|T(t)\|$ 在 $[0, \delta]$ 上有界. 反设不然, 存在 $t_n \to 0\ (n \to \infty)$, 使得

$$\|T(t_n)\| \geqslant n. \tag{5.2.2}$$

因为对任意 $x \in X$, $\lim\limits_{n \to \infty} T(t_n)x = x$, 所以 $\{T(t_n)x \mid n \in \mathbb{N}\}$ 有界. 由共鸣定理知, $\{\|T(t_n)\| \mid n \in \mathbb{N}\}$ 有界. 这与 (5.2.2) 矛盾. 所以存在 $M \geqslant 1$, 使得

$$\|T(t)\| \leqslant M, \quad \forall t \in [0, \delta]. \tag{5.2.3}$$

对任意 $t \in (0, +\infty)$, 令 $n = [t/\delta]$, 则 $t = n\delta + r$, $0 \leqslant r < \delta$. 于是

$$\begin{aligned}\|T(t)\| &= \|T(n\delta + r)\| \\ &\leqslant \|T(n\delta)\|\|T(r)\| \\ &\leqslant M\|T(\delta)\|^n \\ &\leqslant MM^{\frac{1}{\delta}(n\delta + r)} \\ &= M\mathrm{e}^{(\frac{1}{\delta}\ln M)t}.\end{aligned}$$

令 $\omega = \dfrac{1}{\delta}\ln M$, 则 $\|T(t)\| \leqslant M\mathrm{e}^{\omega t}$, $t \geqslant 0$. □

定理 5.2.2 (强连续性)　设 $T(t)(t \geqslant 0)$ 为 X 中的 C_0-半群. 则对任意 $x \in X$, $T(t)x$ 在 $[0, +\infty)$ 上关于 t 连续.

证明 对任意 $x \in X$ 及任意 $t > 0,\ h > 0$, 有

$$\|T(t+h)x - T(t)x\| \leqslant \|T(t)\|\ \|T(h)x - x\| \to 0 \quad (h \to 0^+).$$

当 $0 < h < t$ 时, 有

$$\begin{aligned}\|T(t-h)x - T(t)x\| &\leqslant \|T(t-h)\|\ \|x - T(h)x\| \\ &\leqslant M\mathrm{e}^{w(t-h)}\|T(h)x - x\| \to 0 \quad (h \to 0^+).\end{aligned}$$

因此 $T(t)x$ 在点 $t > 0$ 处连续. 易见, $T(t)x$ 在点 $t = 0$ 处右连续. 所以 $T(t)x$ 在 $[0, +\infty)$ 上关于 t 连续. □

对任意 $x \in X$, 因为 $T(t)x$ 在 $[0, +\infty)$ 上连续, 所以

$$\lim_{h\to 0^+} \frac{1}{h}\int_t^{t+h} T(s)xds = T(t)x.$$

众所周知, C_0-半群的很多重要性质都是由其无穷小生成元刻画的, 为此, 我们先研究 C_0-半群的无穷小生成元及其性质. 下面先考察 C_0-半群的无穷小生成元的性质.

定理 5.2.3 设 $T(t)(t \geqslant 0)$ 为 X 中的 C_0-半群, A 为其无穷小生成元. 则

(a) 对任意 $x \in X,\ t \geqslant 0,\ \displaystyle\int_0^t T(s)xds \in D(A)$, 且

$$A\left(\int_0^t T(s)xds\right) = T(t)x - x;$$

(b) 对任意 $x \in D(A)$, $T(t)x \in D(A)$, 且

$$(T(t)x)' = AT(t)x = T(t)Ax.$$

证明 (a) 因为

$$\begin{aligned}\frac{T(h)-I}{h}\int_0^t T(s)xds &= \frac{1}{h}\int_0^t T(s+h)xds - \frac{1}{h}\int_0^t T(s)xds \\ &= \frac{1}{h}\int_h^{t+h} T(s)xds - \frac{1}{h}\int_0^t T(s)xds \\ &= \frac{1}{h}\int_h^{t+h} T(s)xds - \left[\frac{1}{h}\int_0^h T(s)xds + \frac{1}{h}\int_h^t T(s)xds\right]\end{aligned}$$

$$
\begin{aligned}
&= \frac{1}{h}\left[\int_h^{t+h} T(s)xds + \int_t^h T(s)xds\right] - \frac{1}{h}\int_0^h T(s)xds \\
&= \frac{1}{h}\int_t^{t+h} T(s)xds - \frac{1}{h}\int_0^h T(s)xds \\
&\to T(t)x - x \qquad (h \to 0^+),
\end{aligned}
$$

所以 $\int_0^t T(s)xds \in D(A)$, 且

$$
A\left(\int_0^t T(s)xds\right) = T(t)x - x.
$$

(b) 当 $x \in D(A)$ 时, 对任意 $t > 0$, 有

$$
\begin{aligned}
\frac{T(h)-I}{h}T(t)x &= \frac{T(t+h)x - T(t)x}{h} \\
&= T(t)\frac{T(h)x - x}{h} \\
&\to T(t)Ax \qquad (h \to 0^+),
\end{aligned}
$$

所以 $T(t)x \in D(A)$, 且 $AT(t)x = T(t)Ax$. 所以 $\frac{d^+}{dt}T(t)x = T(t)Ax = AT(t)x$. 又因为

$$
\begin{aligned}
&\left\|\frac{T(t-h)x - T(t)x}{-h} - T(t)Ax\right\| \\
\leqslant &\|T(t-h)\|\left\|\frac{T(h)-I}{h}x - Ax\right\| + \|T(t-h)Ax - T(t)Ax\| \\
\to &0 \qquad (h \to 0^+),
\end{aligned}
$$

所以 $T(t)x$ 左可导, 且 $\frac{d^-}{dt}T(t)x = T(t)Ax = AT(t)x$. 因此 $\frac{d}{dt}T(t)x = T(t)Ax = AT(t)x$. □

定理 5.2.4 设 A 为 C_0-半群 $T(t)(t \geqslant 0)$ 的无穷小生成元. 则 A 为 X 中的稠定闭算子.

证明 对任意 $x \in X$, 令

$$x_n = n \int_0^{1/n} T(s)xds,$$

则由定理 5.2.3 (a) 知 $x_n \in D(A)$, 且 $x_n \to x\ (n \to \infty)$. 所以 $x \in \overline{D(A)}$, 故 $\overline{D(A)} = X$.

再证明 A 的闭性. 设 $\{x_n\} \subset D(A)$ 满足 $x_n \to x$, $Ax_n \to y\ (n \to \infty)$. 下证 $x \in D(A)$, 且 $y = Ax$. 因为 $(T(t)x_n)' = AT(t)x_n$, 所以

$$\int_0^t AT(s)x_n ds = T(t)x_n - x_n \to T(t)x - x \quad (n \to \infty),$$

且

$$\int_0^t AT(s)x_n ds = \int_0^t T(s)Ax_n ds \to \int_0^t T(s)yds \quad (n \to \infty).$$

所以

$$\frac{T(t)x - x}{t} = \frac{1}{t}\int_0^t T(s)yds.$$

令 $t \to 0^+$, 得 $Ax = y$, 且 $x \in D(A)$. □

更一般的结论是如下定理, 请读者自证.

定理 5.2.5 设 A 为 C_0-半群 $T(t)(t \geqslant 0)$ 的无穷小生成元. 如果 $D(A^n)$ 是 A^n 的定义域, 则

$$\bigcap_{n=1}^{\infty} D(A^n)$$

在 X 中稠密.

例 5.2.1 取 $X = L^p(\mathbb{R})$, $1 \leqslant p < +\infty$. 定义

$$T(t) : X \to X,$$

$$T(t)f(x) \mapsto f(x+t), \quad \forall x \in \mathbb{R}, \quad t \geqslant 0.$$

因为

$$T(t)T(s)f(x) = T(t)f(x+s) = f(x+s+t) = T(t+s)f(x),$$

所以

$$T(t)T(s) = T(t+s) = T(s)T(t), \quad \forall t, s \geqslant 0.$$

又因为

$$\|T(t)f\|_{L^p(\mathbb{R})} = \|f(\cdot + t)\|_{L^p(\mathbb{R})} = \|f\|_{L^p(\mathbb{R})},$$

所以 $T(t)(t \geqslant 0)$ 是一个保范算子, 故 $T(t) \in \mathcal{B}(X)$. 显然, $T(0) = I$, 所以 $T(t)(t \geqslant 0)$ 是一个有界线性算子半群. 又因为

$$\|T(t)f - f\|_{L^p(\mathbb{R})} = \|f(\cdot + t) - f(\cdot)\|_{L^p(\mathbb{R})} \to 0 \qquad (t \to 0^+),$$

所以 $T(t)(t \geqslant 0)$ 是强连续半群. 由无穷小生成元的定义可知

$$Af(x) = \lim_{t \to 0^+} \frac{T(t)f(x) - f(x)}{t} = \lim_{t \to 0^+} \frac{f(x+t) - f(x)}{t} = \frac{df(x)}{dx} \in L^p(\mathbb{R}),$$

这表明

$$f \in L^p(\mathbb{R}), \text{ 且 } \frac{df(x)}{dx} \in L^p(\mathbb{R}).$$

因此 $f \in W^{1,p}(\mathbb{R})$, 从而

$$A = \frac{d}{dx}, \quad D(A) = W^{1,p}(\mathbb{R}).$$

所以强连续半群 $T(t)(t \geqslant 0)$ 在 $L^p(\mathbb{R})$ 中的无穷小生成元是

$$A = \frac{d}{dx}, \quad D(A) = W^{1,p}(\mathbb{R}).$$

5.3　C_0-半群生成元的预解式

设 $T(t)(t \geqslant 0)$ 是 Banach 空间 X 中的 C_0-半群, A 为其无穷小生成元, $C \in \mathbb{C}$. 则 $\mathrm{e}^{Ct}T(t)$ 仍是 C_0-半群, 且对任意 $x \in D(A)$, 有

$$(\mathrm{e}^{Ct}T(t)x)' = C\mathrm{e}^{Ct}T(t)x + \mathrm{e}^{Ct}AT(t)x = (CI + A)\mathrm{e}^{Ct}T(t)x,$$

所以其无穷小生成元为 $CI + A$. 若 $a \geqslant 0$, 则 $T(at)$ 仍是 C_0-半群, 其无穷小生成元为 aA. 下面我们研究 C_0-半群生成元的预解式及其性质. 为证明 C_0-半群无穷小生成元的本质特征, 我们先证明两个引理.

引理 5.3.1　设 A 为 C_0-半群 $T(t)(t \geqslant 0)$ 的无穷小生成元. 则 $\rho(A) \supset \{\lambda \mid \mathrm{Re}\lambda > \omega\}$, 且当 $\lambda \in \rho(A)$ 时,

$$(\lambda I - A)^{-1}x = \int_0^{\infty} \mathrm{e}^{-\lambda t}T(t)x dt.$$

证明 因为 $T(t)(t \geqslant 0)$ 是 C_0-半群, 则由指数有界性, 存在 $M \geqslant 1$, $\omega \geqslant 0$, 使得

$$\|T(t)\| \leqslant M\mathrm{e}^{\omega t}, \quad t \geqslant 0.$$

当 $\lambda \in \mathbb{C}$, $\mathrm{Re}\lambda > \omega$ 时, 对 $x \in X$, 积分

$$R_\lambda(A)x := \int_0^\infty \mathrm{e}^{-\lambda t} T(t)xdt$$

收敛, 且 $R_\lambda(A) : X \to X$ 为线性算子. 进一步, 有

$$\begin{aligned}\|R_\lambda(A)x\| &\leqslant \int_0^\infty \|\mathrm{e}^{-\lambda t}T(t)x\|dt \\ &\leqslant M\int_0^\infty \mathrm{e}^{-(\mathrm{Re}\lambda-\omega)t}dt\|x\| \\ &= \frac{M}{\mathrm{Re}\lambda-\omega}\|x\|.\end{aligned}$$

所以 $\|R_\lambda(A)\| \leqslant \dfrac{M}{\mathrm{Re}\lambda-\omega}$. 又因为 $\displaystyle\int_0^r \mathrm{e}^{-\lambda t}T(t)xdt \in D(A-\lambda I) = D(A)$, 且

$$(A-\lambda I)\int_0^r \mathrm{e}^{-\lambda t}T(t)xdt = \mathrm{e}^{-\lambda t}T(t)x\Big|_{t=0}^{t=r} = \mathrm{e}^{-\lambda r}T(r)x - x \to -x \quad (r \to +\infty).$$

所以由 A 的闭性, $R_\lambda(A)x \in D(A)$, 且

$$(\lambda I - A)R_\lambda(A)x = x, \quad \forall x \in X. \tag{5.3.1}$$

另外, 当 $x \in D(A)$ 时, 因为

$$\begin{aligned}R_\lambda(A)Ax &= \int_0^\infty \mathrm{e}^{-\lambda t}T(t)Axdt \\ &= \int_0^\infty \mathrm{e}^{-\lambda t}(T(t)x)'dt \\ &= \mathrm{e}^{-\lambda t}T(t)x\Big|_0^\infty + \lambda\int_0^\infty \mathrm{e}^{-\lambda t}T(t)xdt \\ &= -x + \lambda R_\lambda(A)x,\end{aligned}$$

所以

$$R_\lambda(A)(\lambda I - A)x = x. \tag{5.3.2}$$

因此 $\lambda I - A$ 有有界逆算子, 且

$$R_\lambda(A) = (\lambda I - A)^{-1}.$$

□

引理 5.3.2　设 $A: D(A) \subset X \to X$ 是线性算子, $\rho(A) \neq \varnothing$, 则 A 的预解式 $R_\lambda(A) = (\lambda I - A)^{-1}$ 在 $\rho(A)$ 上解析, 且

$$R_\lambda^{(n)}(A) = (-1)^n n! R_\lambda^{n+1}(A).$$

证明　对任意 $\lambda_0 \in \rho(A)$, 有

$$(\lambda I - A) = (\lambda - \lambda_0)I + (\lambda_0 I - A) = [I + (\lambda - \lambda_0)R_{\lambda_0}(A)](\lambda_0 I - A).$$

当 $|\lambda - \lambda_0| < \|R_{\lambda_0}(A)\|^{-1}$ 时, $I + (\lambda - \lambda_0)R_{\lambda_0}(A)$ 有有界逆, 且

$$[I + (\lambda - \lambda_0)R_{\lambda_0}(A)]^{-1} = \sum_{n=0}^{\infty}(-1)^n(\lambda - \lambda_0)^n R_{\lambda_0}^n(A).$$

所以 $\lambda I - A$ 有有界逆, 且

$$\begin{aligned} R_\lambda(A) = (\lambda I - A)^{-1} &= R_{\lambda_0}(A)[I + (\lambda - \lambda_0)R_{\lambda_0}(A)]^{-1} \\ &= \sum_{n=0}^{\infty}(-1)^n(\lambda - \lambda_0)^n R_{\lambda_0}^{n+1}(A), \end{aligned}$$

即 $R_\lambda(A)$ 能在 λ_0 的某邻域内展为 $(\lambda - \lambda_0)$ 的幂级数, 因此 $R_\lambda(A)$ 在 λ_0 点解析, 且

$$R_\lambda^{(n)}(A) = (-1)^n n! R_\lambda^{n+1}(A).$$ □

定理 5.3.1　设 A 为 C_0-半群 $T(t)(t \geqslant 0)$ 的无穷小生成元, $\|T(t)\| \leqslant M\mathrm{e}^{\omega t}$, 其中 $M \geqslant 1, \omega \geqslant 0$. 则当 $\mathrm{Re}\lambda > \omega$ 时, $\lambda \in \rho(A)$, 且

$$\|(\lambda I - A)^{-n}\| \leqslant \frac{M}{(\mathrm{Re}\lambda - \omega)^n}, \quad n = 1, 2, \cdots. \tag{5.3.3}$$

证明　由引理 5.3.1 知, 当 $\mathrm{Re}\lambda > \omega$ 时, $\lambda \in \rho(A)$, 且

$$R_\lambda(A)x = (\lambda I - A)^{-1}x = \int_0^\infty \mathrm{e}^{-\lambda t}T(t)xdt, \quad x \in X.$$

两边对 λ 求 $(n-1)$ 次导数, 由 Lebesgue 控制收敛定理, 有

$$R_\lambda^{(n-1)}(A)x = (-1)^{n-1}\int_0^\infty t^{n-1}\mathrm{e}^{-\lambda t}T(t)xdt.$$

再由引理 5.3.2, 有

$$R_\lambda^{(n-1)}(A)x = (-1)^{n-1}(n-1)! R_\lambda^n(A)x.$$

所以由分部积分公式, 有

$$\begin{aligned}\|R_\lambda^n(A)x\| &\leqslant \frac{M}{(n-1)!}\int_0^\infty t^{n-1}\mathrm{e}^{-(\mathrm{Re}\lambda-\omega)t}dt\|x\| \\ &= \cdots \\ &= \frac{M}{(\mathrm{Re}\lambda-\omega)^n}\|x\|.\end{aligned}$$

所以

$$\|R_\lambda^n(A)\| \leqslant \frac{M}{(\mathrm{Re}\lambda-\omega)^n}.$$

□

在定理 5.3.1 中, 当 $M=1$ 时, 由 (5.3.3) 式可得

$$\|(\lambda I-A)^{-1}\| \leqslant \frac{1}{\mathrm{Re}\lambda-\omega}. \tag{5.3.4}$$

显然, (5.3.3) 式隐含 (5.3.4) 式. 此时, A 生成的 C_0-半群 $T(t)(t\geqslant 0)$ 满足

$$\|T(t)\| \leqslant \mathrm{e}^{\omega t}.$$

更简单的情形是: $M=1$ 且 $\omega=0$, 则

$$\|T(t)\| \leqslant 1, \quad t\geqslant 0.$$

此时

$$\|(\lambda I-A)^{-1}\| \leqslant \frac{1}{\mathrm{Re}\lambda}.$$

实际上, 当 $\lambda>0$ 时, 若 $\|(\lambda I-A)^{-1}\| \leqslant \dfrac{1}{\lambda}$, 我们可以证明无界算子 A 生成一个非扩展的 C_0-半群.

5.4 非扩展的 C_0-半群

设 $T(t)(t\geqslant 0)$ 是 X 中的 C_0-半群. 由指数有界性, 存在 $M\geqslant 1$ 及 $\omega\geqslant 0$, 使得

$$\|T(t)\| \leqslant M\mathrm{e}^{\omega t}, \quad t\geqslant 0.$$

若 $\omega=0$, 即 $\|T(t)\|\leqslant M$, $t\geqslant 0$, 则称 $T(t)(t\geqslant 0)$ 是一致有界的 C_0-半群. 进一步, 若 $M=1$, 则称 $T(t)(t\geqslant 0)$ 是非扩展的 C_0-半群.

一般地, 一个 C_0-半群 $T(t)(t \geqslant 0)$ 可化为一致有界的 C_0-半群 $S(t)=\mathrm{e}^{-\omega t}T(t)$. 在空间 X 中取等价范数

$$|x| = \sup_{t \geqslant 0} \|S(t)x\|, \tag{5.4.1}$$

则一致有界的 C_0-半群 $S(t)(t \geqslant 0)$ 按 $|\cdot|$ 为非扩展的 C_0-半群. 事实上, 因为

$$\begin{aligned}
|S(t)x| &= \sup_{s \geqslant 0} \|S(s)S(t)x\| \\
&= \sup_{s \geqslant 0} \|S(t+s)x\| \\
&= \sup_{\tau \geqslant t} \|S(\tau)x\| \\
&\leqslant \sup_{\tau \geqslant 0} \|S(\tau)x\| \\
&= |x|,
\end{aligned}$$

所以 $|S(t)| \leqslant 1, t \geqslant 0$. 由此可见, 研究非扩展的 C_0-半群是很有必要的. 下面的定理揭示了非扩展的 C_0-半群的本质特征.

定理 5.4.1 (Hille-Yosida 定理)　设 A 为 X 中的稠定闭线性算子. A 生成 X 中非扩展的 C_0-半群的充分必要条件是 $(0, \infty) \subset \rho(A)$, 且当 $\lambda > 0$ 时, 有

$$\|(\lambda I - A)^{-1}\| \leqslant \frac{1}{\lambda}. \tag{5.4.2}$$

必要性是定理 5.3.1 的结论. 为了证明充分性, 我们先证明如下引理.

引理 5.4.1　设稠定算子 $A: D(A) \subset X \to X$ 满足 (5.4.2) 式, 则

$$\lim_{\lambda \to +\infty} \lambda R_\lambda(A)x = x, \quad \forall x \in X. \tag{5.4.3}$$

证明　当 $x \in D(A)$ 时, 有

$$\|\lambda R_\lambda(A)x - x\| = \|AR_\lambda(A)x\| \leqslant \frac{\|Ax\|}{\lambda} \to 0 \qquad (\lambda \to +\infty).$$

又因为 $D(A) \subset X$ 稠密, 所以由强收敛定理, (5.4.3) 式成立. □

定义 5.4.1　如果

$$\lambda AR_\lambda(A)x \to Ax, \quad \forall x \in D(A),$$

则称线性算子

$$A_\lambda := \lambda AR_\lambda(A) \in \mathcal{B}(X)$$

为 A 的 Yosida 逼近.

由引理 5.4.1, 下面的结论是显然的.

引理 5.4.2 设 A 为 X 中的稠定闭线性算子, A_λ 是 A 的 Yosida 逼近. 则

$$\lim_{\lambda\to+\infty} A_\lambda x = Ax, \quad \forall x \in D(A). \tag{5.4.4}$$

引理 5.4.3 设 $B, C \in \mathcal{B}(X)$. 若 B 与 C 可交换, 即 $BC = CB$, 则 e^{tB} 与 e^{tC} 可交换, 并且 $\mathrm{e}^{tB}\mathrm{e}^{tC} = \mathrm{e}^{t(B+C)}$.

证明 因为对 $t \geqslant 0$, 有

$$\begin{aligned}
\mathrm{e}^{tB}\mathrm{e}^{tC} &= \lim_{m\to\infty}\left[\sum_{n=0}^{m}\frac{t^nB^n}{n!}\sum_{n=0}^{m}\frac{t^nC^n}{n!}\right]\\
&= \lim_{m\to\infty}\left[\sum_{n=0}^{m}\frac{t^nC^n}{n!}\sum_{n=0}^{m}\frac{t^nB^n}{n!}\right]\\
&= \mathrm{e}^{tC}\mathrm{e}^{tB},
\end{aligned}$$

所以 $S(t) = \mathrm{e}^{tB}\mathrm{e}^{tC}$ 是算子半群且一致连续, 其无穷小生成元是 $B + C$. 另外, $B + C$ 是一致连续半群 $\mathrm{e}^{t(B+C)}$ 的无穷小生成元, 由无穷小生成元的唯一性, 有 $\mathrm{e}^{tB}\mathrm{e}^{tC} = \mathrm{e}^{t(B+C)}$. □

在上述准备工作的基础上, 下面给出定理 5.4.1 的证明.

定理 5.4.1 的证明 设 A_λ 是算子 A 的 Yosida 逼近. 则 A_λ 生成 X 中的一致连续半群 e^{tA_λ}. 对任意 $x \in X$, 有

$$\begin{aligned}
\|\mathrm{e}^{tA_\lambda}x\| &= \|\mathrm{e}^{t(\lambda^2R_\lambda(A)-\lambda I)}x\|\\
&= \|\mathrm{e}^{-t\lambda}\mathrm{e}^{t\lambda^2R_\lambda(A)}x\|\\
&\leqslant \mathrm{e}^{-t\lambda}\mathrm{e}^{t\lambda^2\|R_\lambda(A)\|}\|x\|\\
&\leqslant \mathrm{e}^{-t\lambda}\mathrm{e}^{\lambda t}\|x\|\\
&= \|x\|.
\end{aligned}$$

所以

$$\|\mathrm{e}^{tA_\lambda}\| \leqslant 1, \quad t \geqslant 0. \tag{5.4.5}$$

下面证明对任意 $x \in X$, $\lim\limits_{\lambda\to+\infty} \mathrm{e}^{tA_\lambda}x$ 存在. 对任意 λ, $\mu > 0$, 因为 A_λ 与 A_μ 可交换, 所以对任意 $x \in D(A)$, 有

$$\|\mathrm{e}^{tA_\lambda}x - \mathrm{e}^{tA_\mu}x\| = \|\mathrm{e}^{tA_\lambda}(x - \mathrm{e}^{t(A_\mu-A_\lambda)}x)\|$$

$$
\begin{aligned}
&= \left\| e^{tA_\lambda} \int_0^t e^{s(A_\mu - A_\lambda)} (A_\mu - A_\lambda) x ds \right\| \\
&= \left\| \int_0^t e^{sA_\mu} e^{(t-s)A_\lambda} (A_\mu - A_\lambda) x ds \right\| \\
&\leqslant \int_0^t \|(A_\mu - A_\lambda)x\| ds \\
&= t\|(A_\mu - A_\lambda)x\| \\
&\to 0 \quad (\lambda, \mu \to +\infty).
\end{aligned} \tag{5.4.6}
$$

所以由 Cauchy 准则, $\lim\limits_{\lambda\to+\infty} e^{tA_\lambda}x$ 存在. 由 e^{tA_λ} 的一致有界性及 $D(A)$ 的稠密性, 对任意 $x \in X$, $\lim\limits_{\lambda\to+\infty} e^{tA_\lambda}x$ 存在. 令

$$
\lim_{\lambda\to+\infty} e^{tA_\lambda}x = T(t)x, \quad t \geqslant 0. \tag{5.4.7}
$$

由 e^{tA_λ} 关于 t 的半群性质可知, $T(t)$ 为 X 中的非扩展算子半群.

当 $x \in D(A)$ 时, 由 (5.4.6) 式, 当 $\mu \to +\infty$ 时, $e^{tA_\lambda}x$ 在 $t \in [0, \eta]$ $(\eta > 0)$ 上一致收敛于 $T(t)x$, 所以 $T(t)$ 为 X 中的非扩展 C_0-半群. 此外, 易证 A 为 $T(t)(t \geqslant 0)$ 的生成元. □

由定理 5.4.1, 下面的两个推论是显然的.

推论 5.4.1　设 A 为非扩展 C_0-半群 $T(t)(t\geqslant 0)$ 的无穷小生成元, $A_\lambda(\lambda > 0)$ 为 A 的 Yosida 逼近, 则

$$
T(t)x = \lim_{\lambda\to+\infty} e^{tA_\lambda}x, \quad t \geqslant 0, \quad x \in X,
$$

且当 $x \in D(A)$ 时, 有

$$
\|e^{tA_\lambda}x - T(t)x\| \leqslant t\|A_\lambda x - Ax\|.
$$

推论 5.4.2　X 中的稠定闭算子 A 生成满足

$$
\|T(t)\| \leqslant e^{\omega t}, \quad t \geqslant 0
$$

的 C_0-半群 $T(t)(t \geqslant 0)$ 的充要条件是当 $\lambda > \omega$ 时, $\lambda I - A$ 有有界逆算子且

$$
\|(\lambda I - A)^{-1}\| \leqslant \frac{1}{\lambda - \omega}. \tag{5.4.8}
$$

例 5.4.1　考察一维带 Dirichlet (狄利克雷) 边界条件的抛物型初边值问题

$$
\begin{cases}
\dfrac{\partial u}{\partial t} = \dfrac{\partial^2 u}{\partial x^2}, \quad (x,t) \in [0,1] \times \mathbb{R}^+, \\
u(0,t) = u(1,t) = 0, \\
u(x,0) = \varphi(x).
\end{cases}
\tag{5.4.9}
$$

记 $I = [1,0]$, 问题 (5.4.9) 的古典解是指 $u \in C^{2,1}(I \times \mathbb{R}^+)$, 且满足方程. 记

$$
u(t) = u(\cdot,t): \ \mathbb{R}^+ \to C^2(I),
$$

$$
C^{2,1}(I \times \mathbb{R}^+) = C^1(\mathbb{R}^+, \ C(I)) \cap C(\mathbb{R}^+, \ C^2(I)).
$$

取

$$
X = C_0(I) = \{u \in C(I) \mid u(0) = u(1) = 0\}.
$$

化问题 (5.4.9) 为 X 中的抽象发展方程 Cauchy 问题

$$
\begin{cases}
\dfrac{du}{dt} = Au, \\
u(0) = \varphi,
\end{cases}
\tag{5.4.10}
$$

其中

$$
D(A) = \{u \in C^2(I) \mid u(0) = u(1) = 0\}, \quad Au = \frac{d^2u}{dx^2}.
$$

问题 (5.4.9) 的古典解等价于问题 (5.4.10) 的解.

下证 A 生成 X 中非扩展的 C_0-半群 $T(t)(t \geqslant 0)$. 只需证明当 $\lambda > 0$ 时, $\lambda I - A$ 有有界逆 $R_\lambda(A)$, 且

$$
\|R_\lambda(A)\| \leqslant \frac{1}{\lambda}.
$$

事实上, 算子 $\lambda I - A$ 有有界逆等价于对任意 $h \in X$, 算子方程

$$
(\lambda I - A)u = h \tag{5.4.11}
$$

有唯一解 $u := R_\lambda(A)h$, 且 u 关于 h 连续. 算子方程 (5.4.11) 等价于线性常微分方程边值问题

$$
\begin{cases}
-\dfrac{d^2u}{dx^2} + \lambda u = h(x), \quad 0 \leqslant x \leqslant 1, \\
u(0) = u(1) = 0.
\end{cases}
\tag{5.4.12}
$$

由于边值问题 (5.4.12) 存在唯一解, 其解可以用 Green (格林) 函数表示为

$$u(x)=\int_0^1 G(x,y)h(y)dy,$$

其中 $G:I\times I\to\mathbb{R}$ 是相应的 Green 函数:

$$G(x,y)=\begin{cases}\dfrac{\sinh\beta x\sinh\beta(1-y)}{\beta\sinh\beta}, & 0\leqslant x\leqslant y\leqslant 1,\\ \dfrac{\sinh\beta(1-x)\sinh\beta y}{\beta\sinh\beta}, & 0\leqslant y\leqslant x\leqslant 1,\end{cases}$$

其中 $\beta=\sqrt{\lambda}$.

因为

$$\begin{aligned}|R_\lambda(A)h(x)|&=\left|\int_0^1 G(x,y)h(y)dy\right|\\&\leqslant\int_0^1 G(x,y)dy\|h\|\\&=\frac{1}{\lambda}\left[1-\frac{\cosh\beta\left(x-\dfrac{1}{2}\right)}{\cosh\dfrac{\beta}{2}}\right]\|h\|,\end{aligned}$$

所以

$$\|R_\lambda(A)h\|\leqslant\frac{1}{\lambda}\left(1-\frac{1}{\cosh\dfrac{\beta}{2}}\right)\|h\|,$$

故

$$\|R_\lambda(A)\|\leqslant\frac{1}{\lambda}\left(1-\frac{1}{\cosh\dfrac{\beta}{2}}\right)<\frac{1}{\lambda}.$$

所以 A 满足 Hille-Yosida 定理的条件, 因此 A 生成 X 中非扩展的 C_0-半群 $T(t)(t\geqslant 0)$.

因此, 当 $\varphi\in D(A)$ 时, 抽象 Cauchy 问题 (5.4.10) 存在唯一解

$$u(t)=T(t)\varphi\in C^1(\mathbb{R}^+,\ C_0(I))\cap C(\mathbb{R}^+,\ D(A)).$$

于是, 初边值问题 (5.4.9) 存在唯一解

$$u(x,t)=u(t)(x)\in C^{2,1}(I\times\mathbb{R}^+).$$

5.5 耗 散 算 子

设 X 为 Banach 空间, X^* 为其共轭空间. 定义对偶映射 $J: X \to X^*$ 如下:

$$J(x) = \{x^* \in X^* \mid (x^*, x) = \|x\|^2 = \|x^*\|^2\}.$$

由 Hahn-Banach 延拓定理, $J(x) \neq \varnothing$. 下面给出耗散算子的定义.

定义 5.5.1 设 $A: D(A) \subset X \to X$ 是线性算子. 若对任意 $x \in D(A)$, 存在 $x^* \in J(x)$, 使得

$$\mathrm{Re}(x^*, Ax) \leqslant 0,$$

则称 A 是 X 中的耗散算子.

关于耗散算子, 我们先证明如下重要结论.

定理 5.5.1 A 是 X 中的耗散算子的充分必要条件是对任意 $\lambda > 0$, 有

$$\|(\lambda I - A)x\| \geqslant \lambda\|x\|, \quad \forall x \in D(A). \tag{5.5.1}$$

证明 $\Rightarrow$) 取 $x^* \in J(x)$, 使得对任意 $x \in D(A)$, 有 $\mathrm{Re}(x^*, Ax) \leqslant 0$. 因为

$$\begin{aligned}\|(\lambda I - A)x\|\|x\| &\geqslant |(x^*, \lambda x - Ax)| \\ &\geqslant \mathrm{Re}(x^*, \lambda x - Ax) \\ &= \mathrm{Re}(x^*, \lambda x) - \mathrm{Re}(x^*, Ax) \\ &= \lambda\|x\|^2 - \mathrm{Re}(x^*, Ax) \\ &\geqslant \lambda\|x\|^2,\end{aligned}$$

所以 $\|(\lambda I - A)x\| \geqslant \lambda\|x\|$.

$\Leftarrow$) 对任意 $x \in D(A)$, $\lambda > 0$, 当 $x \neq \theta$ 时, $\lambda x - Ax \neq \theta$. 取 $y_\lambda^* \in J(\lambda x - Ax)$, 令

$$z_\lambda^* = \frac{y_\lambda^*}{\|y_\lambda^*\|},$$

则 $\|z_\lambda^*\| = 1$. 由 (5.5.1) 式可知

$$\begin{aligned}\lambda\|x\| \leqslant \|\lambda x - Ax\| &= (z_\lambda^*, \lambda x - Ax) \\ &= \mathrm{Re}(z_\lambda^*, \lambda x - Ax) \\ &= \lambda \mathrm{Re}(z_\lambda^*, x) - \mathrm{Re}(z_\lambda^*, Ax).\end{aligned}$$

所以

$$\lambda\|x\| \leqslant \lambda\|x\| - \mathrm{Re}(z_\lambda^*, Ax)$$

或者

$$\lambda\|x\| \leqslant \lambda\mathrm{Re}(z_\lambda^*, x) + \|Ax\|.$$

由此可得

$$\begin{cases} \mathrm{Re}\,(z_\lambda^*, Ax) \leqslant 0, \\ \mathrm{Re}\,(z_\lambda^*, x) \geqslant \|x\| - \dfrac{1}{\lambda}\|Ax\|. \end{cases} \tag{5.5.2}$$

因为 X^* 中的闭单位球按弱* 拓扑是紧的, 从而列紧. 于是网 $\{z_\lambda^*\}$ 有聚点 $z^* \in X^*$, 且 $\|z^*\| \leqslant 1$. 即对任意 $x \in X$, $\{(z_\lambda^*, x)\}$ 以 (z^*, x) 为聚点, 因此, 由 (5.5.2) 式, 有

$$\mathrm{Re}(z^*, Ax) \leqslant 0. \tag{5.5.3}$$

于是

$$(z^*, x) = \mathrm{Re}(z^*, x) = \|x\|.$$

令 $x^* = \|x\|z^*$, 则 $x^* \in J(x)$. 由 (5.5.3) 式, 有

$$\mathrm{Re}(x^*, Ax) \leqslant 0.$$

所以 A 是耗散算子. □

由定理 5.5.1, 我们可以证明耗散算子的一个重要性质.

定理 5.5.2　设 A 是 X 中的耗散算子. 若存在 $\lambda_0 > 0$, 使 $\lambda_0 I - A$ 满值, 即 $R(\lambda_0 I - A) = X$, 则对任意 $\lambda > 0$, $\lambda I - A$ 满值.

证明　因为 $\lambda_0 I - A$ 的有界逆算子 $R_{\lambda_0}(A) = (\lambda_0 I - A)^{-1}$ 为闭算子, 所以 $\lambda_0 I - A$ 为闭算子, 所以 A 是 X 中闭算子. 令

$$\Xi = \{\lambda \in (0, +\infty) \mid R(\lambda I - A) = X\}, \tag{5.5.4}$$

则 $\Xi = (0, +\infty) \cap \rho(A)$ 为 $(0, +\infty)$ 中的开集. 因为 $\lambda_0 \in \Xi$, 所以 Ξ 非空. 要证明 $\Xi = (0, +\infty)$. 因为 Ξ 按 $(0, +\infty)$ 是连通的, 所以只需证明 Ξ 为 $(0, +\infty)$ 中的相对闭集.

设 $\{\lambda_n\} \subset \Xi$, $\lim\limits_{n\to\infty} \lambda_n = \lambda \in (0, +\infty)$. 下证 $\lambda \in \Xi$. 设 $y \in X$, 对任意 $n \in \mathbb{N}$, 因为 $R(\lambda_n I - A) = X$, 所以存在 $x_n \in D(A)$, 使得

$$\lambda_n x_n - Ax_n = y. \tag{5.5.5}$$

又因为 A 是耗散算子, 所以

$$\lambda_n\|x_n\| \leqslant \|(\lambda_n I - A)x_n\| = \|y\|.$$

所以

$$\|x_n\| \leqslant \frac{1}{\lambda_n}\|y\| \to \frac{1}{\lambda}\|y\|, \qquad n \to \infty.$$

这说明 $\{x_n\}$ 有界. 设 $\|x_n\| \leqslant M, n \in \mathbb{N}$, 由定理 5.5.1, 有

$$\begin{aligned}\lambda_m\|x_n - x_m\| &\leqslant \|\lambda_m(x_n - x_m) - A(x_n - x_m)\| \\ &= \|\lambda_m(x_n - x_m) - (\lambda_n x_n - \lambda_m x_m)\| \\ &= |\lambda_n - \lambda_m|\|x_n\| \\ &\leqslant M|\lambda_n - \lambda_m|.\end{aligned}$$

所以当 $m, n \to +\infty$ 时, 有

$$\|x_n - x_m\| \leqslant \frac{M}{\lambda_m}|\lambda_n - \lambda_m| \to 0.$$

所以 $\{x_n\}$ 是 Cauchy 列. 设 $x_n \to x$, 由 (5.5.5) 式, 有

$$-Ax_n = y - \lambda_n x_n \to y - \lambda x \qquad (n \to +\infty).$$

由 A 的闭性, 存在 $x \in D(A)$, $-Ax = y - \lambda x$, 即

$$(\lambda I - A)x = y.$$

由 y 的任意性, $R(\lambda I - A) = X$, 故 $\lambda \in \Xi$. 这说明 Ξ 是 $(0, +\infty)$ 中的相对闭集. 因此, $\Xi = (0, +\infty)$. □

定义 5.5.2 设 A 是 X 中的耗散算子. 若 $R(I - A) = X$, 则称 A 是 m-耗散算子.

显然, m-耗散算子是耗散算子的一个重要子类. 下面的定理揭示了非扩展 C_0-半群与耗散算子之间的关系.

定理 5.5.3 (Lumer-Phillps 定理) 设 A 是 X 中的稠定算子. 则 A 生成 X 中的非扩展 C_0-半群的充分必要条件是 A 是耗散算子, 且存在 $\lambda_0 > 0$, 使

$$R(\lambda_0 I - A) = X.$$

证明 $\Leftarrow$) 结合定理 5.5.1、定理 5.5.2 和 Hille-Yosida 定理可得.

$\Rightarrow$) 设 A 生成非扩展的 C_0-半群 $T(t)(t \geqslant 0)$. 对任意 $x \in D(A)$ 及任意 $x^* \in J(x)$, 有

$$\begin{aligned} |(T(t)x, x^*)| &\leqslant \|T(t)x\|\|x^*\| \\ &\leqslant \|x\|\|x^*\| \\ &= \|x\|^2. \end{aligned}$$

所以 $\mathrm{Re}(T(t)x, x^*) \leqslant \|x\|^2 = (x, x^*)$. 所以 $\mathrm{Re}(T(t)x - x, x^*) \leqslant 0$. 故

$$\mathrm{Re}\left(\frac{T(t)x - x}{t}, x^*\right) \leqslant 0.$$

于是 $\mathrm{Re}(Ax, x^*) \leqslant 0$, 所以 A 是耗散算子. 又对任意 $\lambda > 0$, $\lambda \in \rho(A)$, 所以 $R(\lambda I - A) = X$. □

由定理 5.5.3, 我们可以证明下面几个推论.

推论 5.5.1　A 生成非扩展的 C_0-半群的充分必要条件是 A 是稠定的 m-耗散算子.

推论 5.5.2　若 A 耗散且有有界逆 A^{-1}, 则 A 是 m-耗散的.

推论 5.5.3　若 A 是稠定的 m-耗散算子, 则对任意 $x \in D(A)$ 及任意 $x^* \in J(x)$, 有

$$\mathrm{Re}(Ax, x^*) \leqslant 0.$$

注 5.5.1　当 X 是实 Banach 空间时, 用 (Ax, x^*) 代替 $\mathrm{Re}(Ax, x^*)$, 则上述结论仍然成立.

例 5.5.1　设 $\Omega \subset \mathbb{R}^n$ 为有界区域, 具有 C^2-光滑边界.

$$A(x, D)u = \sum_{i=1}^{n}\sum_{j=1}^{n} \frac{\partial}{\partial x_i}\left(a_{ij}(x)\frac{\partial u}{\partial x_j}\right)$$

为 Ω 上对称的强椭圆算子, 其系数满足

$$a_{ij}(x) \in C^1(\overline{\Omega}),$$

$[a_{ij}(x)]_{n\times n}$ 正定, 即存在 $v_0 > 0$, 使得

$$\sum_{i=1}^{n}\sum_{j=1}^{n} a_{ij}(x)\eta_i\eta_j \geqslant v_0|\eta|^2, \quad \forall \eta = (\eta_1, \eta_2, \cdots, \eta_n) \in \mathbb{R}^n.$$

考虑 Ω 上的抛物型方程初边值问题

$$\begin{cases}\dfrac{\partial u}{\partial t}=A(x,D)u, \quad \forall(x,t)\in\Omega\times\mathbb{R}^+,\\ u|_{\partial\Omega}=0,\\ u(x,0)=\varphi(x), \quad x\in\Omega.\end{cases} \tag{5.5.6}$$

取 $H=L^2(\Omega)$, 作 H 中的算子 A 如下:

$$D(A)=H^2(\Omega)\cap H_0^1(\Omega), \quad Au=A(x,D)u,$$

其中

$$H^2(\Omega)=\{u\in L^2(\Omega)\mid D^\vartheta u\in L^2(\Omega), |\vartheta|\leqslant 2\},$$

$H_0^1(\Omega)$ 是 $C_0^\infty(\Omega)$ 在 $H^1(\Omega)=\{u\in L^2(\Omega)\mid Du\in L^2(\Omega)\}$ 中的闭包. 这样, 问题 (5.5.6) 可化为 H 中的 Cauchy 问题

$$\begin{cases}\dfrac{du}{dt}=Au, \quad t\geqslant 0,\\ u(0)=\varphi.\end{cases} \tag{5.5.7}$$

显然, A 是稠定算子. 下证 A 是 m-耗散算子.

对任意 $u\in D(A)$, $J(u)=u$, 则

$$\begin{aligned}(Au,u)&=\int_\Omega Au\cdot udx\\ &=\int_\Omega\sum_{i=1}^n\sum_{j=1}^n\frac{\partial}{\partial x_i}\left(a_{ij}(x)\frac{\partial u}{\partial x_j}\right)udx\\ &=-\int_\Omega\sum_{i=1}^n\sum_{j=1}^n\left(a_{ij}(x)\frac{\partial u}{\partial x_j}\right)\frac{\partial u}{\partial x_i}dx\\ &\leqslant -v_0\int_\Omega|\nabla u|^2dx\\ &\leqslant 0.\end{aligned}$$

所以 A 是耗散算子. 再证明 $0\in\rho(A)$.

对任意 $h\in L^2(\Omega)$, 解方程

$$Au=h, \quad u\in H^2(\Omega)\cap H_0^1(\Omega). \tag{5.5.8}$$

在 $H_0^1(\Omega)$ 中取等价内积

$$(u,v)=\int_\Omega\sum_{i=1}^n\sum_{j=1}^n a_{ij}(x)\frac{\partial u}{\partial x_i}\frac{\partial v}{\partial x_j}dx.$$

因为 h 按 $L^2(\Omega)$ 中的内积 (v,h) 为 $H_0^1(\Omega)$ 上的连续线性泛函, 由 Riesz 表示定理, 存在唯一的 $u\in H_0^1(\Omega)$, 使得

$$(v,u)=-(v,h),\quad \forall v\in H_0^1(\Omega),$$

即 u 是方程 (5.5.8) 的弱解. 由弱解的正则性 (椭圆方程的 L^p-理论) 知 $u\in H^2(\Omega)$, 故 u 是方程 (5.5.8) 的解, 且由 L^2-估计, 有

$$\|A^{-1}h\|_2\leqslant\|A^{-1}h\|_{H^2(\Omega)}=\|u\|_{H^2(\Omega)}\leqslant C\|h\|_2.$$

所以 $\|A^{-1}\|\leqslant C$, 即 $A^{-1}:\ H\to H$ 是有界线性算子, 故 $0\in\rho(A)$.

因此, 由推论 5.5.2 可知, A 是 m-耗散算子. 因此, A 生成 H 中非扩展的 C_0-半群 $T(t)(t\geqslant 0)$. 于是对任意 $\varphi\in H^2(\Omega)\cap H_0^1(\Omega)$, Cauchy 问题 (5.5.7) 存在唯一解:

$$u\in C^1(\mathbb{R}^+,\ H)\cap C(\mathbb{R}^+,\ H^2(\Omega)\cap H_0^1(\Omega)).$$

此时, $u(x,t)=u(t)(x)$ 是抛物型方程初边值问题 (5.5.6) 的 L^2-解, 即 $u(x,t)$ 关于 t 按 $L^2(\Omega)$ 空间中的范数可导, 关于 x 弱可导.

5.6 C_0-半群无穷小生成元的特征

如果 A 生成 C_0-半群 $T(t)(t\geqslant 0)$, 则存在 $M\geqslant 1$ 及 $\omega\geqslant 0$, 使得

$$\|T(t)\|\leqslant Me^{\omega t}.$$

当 $\mathrm{Re}\lambda>\omega$ 时, $\lambda\in\rho(A)$, 且

$$\|(\lambda I-A)^{-n}\|\leqslant\frac{M}{(\mathrm{Re}\lambda-\omega)^n}.$$

当 $\omega=0$ 时, $T(t)(t\geqslant 0)$ 是一致有界半群.

一致有界 C_0-半群具有如下基本性质.

定理5.6.1 设 A 是 X 中的线性算子. 则 A 生成一致有界的 C_0-半群 $T(t)(t\geqslant 0)$, 即 $\|T(t)\|\leqslant M$ 的充分必要条件是下列条件成立:

(i) A 是稠定算子;

(ii) $\rho(A) \supset (0,+\infty)$, 且当 $\lambda > 0$ 时, 有

$$\|(\lambda I - A)^{-n}\| \leqslant \frac{M}{\lambda^n}, \quad n = 1, 2, \cdots.$$

证明 必要性是 5.4 节中的结论, 下证充分性.

在 X 中取范数

$$|x| = \sup_{n\geqslant 0, \lambda>0} \|\lambda^n R_\lambda^n(A)x\|,$$

则 $\|x\| \leqslant |x| \leqslant M\|x\|$, 所以 $|x|$ 为 X 中的等价范数. 下证在范数 $|\cdot|$ 下, $|R_\lambda(A)| \leqslant \frac{1}{\lambda}$, 即 Hille-Yosida 定理的条件成立.

对 $\mu > 0$, 引入 X 中的等价范数

$$|x|_\mu = \sup_{n\geqslant 0} \|\mu^n R_\mu^n(A)x\|,$$

则 $\|x\| \leqslant |x|_\mu \leqslant M\|x\|$, 所以

$$|\mu R_\mu(A)x|_\mu = \sup_{n\geqslant 0} \|\mu^{n+1} R_\mu^{n+1}(A)x\| \leqslant |x|_\mu.$$

对任意 $0 < \lambda < \mu$, 由第一预解算子方程, 有

$$R_\lambda(A)x = R_\mu(A)x + (\mu - \lambda)R_\mu(A)R_\lambda(A)x.$$

所以

$$\begin{aligned}|R_\lambda(A)x|_\mu &\leqslant |R_\mu(A)x|_\mu + (\mu - \lambda)|R_\mu(A)|_\mu |R_\lambda(A)x|_\mu \\ &\leqslant \frac{1}{\mu}|x|_\mu + \left(1 - \frac{\lambda}{\mu}\right)|R_\lambda(A)x|_\mu,\end{aligned}$$

所以

$$|\lambda R_\lambda(A)x|_\mu \leqslant |x|_\mu. \tag{5.6.1}$$

反复使用上式, 有

$$|\lambda^n R_\lambda^n(A)x|_\mu \leqslant |x|_\mu, \quad n = 1, 2, \cdots.$$

又因为 $\|\lambda^n R_\lambda^n(A)x\| \leqslant |\lambda^n R_\lambda^n(A)x|_\mu$, 所以

$$|x|_\lambda = \sup_{n\geqslant 0} \|\lambda^n R_\lambda^n(A)x\| \leqslant \sup_{n\geqslant 0} |\lambda^n R_\lambda^n(A)x|_\mu \leqslant |x|_\mu.$$

所以 $|x|_\mu$ 关于 μ 递增, 于是

$$\lim_{\mu\to+\infty}|x|_\mu=\sup_{\mu>0}|x|_\mu=|x|.$$

在 (5.6.1) 式中让 $\mu\to+\infty$, 有

$$|\lambda R_\lambda(A)x|\leqslant|x|.$$

所以

$$|R_\lambda(A)|\leqslant\frac{1}{\lambda},\quad \forall\lambda>0.$$

由 Hille-Yosida 定理, 在范数 $|\cdot|$ 下, A 生成 X 中非扩展的 C_0-半群 $T(t)(t\geqslant0)$, 且 $|T(t)|\leqslant1$. 又因为 $\|T(t)x\|\leqslant|T(t)x|\leqslant|x|\leqslant M\|x\|$, 所以 $\|T(t)\|\leqslant M$, 即 $T(t)(t\geqslant0)$ 是一致有界半群. □

由定理 5.6.1, 我们可以证明 C_0-半群的无穷小生成元具有如下重要性质.

定理 5.6.2 设 A 是 X 中的稠定算子. 则 A 生成 C_0-半群 $T(t)(t\geqslant0)$, 且

$$\|T(t)\|\leqslant M\mathrm{e}^{\omega t},\quad t\geqslant0,\quad M\geqslant1,\quad \omega\geqslant0$$

的充分必要条件是 $(\omega,+\infty)\subset\rho(A)$, 且

$$\|(\lambda I-A)^{-n}\|\leqslant\frac{M}{(\lambda-\omega)^n},\quad n=1,2,\cdots.$$

证明 必要性是 5.4 节中的结论, 只需证明充分性. 令 $B=A-\omega I$, 则

$$\lambda I-B=(\lambda+\omega)I-A.$$

所以当 $\lambda>0$ 时, $\lambda\in\rho(A)$, 且

$$\|(\lambda I-B)^{-n}\|=\|((\lambda+\omega)I-A)^{-n}\|\leqslant\frac{M}{(\lambda+\omega)^n}\leqslant\frac{M}{\lambda^n},\quad n=1,2,\cdots.$$

所以 B 满足定理 5.6.1 的条件, 生成 X 中一致有界半群 $S(t)(t\geqslant0)$, 即

$$\|S(t)\|\leqslant M.$$

因此, $A=B+\omega I$ 生成 X 中的 C_0-半群 $T(t):=S(t)\mathrm{e}^{\omega t}$, $t\geqslant0$, 即

$$\|T(t)\|\leqslant\|S(t)\|\mathrm{e}^{\omega t}\leqslant M\mathrm{e}^{\omega t},\quad t\geqslant0.$$ □

定理 5.6.3 设 A 生成 X 中的 C_0-半群 $T(t)$: $\|T(t)\| \leqslant M\mathrm{e}^{\omega t}, B \in \mathcal{B}(X)$ 为 X 中的有界线性算子. 则 $A+B$ 生成 X 中的 C_0-半群 $S(t)$, 且

$$\|S(t)\| \leqslant M\mathrm{e}^{(\omega+M\|B\|)t}.$$

证明 在 X 中取等价范数

$$|x| = \sup_{t\geqslant 0} \|T(t)x\|\mathrm{e}^{-\omega t},$$

由 C_0-半群的指数有界性, $\|x\| \leqslant |x| \leqslant M\|x\|$, 在 $|\cdot|$ 下,

$$\begin{aligned}
|T(t)x| &= \sup_{s\geqslant 0} \|T(s)T(t)x\|\mathrm{e}^{-\omega s} \\
&= \left(\sup_{s\geqslant 0} \|T(s+t)x\|\mathrm{e}^{-\omega(s+t)}\right)\mathrm{e}^{\omega t} \\
&\leqslant \left(\sup_{\tau\geqslant 0} \|T(\tau)x\|\mathrm{e}^{-\omega\tau}\right)\mathrm{e}^{\omega t} \\
&= \mathrm{e}^{\omega t}|x|.
\end{aligned}$$

所以 $|T(t)| \leqslant \mathrm{e}^{\omega t}$. 由推论 5.4.2 知, 当 $\lambda > \omega$ 时, 有

$$|(\lambda I - A)^{-1}| \leqslant \frac{1}{\lambda - \omega}.$$

所以

$$\begin{aligned}
\lambda I - (A+B) &= (\lambda I - A) - B \\
&= \left[I - B(\lambda I - A)^{-1}\right](\lambda I - A).
\end{aligned}$$

当 $|B(\lambda I - A)^{-1}| \leqslant \dfrac{|B|}{\lambda - \omega} < 1$, 即 $\lambda > \omega + |B|$ 时, $I - B(\lambda I - A)^{-1}$ 有有界逆, 并且

$$\left[I - B(\lambda I - A)^{-1}\right]^{-1} = \sum_{n=0}^{\infty} [BR_\lambda(A)]^n.$$

所以

$$\left|\left[I - B(\lambda I - A)^{-1}\right]^{-1}\right| = \left|\sum_{n=0}^{\infty}[BR_\lambda(A)]^n\right|$$

$$
\begin{aligned}
&\leqslant \sum_{n=0}^{\infty}\left(\frac{|B|}{\lambda-\omega}\right)^n \\
&= \frac{(\lambda-\omega)\left[1-\left(\frac{|B|}{\lambda-\omega}\right)^n\right]}{\lambda-\omega-|B|} \\
&\leqslant \frac{\lambda-\omega}{\lambda-\omega-|B|}.
\end{aligned}
$$

因此, $\lambda I-(A+B)$ 有有界逆, 并且

$$
[\lambda I-(A+B)]^{-1}=R_{\lambda}(A)\left[I-BR(\lambda,A)\right]^{-1}.
$$

而且

$$
\begin{aligned}
\left|[\lambda I-(A+B)]^{-1}\right| &\leqslant |R_{\lambda}(A)|\left|[I-BR_{\lambda}(A)]^{-1}\right| \\
&\leqslant \frac{1}{\lambda-\omega}\frac{\lambda-\omega}{\lambda-\omega-|B|} \\
&= \frac{1}{\lambda-(\omega+|B|)}.
\end{aligned}
$$

由 Hille-Yosida 定理的推论, $A+B$ 生成 X 中的 C_0-半群 $S(t)$, 且 $S(t)$ 满足

$$
|S(t)|\leqslant \mathrm{e}^{(\omega+|B|)t},\quad t\geqslant 0.
$$

而 $|Bx|\leqslant M\|Bx\|\leqslant M\|B\|\ \|x\|\leqslant M\|B\|\ |x|$, 所以 $|B|\leqslant M\|B\|$. 因此

$$
\begin{aligned}
\|S(t)x\| &\leqslant |S(t)x| \\
&\leqslant \mathrm{e}^{(\omega+|B|)t}|x| \\
&\leqslant M\mathrm{e}^{(\omega+M\|B\|)t}\|x\|.
\end{aligned}
$$

□

习　题　5

1. 设 X 是 Banach 空间, $A:X\to X$ 是有界线性算子. 定义

$$
T(t)=\mathrm{e}^{At}:=\sum_{n=0}^{\infty}\frac{(At)^n}{n!}.
$$

证明:

(1) 无穷级数 $\sum\limits_{n=0}^{\infty}\dfrac{(At)^n}{n!}$ 在 t 的任意有界区间上一致收敛;

(2) $T(t)(t\geqslant 0)$ 是 C_0-半群;

(3) A 是 $T(t)(t\geqslant 0)$ 的无穷小生成元.

2. 设 $X=L^p(\mathbb{R}^n)$, $p\geqslant 1$, $n\geqslant 1$. 定义

$$(T(t)u)(x)=\frac{1}{(4\pi t)^{\frac{n}{2}}}\int_{\mathbb{R}^n}\mathrm{e}^{-\frac{|x-y|^2}{4t}}u(y)dy,\quad t>0,\quad x\in\mathbb{R}^n,\quad u\in X,$$

并定义 $T(0)=I$. 证明 $T(t)(t\geqslant 0)$ 是一个 C_0-半群.

3. 设 $-A$ 生成一致有界 C_0-半群 $T(t)(t\geqslant 0)$, $x\in D(A^2)$. 证明

$$T(t)x-x=-tAx+\int_0^t(t-s)T(s)A^2xds.$$

4. 若算子半群 $T(t)(t\geqslant 0)$ 在 $t=0$ 处强连续, 证明该半群是强连续半群.

5. 设 $T(t)(t\geqslant 0)$ 是以线性算子 A 为无穷小生成元的 C_0-半群. 证明 $\bigcap\limits_{n=1}^{\infty}A^n$ 在 X 中稠密, 其中 $D(A^n)$ 是算子 A^n 的定义域.

6. 设 X 是自反的 Banach 空间, $T(t)(t\geqslant 0)$ 是 X 上的 C_0-半群. 记 X^* 是 X 的共轭空间, $T^*(t)$ 是 $T(t)$ 的共轭算子. 证明 $T^*(t)(t\geqslant 0)$ 为 C_0-半群.

7. 设 H 是 Hilbert 空间. 证明 H 上的 C_0-半群 $T(t)(t\geqslant 0)$ 在 H 上自伴的充分必要条件是其无穷小生成元是自伴算子.

8. 设 $T(t)(t\geqslant 0)$ 是以线性算子 A 为无穷小生成元的 C_0-半群. 证明

$$\mathrm{e}^{t\sigma(A)}\subset\sigma(T(t)),\quad t\geqslant 0,$$

其中 $\sigma(\cdot)$ 表示算子的谱.

9. 设 H 是 Hilbert 空间, A 是 H 上的对称算子. 证明 A 是耗散算子的充分必要条件是

$$(Ax,x)\leqslant 0,\quad \forall x\in D(A).$$

10. 设 H 是 Hilbert 空间, A 是 H 上的稠定自伴算子. 证明如果

$$(Ax,x)\leqslant 0,\quad \forall x\in D(A),$$

则 A 生成 H 中的非扩展的 C_0-半群.

11. 设 A 是 X 中的稠定闭线性算子. 如果算子 A 与其共轭算子 A^* 都是耗散算子, 证明 A 生成 X 上的非扩展的 C_0-半群.

12. 设 A 是 Hilbert 空间 H 中的稠定闭算子, 且存在 $\beta>0$, 使得

$$\mathrm{Re}(Ax,x)\leqslant\beta\|x\|^2,\quad x\in D(A).$$

如果下面两条件其中之一成立:

(1) $\mathrm{Re}(A^*x,x)\leqslant\beta\|x\|^2$, $x\in D(A^*)$;

(2) 对某个 $\lambda_0 > \beta$, $R(\lambda_0 I - A) = H$.
证明算子 A 生成 H 上的 C_0-半群 $T(t)$, 并且

$$\|T(t)\| \leqslant \mathrm{e}^{\beta t}.$$

13. 设 $X = BC[0, +\infty)$, 即 $[0, +\infty)$ 上有界连续函数的全体所组成的空间, 它在范数 $\|x\| = \sup\limits_{t \geqslant 0} |x(t)|$ 下成为 Banach 空间, 在空间 X 上定义算子函数 $T : [0, +\infty) \to L(X)$ 为

$$(T(t)x)(s) = x(t+s), \quad t \geqslant 0, \quad s \geqslant 0, \quad x \in X.$$

证明 $T(t)(t \geqslant 0)$ 是 X 上的非扩展的 C_0-半群, 但不是一致连续半群.

14. 设 A 是 X 中的耗散算子. 若 X 是自反 Banach 空间, 并且 $R(\lambda_0 I - A) = X$ 对某 $\lambda_0 > 0$ 成立, 证明 A 是稠定算子.

15. 设 $-A$ 是有界的 C_0-半群 $T(t)(t \geqslant 0)$ 的无穷小生成元, 即 $\|T(t)\| \leqslant M$, $\forall t \geqslant 0$, 又设 $x \in D(A^2)$. 证明

$$\|Ax\|^2 \leqslant 4M^2 \|A^2 x\| \, \|x\|.$$

16. 设 $X = \{f \mid f$ 在 $\mathbb{R}$ 上有界且一致连续$\}$, $\|f\| = \sup\limits_{x \in \mathbb{R}} |f(x)|$. 定义

$$(T(t)f)(x) = f(x-t), \quad \forall f \in X,$$

$$(Af)(x) = f'(x), \quad f \in D(A) := \{f \mid f \in X, f' \in X\}.$$

证明 $-A$ 是 $T(t)(t \geqslant 0)$ 的无穷小生成元.

17. 设 A 是 X 中的耗散算子, 且 $R(I - A) = X$. 如果 X 是自反的, 证明 $\overline{D(A)} = X$.

18. 设 A 和 B 分别是有界 C_0-半群 $T(t)(t \geqslant 0)$ 和 $S(t)(t \geqslant 0)$ 的无穷小生成元. 如果 $A = B$, 证明 $T(t) = S(t)(t \geqslant 0)$.

参考文献

[1] Rynne B P, Youngson M A. Linear Functional Analysis [M]. London: Springer-Verlag, 2000.

[2] Carleson L. On convergence and growth of partial sums of Fourier series [J]. Acta Math., 1966, 116: 135-157.

[3] Conway J B. A Course in Functional Analysis [M]. 2nd ed. New York: Springer-Verlag, 1990.

[4] Deimling K. Nonlinear Functional Analysis [M]. New York: Springer-Verlag, 1985.

[5] Dunford N, Schwartz J. Linear Operators. Part I: General Theory [M]. New York: Interscience publishers, 1958.

[6] Engel K J, Nagel R. One-Parameter Semigroups for Linear Evolution Equations[M]. New York: Springer-Verlag, 2000.

[7] Fitzpatrick P M. Advanced Calculus [M]. New York: PWS Publishing Company, 1996.

[8] Gelbaum B R, Olmsted J M H. Counter Examples in Analysis [M]. Holden-Day, Inc., 1964.

[9] Goldberg S. Unbounded Linear Operators, Theory and Application [M]. New York: McGraw-Hill Inc, 1966.

[10] Hunt R A. Comments on Lusin's Conjecture and Carleson's proof of L^2 Fourier Series, Proceedings of the Conference on Linear Operators and Approximation II [M]. Basel und Stuttgart: Birkhäuser-Verlag, 1974: 235-245.

[11] Kato T. Perturbation Theory for Linear Operators[M]. 2nd ed. Berlin: Springer-Verlag, 1980.

[12] Kamke E. 勒贝格–斯蒂尔吉斯积分 [M]. 吴莲溪, 译. 北京: 高等教育出版社, 1965.

[13] Kreyszig E. Introductory Functional Analysis with Applications [M]. New York: John Wiley & Sons, 1978.

[14] Naylor A W, Sell G R. Linear Operator Theory in Engineering and Science [M]. New York: Springer-Verlag, 1982.

[15] Pazy A. Semigroups of Linear Operators and Applications to Partial Differential Equations[M]. New York: Springer-Verlag, 1983.

[16] Rudin W. Functional Analysis [M]. 2nd ed. New York: McGraw-Hill Inc, 1991.

[17] Rudin W. Principles of Mathematical Analysis [M]. New York: McGraw-Hill Inc, 1964.

[18] Vrabie I I. C_0-semigroups and applications[M]. Amsterdam: Elsevier, 2003.

[19] Yosida K. Functional Analysis[M]. 6th ed. Berlin: Springer-Verlag, 1980.

[20] 陈纪修, 於崇华, 金路. 数学分析 [M]. 北京: 高等教育出版社, 2004.

[21] 关肇直. 泛函分析讲义 [M]. 北京: 高等教育出版社, 1958.
[22] 关肇直, 张恭庆, 冯德兴. 线性泛函分析入门 [M]. 上海: 上海科学技术出版社, 1979.
[23] 郭大钧. 非线性泛函分析 [M]. 2 版. 济南: 山东科学技术出版社, 2001.
[24] 郭大钧, 黄春朝, 梁方豪, 等. 实变函数与泛函分析 (下册) [M]. 2 版. 济南: 山东大学出版社, 2005.
[25] 黄振友, 杨建新, 华踏红, 等. 泛函分析 [M]. 北京: 科学出版社, 2003.
[26] 黄永忠. 算子半群及应用 [M]. 武汉: 华中科技大学出版社, 2011.
[27] 江泽坚, 孙善利. 泛函分析 [M]. 2 版. 北京: 高等教育出版社, 1998.
[28] 刘培德. 泛函分析基础 [M]. 修订版. 北京: 科学出版社, 2005.
[29] 李广民, 刘三阳. 应用泛函分析原理 [M]. 西安: 西安电子科技大学出版社, 2003.
[30] 刘炳初. 泛函分析 [M]. 3 版. 北京: 科学出版社, 2015.
[31] 孙经先. 非线性泛函分析及其应用 [M]. 北京: 科学出版社, 2008.
[32] 孙炯, 王忠. 线性算子的谱分析 [M]. 北京: 科学出版社, 2005.
[33] 孙炯, 王万义, 赫建文. 泛函分析 [M]. 北京: 高等教育出版社, 2010.
[34] 宋叔尼, 张国伟, 王晓敏. 实变函数与泛函分析 [M]. 2 版. 北京: 科学出版社, 2019.
[35] 汪林. 实分析中的反例 [M]. 北京: 高等教育出版社, 1989.
[36] 汪林. 泛函分析中的反例 [M]. 北京: 高等教育出版社, 1994.
[37] 王明新. 算子半群与发展方程 [M]. 北京: 科学出版社, 2006.
[38] 夏道行, 严绍宗. 实变函数与应用泛函分析基础 [M]. 上海: 上海科学技术出版社, 1987.
[39] 夏道行, 吴卓人, 严绍宗, 等. 实变函数论与泛函分析 (上册) [M]. 2 版 (修订本). 北京: 高等教育出版社, 2010.
[40] 夏道行, 吴卓人, 严绍宗, 等. 实变函数论与泛函分析 (下册) [M]. 2 版 (修订本). 北京: 高等教育出版社, 2010.
[41] 徐景实. 泛函分析 [M]. 北京: 科学出版社, 2011.
[42] 张恭庆, 林源渠. 泛函分析讲义 (上册) [M]. 北京: 北京大学出版社, 1990.
[43] 张恭庆, 郭懋正. 泛函分析讲义 (下册) [M]. 北京: 北京大学出版社, 1990.
[44] 张恭庆. 变分学讲义 [M]. 北京: 高等教育出版社, 2011.
[45] 郑维行, 王声望. 实变函数与泛函分析概要 [M]. 北京: 人民教育出版社, 1980.
[46] 郑权. 强连续线性算子半群 [M]. 武汉: 华中理工大学出版社, 1994.
[47] 周民强. 实变函数论 [M]. 北京: 北京大学出版社, 2005.
[48] 周鸿兴, 王连文. 线性算子半群理论及应用 [M]. 济南: 山东科学技术出版社, 1994.

索　引

K

L

M

N

P

Q

R

S

T

V

W